高职高专"十三五"电子商务专业规划教材

网络数据库

（第四版）

主编　乔冰琴

上海财经大学出版社

图书在版编目(CIP)数据

网络数据库/乔冰琴主编. —4 版. —上海:上海财经大学出版社,2021.4
(高职高专"十三五"电子商务专业规划教材)
ISBN 978-7-5642-3706-6/F·3706

Ⅰ.①网… Ⅱ.①乔… Ⅲ.①关系数据库系统-高等职业教育-教材
Ⅳ.①TP311.138

中国版本图书馆 CIP 数据核字(2021)第 010118 号

□ 责任编辑 施春杰
□ 封面设计 张克瑶

网 络 数 据 库
(第四版)

主编 乔冰琴

上海财经大学出版社出版发行
(上海市中山北一路 369 号 邮编 200083)
网 址:http://www.sufep.com
电子邮箱:webmaster @ sufep.com
全国新华书店经销
上海新文印刷厂有限公司印刷装订
2021 年 4 月第 4 版 2021 年 4 月第 1 次印刷

787mm×1092mm 1/16 19.75 印张 506 千字
印数:17 501—20 500 定价:56.00 元

第四版前言

微软公司全新一代的数据库产品 Microsoft SQL Server 2012 为用户带来更多全新体验，独特的产品优势使用户更加获益良多。SQL Server 2012 不仅延续现有数据平台的强大能力，全面支持云技术与平台，并且能够快速构建相应的解决方案，实现私有云与公有云之间数据的扩展和应用的迁移。SQL Server 2012 提供对企业基础架构最高级别的支持——专门针对关键业务应用的多种功能与解决方案，可以提供最高级别的可用性及性能。SQL Server 2012 提供了更多更全面的功能以满足不同人群对数据和信息的需求，包括支持来自不同网络环境的数据的交互、全面的自助分析等创新功能。SQL Server 2012 提供从数 TB 到数百 TB 全面端到端的解决方案。

《网络数据库》教材已出过三个版本，现为第四版。本书自出版以来，受到高校师生和广大读者的广泛好评，被许多高校选为相关专业的教材和参考书。本次修订依然采用教、学、做一体化融合的编写模式，体现“学中做、做中学”的教学理念。

本修订版包括基础篇、编程篇和管理篇三大部分。基础篇为学习情境 1 到学习情境 8，主要介绍数据库基本原理和 MS SQL Server 2012 的基本操作；编程篇为学习情境 9 到学习情境 11，主要介绍数据库的编程基础；管理篇为学习情境 12 到学习情境 13，主要介绍数据库的安全管理与日常维护的技巧。

本教材的主要特点有：

1. 对所学内容进行了精心的选择。在课程内容的选择上，本书从实用的角度出发，所讲述的内容一定是能够解决实际工作中问题的内容，理论内容以够用为原则，不涉及太深奥的理论知识，力求达到“以用为本、学以致用”的目的。

2. 基于工作过程系统化的思想，对课程内容进行了重新组织。全书使用了一个学生管理数据库，从使用者——高校各部门相关工作人员——的角度出发，将学习的核心内容分解为若干个学习情境，学习情境即为工作人员日常的工作情境，再根据实际工作任务要求，将各个学习情境划分为更具体的子情境直至各个具体的工作任务，并对完成每个工作任务所需的实施步骤进行了详尽的描写。这样就形成了“学习情境→子情境→工作任务→任务实施→详细步骤(知识点)”的课程组织脉络，同时对应了具体工作岗位上“岗位要求→工作任务→完成工作的步骤和方法”的工作流程，使学生充分认识到所学知识有何用处以及用在何处。

3. 全书由浅入深、层次分明、语言简洁，力求将复杂的知识讲解转化为易懂的任务解决方式，充分从学生的认知规律出发，在通俗易懂的基础上，兼顾了概念的严谨和清晰。

4. 本书配套了操作视频，使用手机扫描二维码可观看视频，便于学生随时随地学习。

5. 本书配有紧扣内容的习题，每个学习情境后都有理论题和操作题，便于学生及时巩固所学内容。教师可根据教学要求、课时多少、授课对象灵活选取授课内容。

6. 为了方便老师教学，本书提供配套的教学PPT、案例数据库、案例源代码程序、习题参考答案、电子版实训练习题等教学资源，请发邮件至 tianlai.qiao@foxmail.com 索取。

考虑到MS SQL Server 2019对操作系统的要求超出了许多学校机房的计算机配置，因此本次修订没有升级SQL Server版本，仍然使用SQL Server 2012版。本次修订主要修正了本书第三版中的个别错误，补充了部分案例，增加了课后操作习题和操作演示视频。

本次修订由乔冰琴负责完成。乔冰琴担任本书的主编，李琳、孔德瑾担任副主编。感谢蔺建霞、韩慧、梁春华、张贵军为本书前三版的编写做出的贡献。

感谢本书第一版副主编胡振老师为本书做的基础工作及其诲人不倦的治学精神，借本书修订出版的机会向他表示最衷心、最诚挚的谢意！

由于本书涉及面广，加之作者水平、经验有限，书中难免存在一些错误和缺点，敬请读者批评指正！

编 者

2020年5月

目 录

编程篇

管理篇

基础篇

学习情境 1　初识数据库

【情境描述】

小吴大学毕业后，在一所学校里就业，主要负责日常学生工作的管理。小吴所在的部门每天都要产生一些报告、报表等数据，以往这些数据都采用纸张的形式进行保存和分类，但随着学校规模的扩大、学生人数的增多，这些数据越来越多，管理这些报告、报表越来越费时费力，此时小吴考虑采用数据库系统来管理这些数据。

【技能目标】

- 学会选择合理的数据存储方案
- 学会进行简单的数据库设计

学习子情境 1.1　选择学生数据的组织方式

【情境描述】

小吴因日常学生管理工作而不得不经常性地维护大量数据。伴随着大量数据、信息的不断产生，如何安全有效地存储、检索和管理数据成了小吴必须要解决的非常重要的问题。小吴首先要选择合适的数据组织方式来存储学生的基本数据资料。

【技能目标】

- 了解数据在计算机中的组织方式
- 掌握关系型数据库的基本概念
- 了解 SQL 语言的作用

【工作任务】

比较目前常用的各种数据存储方式，确定学生管理信息系统的数据存储方案，并从主流的数据库管理系统中选择一个适合学生管理信息系统使用的关系型数据库管理系统。

【任务实施】

任务 1.1.1　确定学生数据的存储方案

步骤 1：选择数据存储方式。

小吴目前工作中的数据都是采用纸质方式保存，与教师相关的详细资料存放在教师档案里，与学生有关的详细资料存放在学生档案里，此外还有开设的课程信息、每学期的考试分数等都以各种纸质表格或文件保存在档案柜里。这种纸质书面文件容易毁损，不易长期保存，并且纸质文件数量庞大，会占用大量空间，在大数据、智能化、移动互联网和云计算时代，纸质方式已经属于淘汰的数据存储方式。

小吴考虑到办公自动化已经普及，是不是可以采用文件系统的方式来存储学生数据呢？他从网上搜集资料，了解到文件系统存储数据的优缺点。如果采用 Word 文件、Excel 文件或者文本文件的形式存储学生数据，由于文件系统存放的数据主要接受操作系统的管理，操作系统以文件名作为用户数据的标识，在管理较少、较简单的数据，或者仅仅只是用来存储而极少用来查询，或查询要求比较简单的情况下，文件系统能够满足一定的用户应用需求。但如果采用文件系统存储学生管理的相关数据，会出现数据冗余度太大、学生数据和用于学生管理的应用程序过分相互依赖、数据与数据之间没有什么联系、数据缺乏统一的管理和控制等缺陷。

小吴决定采用数据库存储学生管理数据，一劳永逸地解决学生数据管理的问题。数据库是解决大量数据存储、检索和管理问题的有效手段，它按照一定的方式来组织数据。数据库就是一个数据集合，它包含单位所需的各种问题的答案。例如，“商场里有没有××牌子的食品？都有哪些？价格分别是多少？”或者“从 X 城去 Y 城都有哪几趟火车？现在有没有票？”如果用数据库存储学生管理数据，就可以方便地获得诸如“每学期有哪些学生要补考哪些课程”“学生毕业时的成绩清单”“某门课程不同班级的成绩比较情况”“某门课程成绩分布情况”等信息，还可以有效地控制数据在各部门的一致性与完整性。

步骤 2：确定数据库管理系统(Database Management System，DBMS)。

像编辑 Word 文档、Excel 工作簿需要 Word、Excel 应用程序一样，将学生数据以数据库形式存储在磁盘上也需要相应的软件环境，数据库管理系统架起了这个环境。数据库管理系统是数据库系统中对数据进行管理的软件系统，是一组能完成描述、管理、维护数据库的程序系统，是数据库系统的核心组成部分，它按照一种公用的和可控制的方法完成插入新数据、修改和检索数据的操作。数据库管理系统的作用如图 1.1 所示。

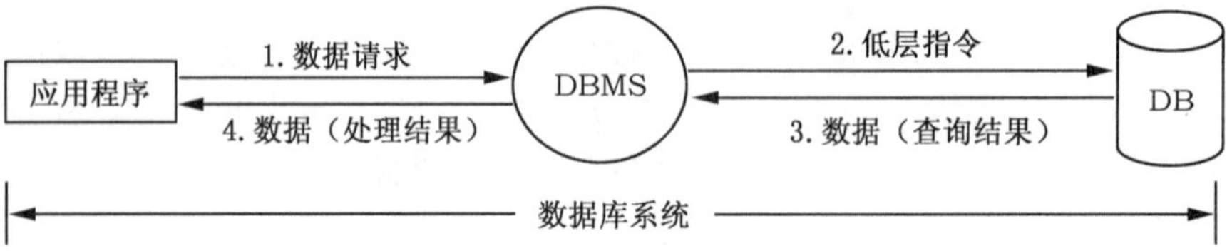

图 1.1　DBMS 工作示意图

从图 1.1 中小吴认识到，DBMS 工作时，首先接受用户通过前端应用程序(Client 端、Browser 端等)提交的数据请求并处理请求，然后将用户的数据请求(高级指令)转换成复杂的机器指令(低层指令)，实现对数据库的操作。接着接收从数据库的操作中返回的查询结果，并对查询结果进行处理(格式转换)，最后将处理结果返回给应用程序，应用程序使用输出功能将结果呈现给用户。

了解了 DBMS 的作用后，小吴需要确定选择哪种 DBMS。数据库发展到现在，典型的模型有好几种，到底使用哪种模型来组织数据，小吴需要继续掌握点资料。

从网上搜集到的知识得知，目前有五大主流数据库模型：关系模型、键值存储、文档存储、列式存储及图形数据库。关系模型使用记录进行数据存储，记录存储在表中，表由架构来界定。键值存储提供了基于键值对的数据访问方式。文档存储支持对结构化数据的访问，不同于关系模型的是，文档存储没有强制的架构，而且文档存储模型支持嵌套结构。列式存储以流的方式在列中存储所有的数据，对于任何记录，索引都可以快速地获取列上的数据。图形数据库存储顶点和边的信息，可用于对事物建模，如社交图谱、真实世界的各种对象。迄今为止，主导的数据模型仍然是关系模型。

由于学生管理数据是结构化的表格数据，而关系模型是存储结构化数据最好的模型，经过上述的分析，小吴决定选择关系模型来组织学生管理的日常数据。

任务 1.1.2　选择合适的关系数据库管理系统

步骤 1：熟悉关系型数据库的基本概念。

关系模型建立在严格的数学概念基础上，采用二维表格结构来表示实体与实体之间的联系，二维表由行和列组成。图 1.2 所示的学生基本信息表即是一个符合关系模型的数据表。

Student id	Student name	Student sex	Student birthday	Student time	Student classid	Student home	Student else	Student nation
11001	叶海平	男	2002-01-23 00:00:00	2020-09-05 00:00:00	2020011	山西	*NULL*	*NULL*
11002	景风	男	2002-06-25 00:00:00	2020-09-05 00:00:00	2020011	重庆	*NULL*	*NULL*
12001	华丽佳	女	2001-05-20 00:00:00	2020-09-05 00:00:00	2020012	大连	*NULL*	*NULL*
12002	范治华	男	2001-06-12 00:00:00	2020-09-05 00:00:00	2020012	山东	*NULL*	*NULL*
13001	李佳佳	女	2001-03-01 00:00:00	2020-09-05 00:00:00	2020013	湖南	*NULL*	*NULL*
13002	史慧敏	女	2002-10-11 00:00:00	2020-09-05 00:00:00	2020013	湖北	*NULL*	*NULL*
14001	安静	女	2000-03-23 00:00:00	2019-09-05 00:00:00	2019014	山西	*NULL*	*NULL*
14002	尹强	男	2001-06-02 00:00:00	2019-09-05 00:00:00	2019014	重庆	*NULL*	*NULL*
15001	曹波	男	2000-05-06 00:00:00	2019-09-05 00:00:00	2019015	大连	*NULL*	*NULL*
15002	杨世英	女	2001-12-01 00:00:00	2019-09-05 00:00:00	2019015	天津	*NULL*	*NULL*

图 1.2　关系模型的数据——学生基本信息表

小吴根据学生基本信息表，了解了关系型数据库的相关概念。

(1)关系：关系即表，一个关系对应一张表。表中行的顺序可以任意排列，表中列的顺序也可以任意排列。

(2)元组：表中的一行。数据表由多行数据组成，每一行数据也可以称为一条记录，同一个表中不能出现完全相同的记录。

(3)属性：表中的一列，又称为列或字段。每一列都由列名和列值组成，同一个表中不能出现完全相同的列名。属性必须是同质的，即同一列的各个值应是同类型的数据。任一属性必须是原子的，不可再细分。

(4)主键：表中可唯一确定一个元组的某个属性或属性组。

(5)域：属性的取值范围。

(6)分量：元组中的一个属性值。

(7)关系模式：对关系的描述。

步骤 2：了解关系型数据库的操作语言——SQL 语言。

关系模型的数据库管理系统将数据以表的形式进行组织，在需要时再从表中取出数据，也可以修改表中已有的数据或者删除旧数据，完成这些操作需要相应的命令，这些命令已经由美国国家标准局(ANSI)与国际标准化组织(ISO)规定了标准形式，称为 SQL(Structured Query Language，结构化查询语言)标准。SQL 语言用于存储、查询、更新和管理关系数据库系统。符合 SQL 标准的语言称为 SQL 语言，不同底层结构的关系数据库管理系统均支持 SQL 标准，但也有各自的 SQL 扩展，MS SQL Server 的扩展 SQL 语言称为 T-SQL，Oracle 的扩展 SQL 语言称为 PL/SQL。

标准 SQL 语言包含 4 个组成部分：

(1)数据查询语言 DQL(Data Query Language)，例如 SELECT。

(2)数据操纵语言 DML(Data Manipulation Language)，例如 INSERT、UPDATE、DELETE。

(3)数据定义语言 DDL(Data Definition Language)，例如 CREATE、ALTER、DROP。

(4)数据控制语言 DCL(Data Control Language)，例如 COMMIT、ROLLBACK。

步骤 3：确定关系型数据库管理系统(Relational Database Management System，RDBMS)。

关系型数据库是高度结构化的，这种数据结构化使关系型数据库具有冗余度最低、程序与数据独立性较高、易于扩充、易于编制应用程序的特点。目前占据关系型数据库市场的有 Microsoft SQL Server、Oracle、Sybase、IBM DB2、Access、Mysql、Postgre SQL 等，小吴决定采用微软公司的 SQL Server 数据库产品。

在版本的选择上，小吴决定使用 Microsoft SQL Server2012 版本。作为新一代的数据平台产品，SQL Server 2012 不仅延续现有数据平台的强大能力，全面支持云技术与平台，并且能够快速构建相应的解决方案，实现私有云与公有云之间数据的扩展和应用的迁移。SQL Server 2012 提供对企业基础架构最高级别的支持——专门针对关键业务应用的多种功能与解决方案可以提供最高级别的可用性及性能。在业界领先的商业智能领域，SQL Server 2012 提供了更多、更全面的功能以满足不同人群对数据和信息的需求，包括支持来自不同网络环境的数据的交互、全面的自助分析等创新功能。针对大数据和数据仓库，SQL Server 2012 提供从数 TB 到数百 TB 全面端到端的解决方案。

知识总结：

当前社会正由 IT(Information Technology，信息技术)时代进入 DT(Data Technology，数据处理技术)时代，随着移动互联网、物联网的发展，企业正产生大量的数据，而数据的存储和组织离不开数据库技术，更多的公司意识到了数据能够为公司带来商业利益，于是如何管理和利用好数据已经变得越来越重要。

挖掘数据的价值，对数据进行分析，让数据指导决策已经成为很多公司最重要的工作之一，选择合适的数据库系统对公司的技术发展至关重要。

数据库作为 IT 技术架构的核心，在物联网及人工智能时代，其技术必将进入高速发展期，DBMS 与 AI(Artificial Intelligence，人工智能)的结合、同时满足事务性需求和分析需求的 HTAP(Hybrid Transaction and Analytical Process，混合事务和分析处理)数据库的出现、物联网场景下时序数据库的发展都将为企业海量数据增长带来的各种需求及问题提供解决方案。

学习子情境 1.2　设计学生管理信息系统的数据表

【情境描述】

小吴首先要了解 MS SQL Server 2012 的数据存储方式，并按照关系型数据库的要求对学生日常管理数据进行整理，形成符合关系型数据库 SQL Server 2012 的数据，以利于后期在计算机中创建学生管理信息系统的数据库。

【技能目标】

- 了解 SQL Server 2012 组织数据的方式
- 学会使用 E-R 模型建模
- 掌握关系型数据库的规范化设计方法

【工作任务】

根据 SQL Server 2012 组织数据的方式，用 E-R 图方法建立学生管理信息系统的数据模型，确定学生管理信息系统的表结构。

【任务实施】

任务 1.2.1　了解 SQL Server 2012 的数据组织方式

步骤 1：小吴找到一台安装有 SQL Server 2012 的计算机，想了解 SQL Server 2012 在数据库服务器上组织数据的方式。SQL Server 2012 是一个 C/S 模式的软件，其提供的 SQL Server Management Studio 是一个客户端软件，通过 SQL Server Management Studio，小吴可以访问 SQL Server 的数据库文件。

步骤 2：单击【Microsoft SQL Server 2012】|【SQL Server Management Studio】打开 SQL Server 管理平台。

步骤 3：在如图 1.3 所示的【连接到服务器】对话框中，单击【连接】按钮，连接到 SQL Server 服务器。

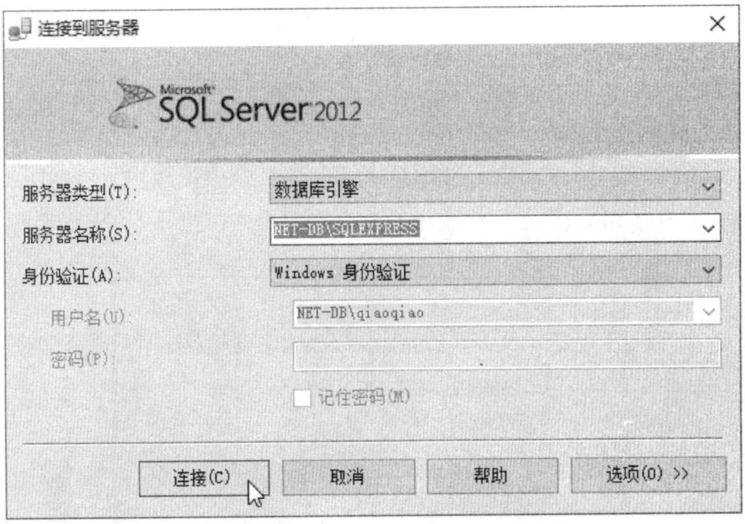

图 1.3　连接到服务器

步骤 4：连接成功后，系统打开如图 1.4 所示的 SQL Server Management Studio 界面，查看【对象资源管理器】窗口中的内容，可以看到 NET-DB 服务器中包含数据库、安全性、服务器对象等内容。

步骤 5：单击【数据库】左侧的展开图标（或直接双击【数据库】），展开数据库节点，如图 1.5 所示，查看数据库节点包含的对象。SQL Server 的数据库节点是一个容器型对象，它包含系统数据库、示例数据库以及用户创建的数据库等。

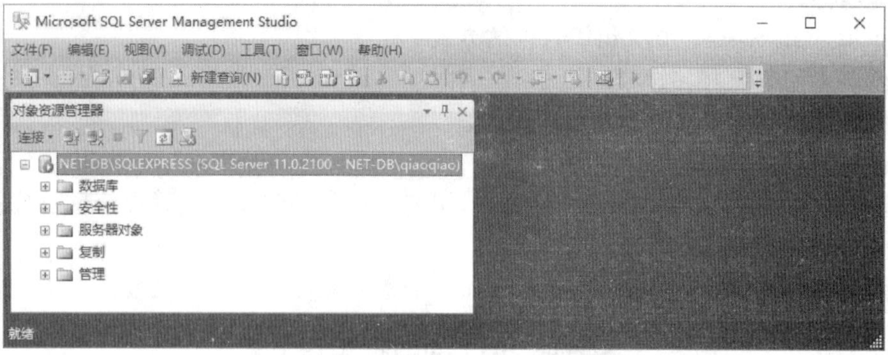

图 1.4 SQL Server Management Studio 界面

图 1.5 对象资源管理器的数据库节点

步骤 6:单击 Student 数据库左侧的展开图标展开该节点,查看其下的内容,如图 1.6 所示。数据库是一个容器型对象,它包含数据库关系图、表、视图等对象。其中,表对象是数据库中最重要的对象,它是存储数据的容器。

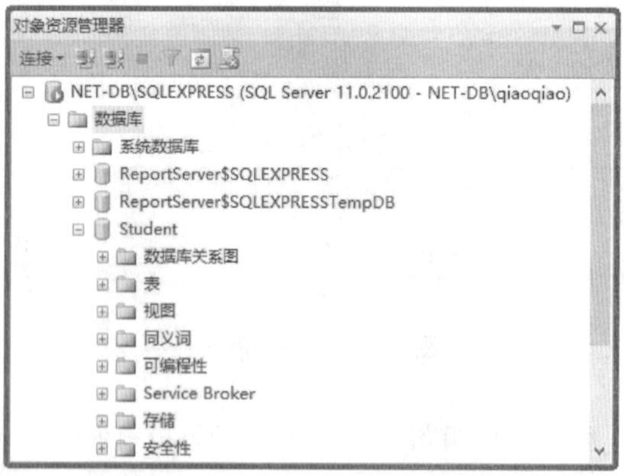

图 1.6 Student 数据库节点

步骤 7:展开 Student 数据库中的表对象,右键单击 Students 表,在快捷菜单中选择【编辑前 200 行】,查看该表中的数据,如图 1.7 所示。Students 表是行列交叉的二维表,表有 Student_id、Student_name 等多个列(列也称为字段),表中的数据由很多行组成,每一行称为一条记录，或称为一个元组。

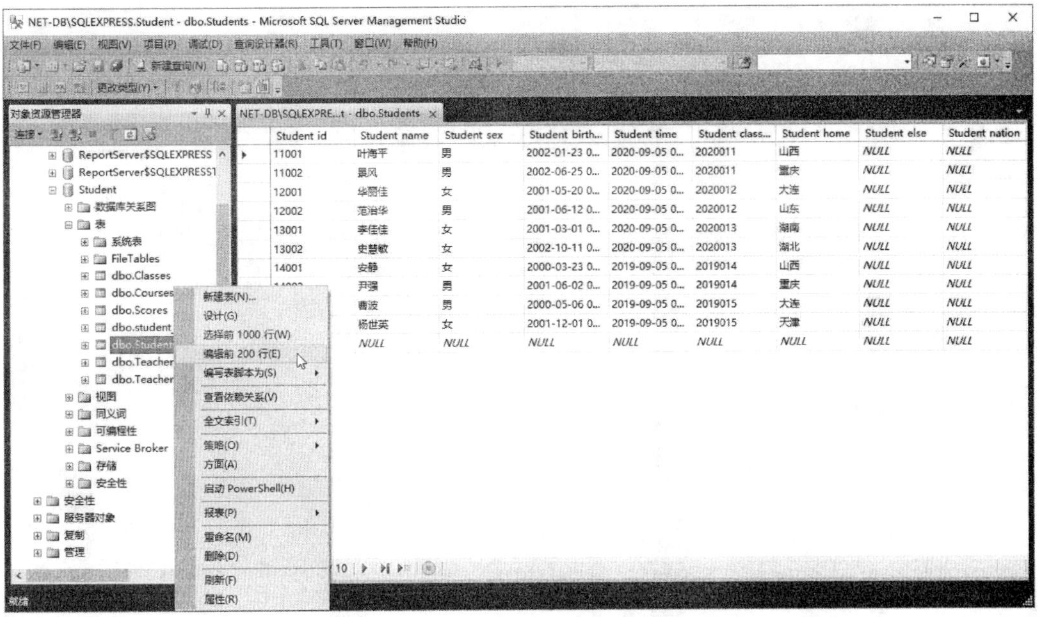

图 1.7　Students 表的数据

步骤 8：右键单击 Students 表，在快捷菜单中选择【设计】，查看该表的表结构，如图 1.8 所示。SQL Server 数据库表结构的定义包含列的个数、列名、列的宽度、列的数据类型、列值是否允许为空等。

> **注意：**
>
> SQL Server 的表需要先定义表结构，然后再输入数据行。这里为了说明表的二维行列交叉特性，先在步骤 7 中展示了表的数据行，再在步骤 8 中展示了表的结构定义。

步骤 9：单击图 1.7 和图 1.8 中的【关闭】按钮，关闭 Students 表的数据编辑界面和结构设计界面。

步骤 10：关闭 SQL Server Management Studio。

> **知识总结：**
>
> 小吴通过上面的操作，了解到 SQL Server 2012 组织数据的方式，SQL Server 2012 以数据库的形式组织与某应用程序有关的所有对象，以表的形式组织数据。表是同一类或者相关的数据存放的集合。SQL Server Management Studio 是操作 SQL Server 2012 数据库的客户端程序，它提供的图形界面使初学者很容易学会操作数据库的方法。

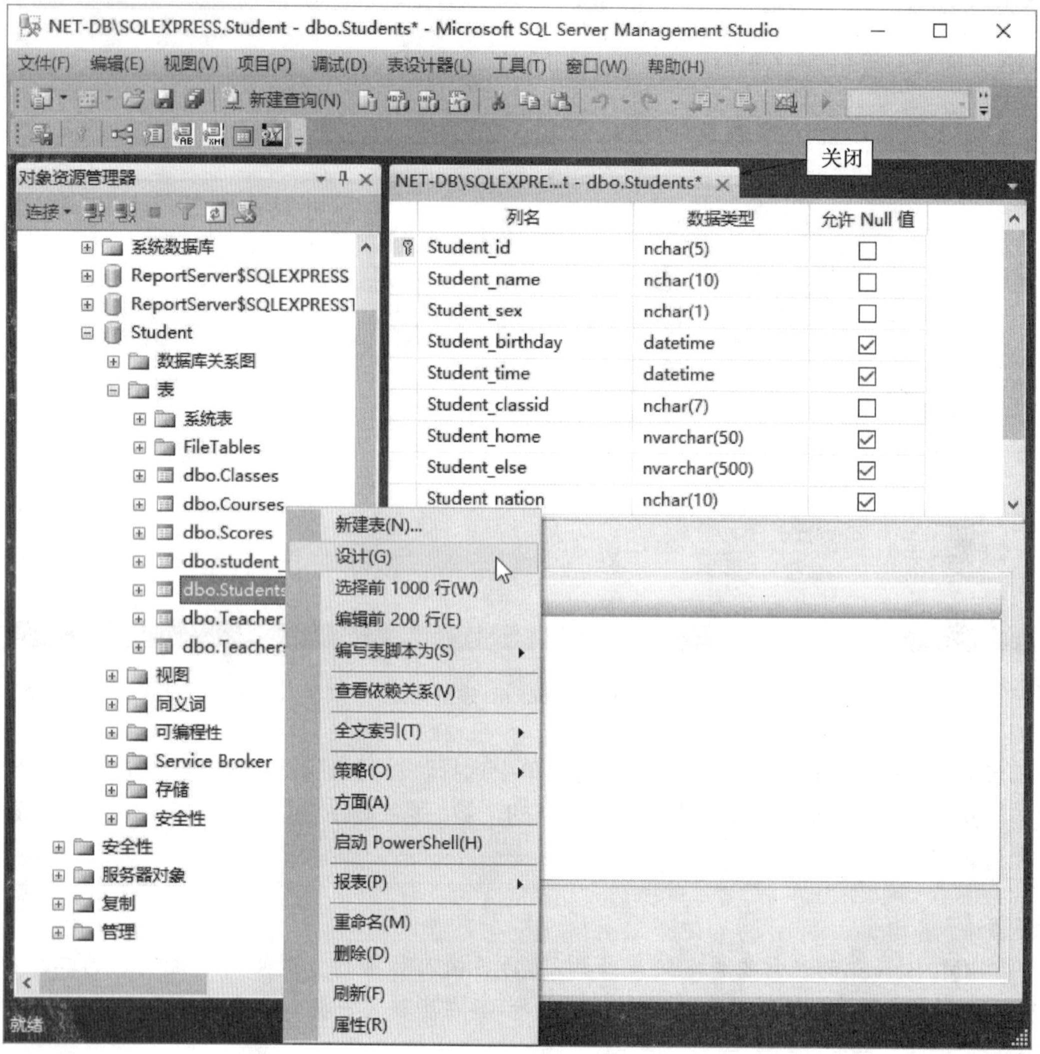

图 1.8　Students 表的结构

任务 1.2.2　整理学生管理数据

步骤 1：了解 E-R 模型。

在 SQL Server 中存储数据之前，小吴需要确定在数据库中存储哪些学生数据。实体—关系模型（Entity Relationship Model，简记为 E-R 模型）能直接从现实世界中抽象出实体类型及实体间的关系，然后用实体关系图（E-R 图）表示数据模型。E-R 图能直观、明了地表达实体间的复杂关系，帮助小吴确定在数据库中存储哪些数据表以及数据表的内容。

E-R 图的基本组成元素与符号包括：

（1）实体与实体集。客观存在、可以相互区别的事物称为实体，该事物具有可区分于他物的特征或属性，并与其他实体有一定的联系。实体可以是具体的事物，如一名男学生、一辆汽车等；也可以是抽象的事物，如一次借书、一场足球比赛等。性质相同的同类实体的集合称为实体集。例如，所有的男学生、所有的课程、所有学生的选课情况等。E-R 图中实体集用矩形框表示。

(2)关系与关系集。两个或多个实体之间的联系称为关系,例如某个学生与某门课程之间的选课关系。相同类型的关系的集合称为关系集,例如所有学生与所有课程之间的选课关系。E-R 图中关系集用菱形框表示。

(3)属性。实体的特征称为实体的属性,每个实体都可以有很多特性,每一个特性称为一个属性。例如,学生有学号、姓名、年龄、性别等属性,课程有课程名称、学时、学分等属性。E-R 图中属性用椭圆形框表示。

(4)实体标识符。能唯一标识实体的属性或属性集称为实体标识符,有时也称为关键码或键。例如,学生的学号可作为学生实体的标识符。

(5)基数的表示。实体之间的关系有一元关系、二元关系、三元关系。二元关系有以下三种类型:

①一对一关系:如果实体集 E1 中每个实体至多与实体集 E2 中的一个实体有关系,反之亦然,那么实体集 E1 与 E2 的关系称为“一对一关系”,记为“1∶1”。

②一对多关系:如果实体集 E1 中每个实体可以与实体集 E2 中任意个(零个或多个)实体间有关系,而 E2 中每个实体至多与 E1 中一个实体有关系,那么称 E1 与 E2 的关系是“一对多关系”,记为“1∶N”。

③多对多关系:如果实体集 E1 中每个实体可以与实体集 E2 中任意个(零个或多个)实体有关系,反之亦然,那么称 E1 与 E2 的关系是“多对多关系”,记为“M∶N”。

步骤 2:确定学生管理信息系统的实体类型。

小吴对日常学生管理工作的业务流程和业务内容进行整理和分析,确定学生管理信息系统的实体包括课程(Courses)、班级(Classes)、学生(Students)、教师(Teachers)。

步骤 3:确定学生管理信息系统各实体间的关系类型。班级与学生之间是 1∶n 关系,教师与班级之间是 1∶n 关系,学生与课程之间是 m∶n 关系,教师与课程之间是 m∶n 关系。

步骤 4:把实体类型和关系类型组合成 E-R 图,如图 1.9 所示。

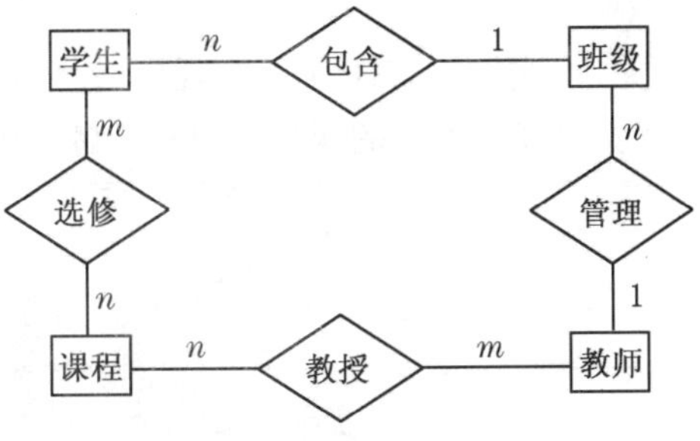

图 1.9　学生管理信息系统 E-R 图

步骤 5:确定实体类型和关系类型的属性,如图 1.10 所示。

步骤 6:确定实体标识符。在图 1.10 所示的 E-R 图中把实体标识符以下划线标出。

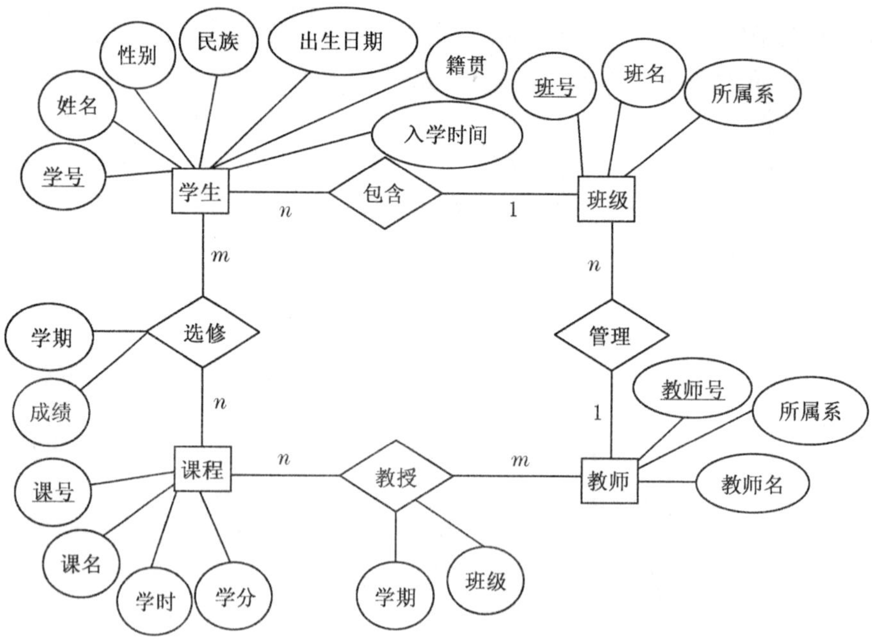

图 1.10 学生管理信息系统 E-R 图

任务 1.2.3 根据 E-R 图确定学生管理信息系统的数据逻辑模型

步骤 1:了解将 E-R 图中的实体、关系等元素转换成关系模式的规则。

(1)实体的转换。将每个实体转换成一个关系模式,实体的属性即为关系模式的列,实体标识符即为关系模式的键。

(2)关系的转换。实体间的关系有 1∶1 关系、1∶n 关系、m∶n 关系,不同的关系有不同的转换规则。

● 若实体间关系是 1∶1 关系,实体按实体的转换规则转换成二维表,然后在两个二维表中的任意一个表中加入另一个表的键和关系的属性,如图 1.11 所示。

注意:

由于图 1.10 中没有 1∶1 关系,特给出此例。

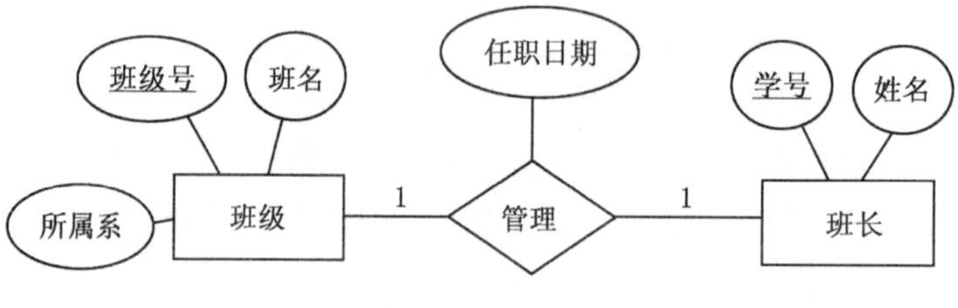

图 1.11 1∶1 关系

转换后的关系模式设计如下:

班级(班级号,班名,所属系,学号,任职日期),学号作为外键。

班长(学号,姓名)。

> **提示:**
> 外键的含义请参考学习情境 5 数据完整性的具体说明。

● 若实体间关系是 1∶n,则在 n 端实体转换成的关系模式中加入 1 端实体的键和关系的属性,如图 1.12 所示。

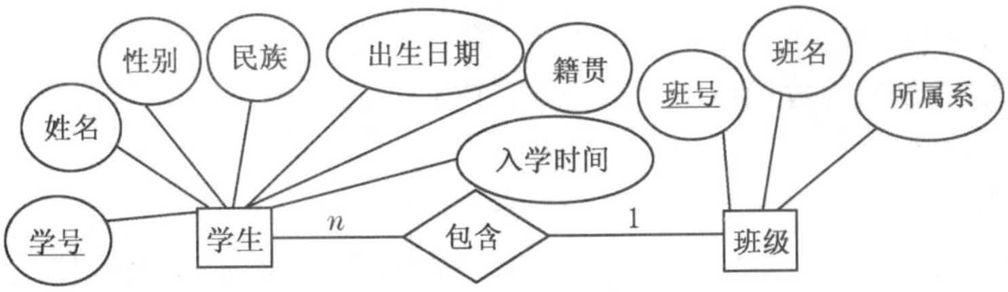

图 1.12　1∶n 关系

学生(学号,姓名,性别,民族,出生日期,入学时间,班号,籍贯),班号作为外键。

班级(班号,班名,所属系)。

● 若实体间关系是 m∶n,则将关系也转换成关系模式,其属性为两端实体的键加上关系的属性,而键为两端实体键的组合,如图 1.13 所示。

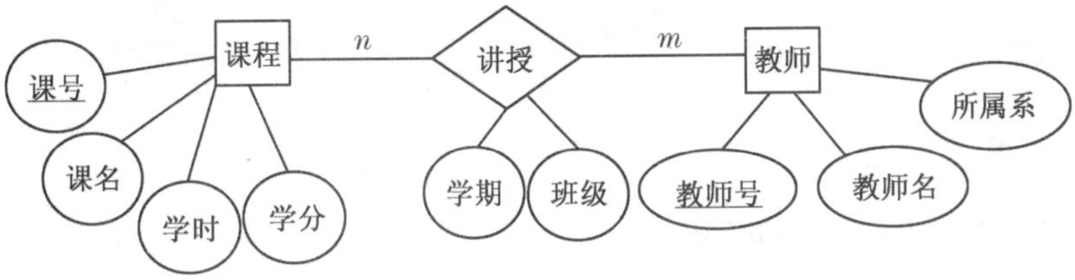

图 1.13　m∶n 关系

课程(课号,课名,学时,学分)。

教师(教师号,教师名,所属系)。

教师讲授课程(教师号,课号,学期,班级),教师号和课号都作为外键。

步骤 2:将学生管理信息系统的 E-R 图转换成关系模式。

根据 E-R 图转换关系模式的规则,图 1.10 的学生管理信息系统 E-R 图转换后的结果如下:

学生(学号,姓名,性别,民族,出生日期,入学时间,班号,籍贯),班号作为外键。

班级(班号,班名,所属系,教师号),教师号作为外键。

课程(课号,课名,学时,学分)。

教师(教师号,教师名,所属系)。

教师讲授课程(教师号,课号,学期,班级),教师号和课号都作为外键。

学生选修课程(学号,课号,学期,成绩),学号和课号都作为外键。

步骤 3:了解关系数据库的规范化设计。

小吴认识到,数据表中的数据冗余是一个影响系统性能的大问题,所以他准备将学生管理信息系统的六个数据表消除重复数据，进行数据规范化，从而得到高效的表结构。

如何对数据进行规范化呢？小吴了解到，数据的规范化要求称为数据规范化范式，包括第一范式（1NF）、第二范式（2NF）、第三范式（3NF）、第四范式（4NF）、第五范式（5NF）。1NF 是关系模式的基础，2NF 已成为历史，一般不再提及，3NF 是关系模式的重要范式，对于绝大多数的实际应用来说，满足 3NF 要求的数据已足够符合关系模型的数据规范化要求。

关系模式要达到 3NF，简单来说，包括下列任务：

（1）删除表中重复的列以达到第一范式。

（2）删除表中不完全依赖于主键的数据以获得第二范式。

（3）删除不属于该表的数据（即完全依赖于其他列或外键的数据项），使数据符合第三范式。

（4）检查表的每一行是否表示有意义的信息。

（5）允许表中出现一定数量的冗余数据，以减少操作数据时的跨表连接，从而提高系统性能。这种增加数据冗余以提高数据库性能的过程称为非规范化。

步骤 4：按照关系型数据库的规范化设计要求，将学生管理信息系统的数据表规范化。

按照关系型数据库的规范化设计要求，小吴修改了学生管理信息系统的数据表，规范化后的学生管理数据定义如图 1.14 至图 1.19 所示。

NET-DB\SQLEXPRE...nt - dbo.Classes

	列名	数据类型	允许 Null 值
🔑	Class_id	nchar(7)	☐
	Class_name	nvarchar(16)	☐
	Class_department	nchar(10)	☐
	Class_teacherid	nchar(5)	☐

图 1.14　表 Classes 的结构

NET-DB\SQLEXPRE...- dbo.Teachers

	列名	数据类型	允许 Null 值
🔑	Teacher_id	nchar(5)	☐
	Teacher_name	nchar(10)	☐
	Teacher_department	nchar(10)	☐

图 1.15　表 Teachers 的结构

NET-DB\SQLEXPRE...t - dbo.Courses

	列名	数据类型	允许 Null 值
🔑	Course_id	nchar(4)	☐
	Course_name	nvarchar(30)	☐
	Course_period	tinyint	☐
	Course_credit	tinyint	☐
	Course_kind	nchar(3)	☐
	Course_describe	nvarchar(200)	☑

图 1.16　表 Courses 的结构

NET-DB\SQLEXPRE....student_course

	列名	数据类型	允许 Null 值
🔑	SC_id	bigint	☐
	Student_id	nchar(5)	☐
	Course_id	nchar(4)	☐
	Student_grade	tinyint	☐
	Course_year	tinyint	☐

图 1.17　表 Student_course 的结构

> **提示：**
>
> 标有钥匙图标的列对应 E-R 图中的实体标识符，在 SQL Server 中称为主键。

NET-DB\SQLEXPRE....Teacher_course

列名	数据类型	允许 Null 值
Tc_id	int	☐
Teacher_id	nchar(5)	☐
Course_id	nchar(4)	☐
Class_id	nchar(7)	☐
Course_year	tinyint	☐

图 1.18　表 Teacher_course 的结构

NET-DB\SQLEXPRE...t - dbo.Students

列名	数据类型	允许 Null 值
Student_id	nchar(5)	☐
Student_name	nchar(10)	☐
Student_sex	nchar(1)	☐
Student_birthday	datetime	☑
Student_time	datetime	☑
Student_classid	nchar(7)	☐
Student_home	nvarchar(50)	☑
Student_else	nvarchar(500)	☑
Student_nation	nchar(10)	☑

图 1.19　表 Students 的结构

步骤 5：学生管理信息系统各数据表之间的关系如图 1.20 所示。其中，表间关系用连线表示，连线端的图标所指的表是 1∶N 关系中的“1”表（MS SQL Server 中称为主键表），∞图标所指的表是“N”表（MS SQL Server 中称为外键表）。有关如何创建数据库关系图的操作请参见帮助文档中的说明。

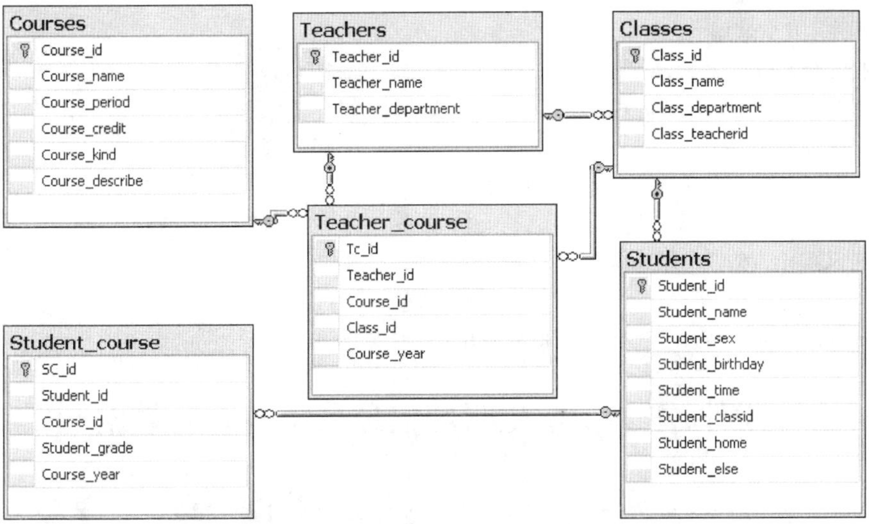

图 1.20　表间关系

知识总结：

E-R 模型是由 P. P. Chen 于 1976 年首先提出的，在数据库设计中被广泛用作数据建模的工具，E-R 模型适用于任何关系型数据库系统的数据建模，是一种面向用户的表达方法。E-R 模型的相关知识和方法属于数据库设计中的内容，有兴趣的读者可以参考这方面的其他书籍。

归纳总结

本学习情境首先讨论了为日常的学生管理数据选择存储方案的过程，包括确定数据的存储方式、选择数据模型以及选择关系型数据库管理系统。其次讨论了 SQL Server 2012 的数据组织方式，介绍了设计关系数据库表的方法，包括绘制 E-R 图的方法、将 E-R 图转换成逻辑模型的方法。学习情境给出的工作流程可作为实施中小型数据库系统的参考。更多更具体的数据库设计知识请参考其他相关书籍。

习 题

理论题

1. 选择题

(1)某单位由不同的部门组成，不同的部门每天都要产生一些报告、报表等数据，以往都采用纸张的形式来进行数据的保存和分类，随着业务的扩展，这些数据越来越多，管理这些报告、报表越来越费时费力，此时应该考虑(　　)。

A. 由一个人来完成这些工作

B. 在不同的部门中，由专门的人员去管理这些数据

C. 采用数据库系统来管理这些数据

D. 不再使用这些数据

(2)数据冗余是指(　　)。

A. 数据与数据之间没有建立关系　　B. 数据有丢失

C. 数据量太大　　D. 存在大量重复的数据

(3)唯一标识表中记录的一个或者一组列被称为(　　)。

A. 外键　　B. 主键　　C. 关系　　D. 表

2. 简述 SQL 语言的四个组成部分。

操作题

查看 Microsoft SQL Server 2012 的数据组织方式。

附件：本书中学生管理信息系统各表的数据

NET-DB\SQLEXPRE...nt - dbo.Classes

Class id	Class name	Class department	Class teacherid
2019014	会计1班	会计系	JS002
2019015	会计2班	会计系	JS002
2020011	电子商务1班	经济信息系	JS001
2020012	电子商务2班	经济信息系	JS001
2020013	电子商务3班	经济信息系	JS001

图 A.1　表 Classes 的数据

NET-DB.Student - dbo.Teachers

Teacher_id	Teacher_name	Teacher_department
JS001	于明军	经济信息系
JS002	王子丹	会计系
JS003	米菲	经济信息系
JS004	冯飞雪	经济信息系
JS005	朱芸	公共课部
JS006	闫晓辉	公共课部
JS007	王文丽	经济信息系
JS008	李延熙	公共课部
JS009	金泰	会计系
JS010	蔡林峰	会计系

图 A. 2　表 Teachers 的数据

NET-DB\SQLEXPR...p - dbo.Courses

Course id	Course name	Course period	Course credit	Course kind	Course describe
1001	电子商务基础	72	2	专业课	NULL
2001	英语1	72	3	公共课	NULL
2002	英语2	72	3	公共课	NULL
3001	网页设计与制作	72	2	专业课	NULL
4001	网络数据库	72	3	专业课	NULL
5001	电子商务安全与管理	64	3	专业课	NULL
6001	网络营销	72	2	专业课	NULL

图 A. 3　表 Courses 的数据

NET-DB.Student -...o.student_course

SC_id	Student_id	Course_id	Student_grade	Course_year
1	11001	1001	88	1
2	11002	1001	86	1
3	11001	2001	78	1
4	11002	2001	80	1
5	11001	2002	77	2
6	11002	2002	88	2
7	12001	1001	90	1
8	12002	1001	75	1
9	12001	2001	68	1
10	12002	2001	73	1
11	12001	2002	80	2
12	12002	2002	78	2
13	12001	4001	85	2
14	12002	4001	71	2
15	13001	1001	76	1
16	13002	1001	81	1
17	13001	2001	69	1
18	13002	2001	90	1
19	13001	2002	70	2
20	13002	2002	89	2
21	13001	4001	88	2
22	13002	4001	86	2
23	14001	4001	76	2
24	14002	4001	80	2
25	15001	4001	88	2
26	15002	4001	71	2

图 A. 4　表 Student_course 的数据

NET-DB\SQLEXPRE....Teacher_course

Tc id	Teacher id	Course id	Class id	Course year
1	JS001	1001	2020011	1
2	JS001	1001	2020012	1
3	JS001	1001	2020013	1
4	JS005	2001	2020011	1
5	JS005	2001	2020012	1
6	JS005	2001	2020013	1
7	JS006	2002	2020011	2
8	JS006	2002	2020012	2
9	JS006	2002	2020013	2
10	JS003	4001	2020011	2
11	JS003	4001	2020012	2
12	JS003	4001	2020013	2
13	JS004	4001	2019014	2
14	JS004	4001	2019015	2

图 A. 5　表 Teacher_course 的数据

NET-DB\SQLEXPRE...t - dbo.Students

Student id	Student name	Student sex	Student birthday	Student time	Student classid	Student home	Student else	Student nation
11001	叶海平	男	2002-01-23 00:00:00.000	2020-09-05 00:00:00.000	2020011	山西	NULL	NULL
11002	景风	男	2002-06-25 00:00:00.000	2020-09-05 00:00:00.000	2020011	重庆	NULL	NULL
12001	华丽佳	女	2001-05-20 00:00:00.000	2020-09-05 00:00:00.000	2020012	大连	NULL	NULL
12002	范治华	男	2001-06-12 00:00:00.000	2020-09-05 00:00:00.000	2020012	山东	NULL	NULL
13001	李佳佳	女	2001-03-01 00:00:00.000	2020-09-05 00:00:00.000	2020013	湖南	NULL	NULL
13002	史慧敏	女	2002-10-11 00:00:00.000	2020-09-05 00:00:00.000	2020013	湖北	NULL	NULL
14001	安静	女	2000-03-23 00:00:00.000	2019-09-05 00:00:00.000	2019014	山西	NULL	NULL
14002	尹强	男	2001-06-02 00:00:00.000	2019-09-05 00:00:00.000	2019014	重庆	NULL	NULL
15001	曹波	男	2000-05-06 00:00:00.000	2019-09-05 00:00:00.000	2019015	大连	NULL	NULL
15002	杨世英	女	2001-12-01 00:00:00.000	2019-09-05 00:00:00.000	2019015	天津	NULL	NULL

图 A. 6　表 Students 的数据

学习情境 2　安装与启动数据库环境

【情境描述】

学校现计划将学生数据利用计算机进行信息化管理，以提高学生管理工作的效率。利用数据库技术将学生管理工作中的所有相关数据组织在一起，存放在计算机上，还能够为学校所有与学生工作有关的工作人员所共享。小尼一直在学校教务处从事学生数据的日常管理工作，所以学校安排小尼来负责实现学校学生数据管理的信息化。

小尼要做的首要工作就是选择一款数据库软件并安装到计算机上，尽快熟悉该软件以使用该软件进行学生数据的管理和维护。

【技能目标】

- 学会安装 SQL Server 2012
- 学会配置 SQL Server 2012
- 学会启动 SQL Server Management Studio
- 学会使用 SQL Server Management Studio

学习子情境 2.1　安装 SQL Server 2012

【情境描述】

安装数据库系统是使用数据库进行数据信息化管理之前必须做的事情，是使用数据库的开始。由于微软的操作系统平台和软件界面是办公室工作人员最熟悉的，小尼决定选择微软的数据库产品 SQL Server 2012。

【技能目标】

- 学会安装 SQL Server 2012
- 了解服务器端组件和客户端组件

【工作任务】

从 SQL Server 2012 的各种版本中选择要安装的版本。了解要安装版本的系统需求，安装 SQL Server 2012 数据库。

【任务实施】

任务 2.1.1　了解 SQL Server 版本

为了更好地满足每一位客户的需求，Microsoft SQL Server 2012 系统提供了 3 个主要版本，包括 SQL Server 2012 Enterprise Edition、SQL Server 2012 Business Intelligence Edition 和 SQL Server 2012 Standard Edition，还提供了 1 个专业版本 SQL Server 2012 Web Edition 以及两个扩展版，包括 SQL Server 2012 Developer Edition 和 SQL Server 2012 Express Edition。

SQL Server 2012 Enterprise Edition（企业版）：作为最全面的高级版本，提供了全面的高端数据中心功能，性能极为快捷、虚拟化不受限制，还具有端到端的商业智能，可为关键任务工作负荷提供较高服务级别，支持最终用户访问深层数据。

SQL Server 2012 Business Intelligence Edition（商业版）：提供了综合性平台，可支持组织构建和部署安全、可扩展且易于管理的商业智能解决方案。它提供基于浏览器的数据浏览与可见性等卓越功能、强大的数据集成功能，以及增强的集成管理。

SQL Server 2012 Standard Edition（标准版）：提供了基本数据管理和商业智能数据库，使部门和小型组织能够顺利运行其应用程序，并支持将常用开发工具用于内部部署和云部署，有助于以最少的 IT 资源获得高效的数据库管理。

SQL Server 2012 Web Edition（专业版）：面向不同的业务工作负荷，对于为从小规模至大规模 Web 资产提供可伸缩性、经济性和可管理性功能的 Web 宿主和 Web VAP 来说，该版本是一项总拥有成本较低的选择。

SQL Server 2012 的扩展版是针对特定的用户应用而设计的，可免费获取或只需支付极少的费用。

SQL Server 2012 Developer Edition（开发版）：支持开发人员基于 SQL Server 构建任意类型的应用程序。它包括 Enterprise 版的所有功能，但有许可限制，只能用作开发和测试系统，而不能用作生产服务器。SQL Server Developer 是构建和测试应用程序的人员的理想之选。

SQL Server 2012 Express Edition（快递版）：是入门级的免费数据库，是学习和构建桌面及小型服务器数据驱动应用程序的理想选择。它是独立软件供应商、开发人员和热衷于构建客户端应用程序的人员的最佳选择。如果您需要使用更高级的数据库功能，则可以将 SQL Server Express 无缝升级到其他更高端的 SQL Server 版本。SQL Server 2012 中新增了 SQL Server Express Local DB，这是 Express 的一种轻型版本，该版本具备所有可编程性功能，可在用户模式下运行，并且具有快速的零配置安装和必备组件要求较少的特点。

任务 2.1.2　了解 SQL Server 2012 的环境要求

步骤 1：了解硬件要求，如表 2.1 所示。

表 2.1　**SQL Server 2012 对硬件的要求**

<table>
<tr><th>硬 件</th><th colspan="2">要　求</th></tr>
<tr><td rowspan="2">内存</td><td>最小值</td><td>· Express 版本：512 MB
· 所有其他版本：1GB</td></tr>
<tr><td>建议</td><td>· Express 版本：1 GB
· 所有其他版本：至少 4GB，并且应该随着数据库大小的增加而增加，以确保最佳的性能</td></tr>
<tr><td rowspan="2">处理器速度</td><td>最小值</td><td>· x86 处理器：1.0 GHz
· x64 处理器：1.4 GHz</td></tr>
<tr><td>建议</td><td>· 2.0 GHz 或更快</td></tr>
</table>

续表

硬 件	要 求
处理器类型	• x64 处理器：AMD Opteron、AMD Athlon 64、支持 Intel EM64T 的 Intel Xeon、支持 EM64T 的 Intel Pentium Ⅳ • x86 处理器：Pentium Ⅲ兼容处理器或更快
硬盘	• 至少 6GB 的可用空间

步骤 2：了解软件要求。

● NET Framework：在选择数据库引擎、Reporting Services、Master Data Services、Data Quality Services、复制或安装 SQL Server Management Studio 时，.NET 3.5 SP1 是 SQL Server 2012 所必需的，但不再由 SQL Server 安装程序安装。.NET 4.0 是 SQL Server 2012 所必需的，SQL Server 在功能安装步骤中要安装 .NET 4.0。

● Windows PowerShell：SQL Server 2012 不安装或启用 Windows PowerShell 2.0；但对于数据库引擎组件和 SQL Server Management Studio 而言，Windows PowerShell 2.0 是一个安装必备组件。

● 网络软件：SQL Server 2012 支持的操作系统具有内置网络软件。独立安装的命名实例和默认实例支持以下网络协议：共享内存、命名管道、TCP/IP 和 VIA。

● Internet 软件：Microsoft 管理控制台（MMC）、SQL Server Data Tools（SSDT）、Reporting Services 的报表设计器组件和 HTML 帮助都需要 Internet Explorer 7 或更高版本。

任务 2.1.3　安装 SQL Server 2012

步骤 1：准备好 SQL Server 2012 某个版本的安装介质，然后双击根文件夹中的 Setup.exe，之后出现如图 2.1 所示的【SQL Server 安装中心】界面，开始安装 SQL Server 2012。

任务2.1.3视频

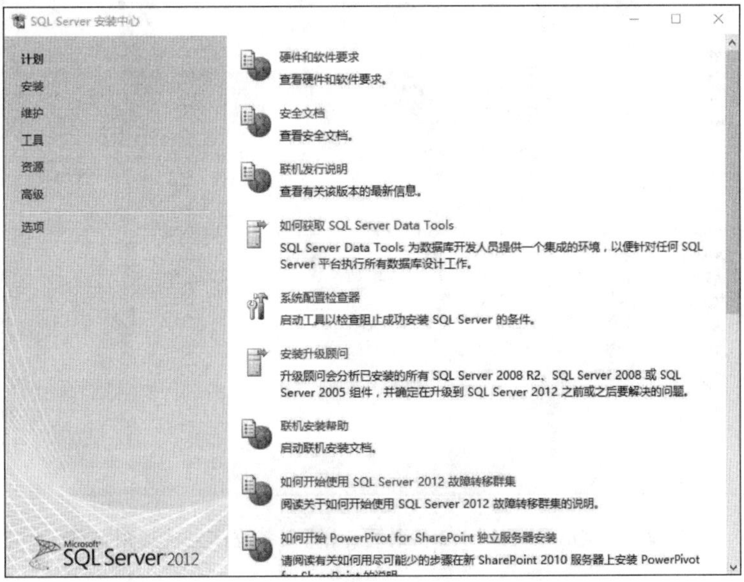

图 2.1　SQL Server 2012 安装导航界面

步骤 2:单击【安装】选项,切换到如图 2.2 所示的界面,选中右侧的第一项【全新 SQL Server 独立安装或向现有安装添加功能】,这样将通过向导在非群集环境中安装 SQL Server 2012。

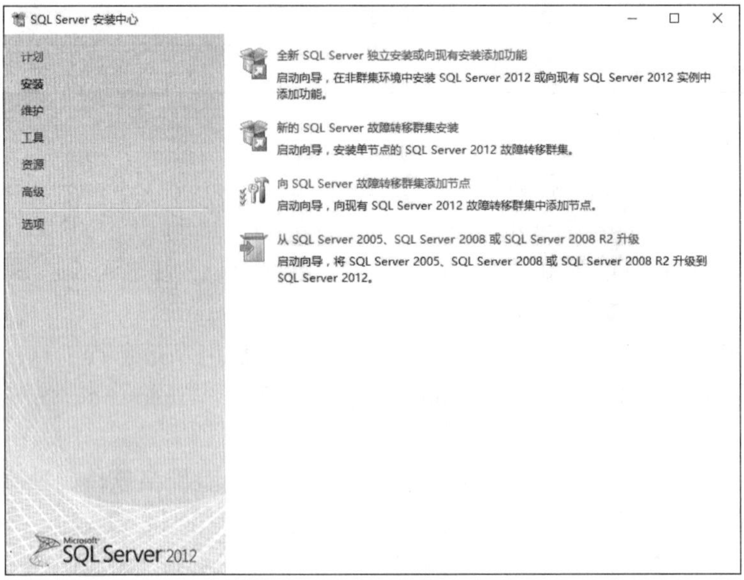

图 2.2　SQL Server 安装中心的安装页面

步骤 3:在【安装程序支持规则】页上,当成功安装所需组件后出现如图 2.3 所示的界面,单击【下一步】。

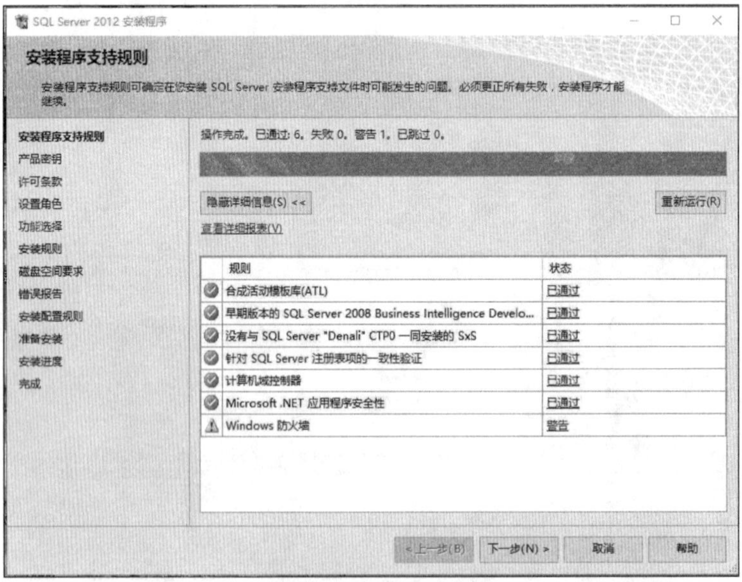

图 2.3　SQL Server 2012 安装程序的【安装程序支持规则】界面

步骤 4:在如图 2.4 所示的【产品密钥】页上,指定要安装的 SQL Server 2012 版本,可以输入产品密钥安装所购买的版本，也可以选择免费版本。这里选择 Express 免费版本，单击【下一步】继续安装。

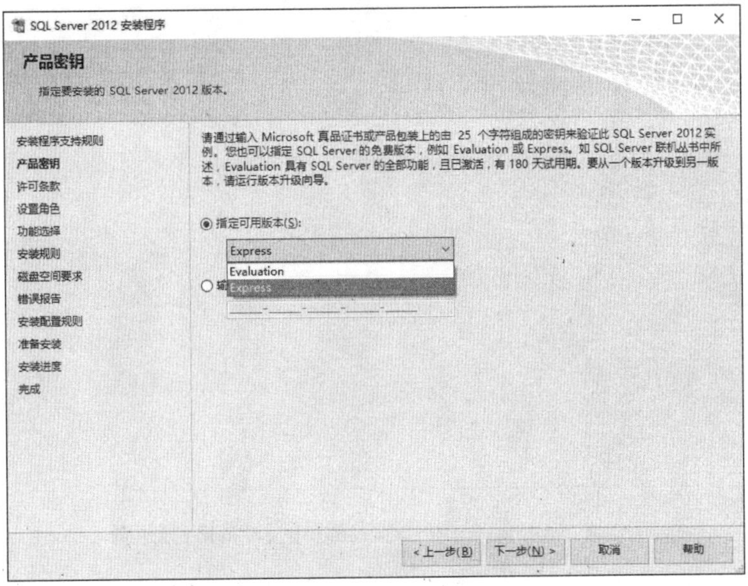

图 2.4　SQL Server 2012 安装程序的【产品密钥】界面

步骤 5：在如图 2.5 所示的【许可条款】页上，选中【我接受许可条款】，单击【下一步】继续执行安装程序。

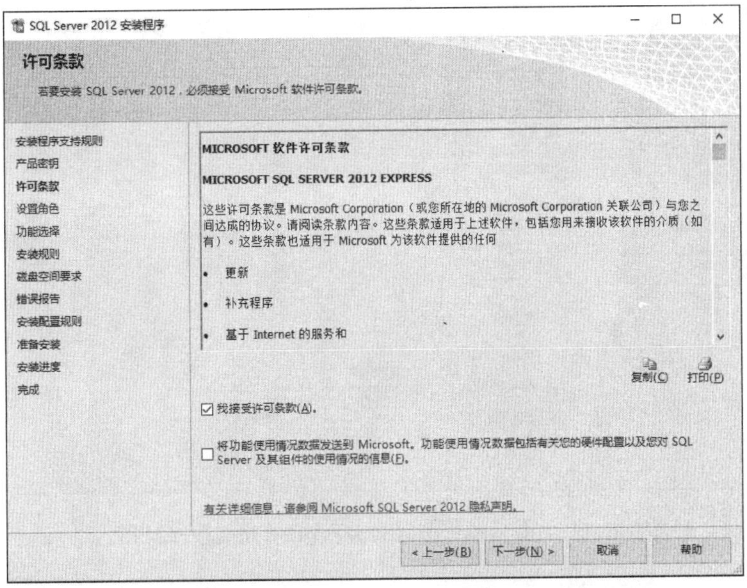

图 2.5　SQL Server 2012 安装程序的【许可条款】界面

步骤 6：在【设置角色】页上，选择【SQL Server 功能安装】，如图 2.6 所示，单击【下一步】。

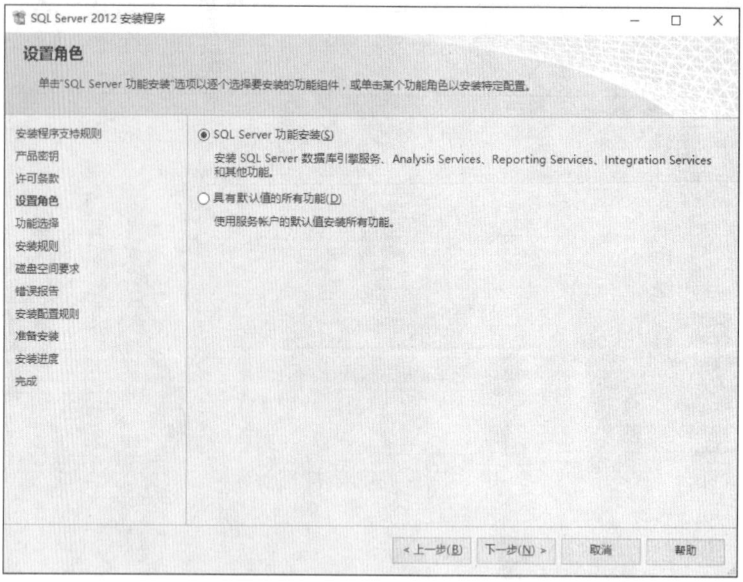

图 2.6 SQL Server 2012 安装程序的【设置角色】界面

步骤 7：在如图 2.7 所示的【功能选择】页上，选择计划安装的功能，也可单击【全选】按钮选择所有功能进行安装，单击【下一步】按钮。

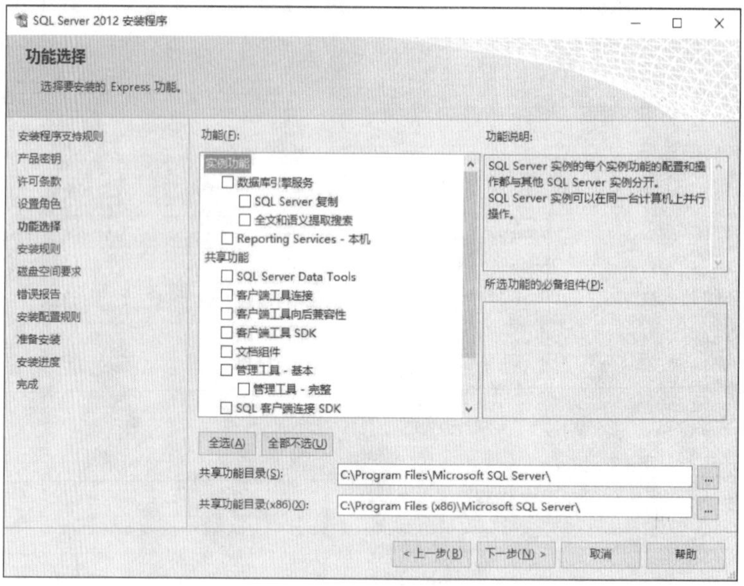

图 2.7 SQL Server 2012 安装程序的【功能选择】界面

步骤 8：进入【安装规则】页面，如图 2.8 所示，在该页面单击【下一步】按钮。

步骤 9：在如图 2.9 所示的【实例配置】页上，指定安装默认实例还是命名实例，默认实例是自动命名的 SQL Server 实例名称，命名实例是由安装者命名的 SQL Server 实例名称。这里选择命名实例，单击【下一步】。

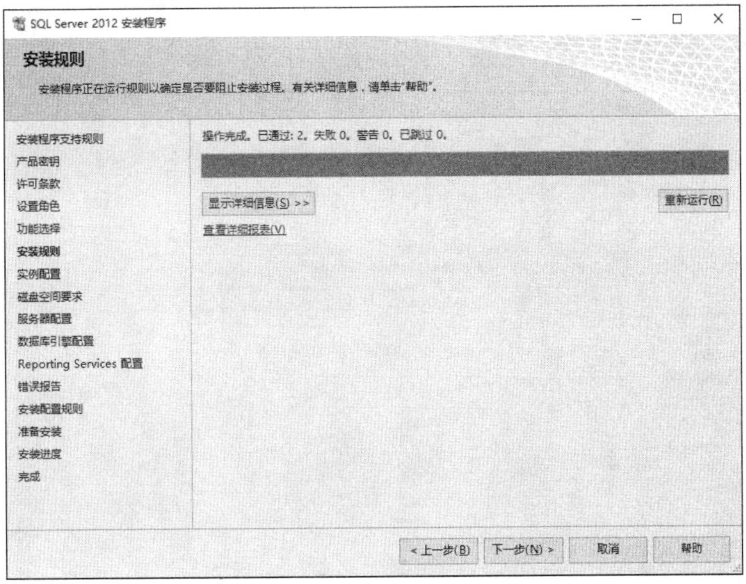

图 2.8　SQL Server 2012 安装程序的【安装规则】界面

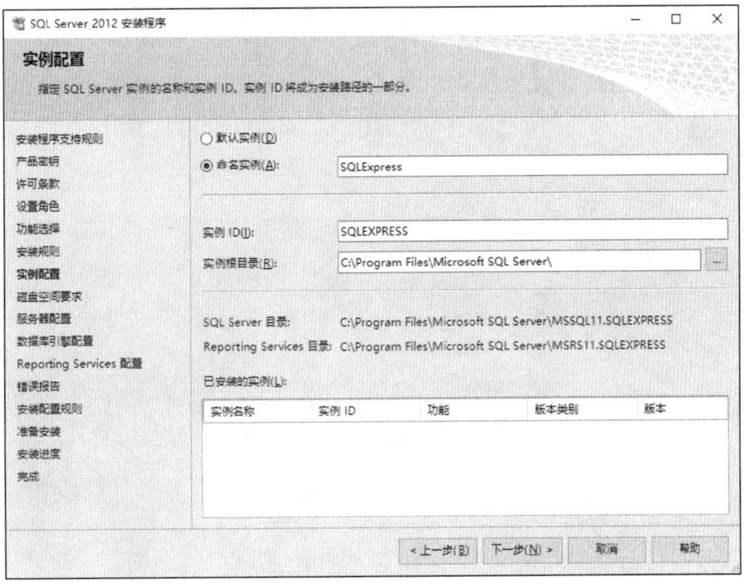

图 2.9　SQL Server 2012 安装程序的【实例配置】界面

注意：

在一台计算机中可以安装多个 SQL Server 服务器。每一个安装称为一个实例。每一个实例必须有一个属于它的唯一的名字，当没有为安装指定明确的名字时，将选定为默认实例，但只有一个实例可以是默认实例，其他实例都必须是命名实例。

步骤 10：在【磁盘空间要求】页面上，显示安装所选的 SQL Server 功能需要的磁盘空间摘要，如图 2.10 所示，单击【下一步】按钮。

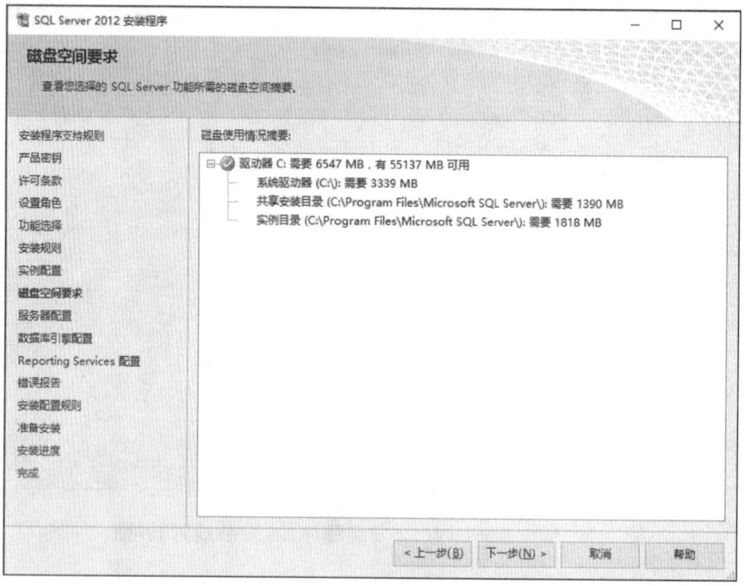

图 2.10　SQL Server 2012 安装程序的【磁盘空间要求】界面

步骤 11：在如图 2.11 所示的【服务器配置】页上，为 SQL Server 服务账户指定账户名、密码和启动类型。根据需要可以让所有服务都使用一个账户，也可以为各个服务指定单独的账户。

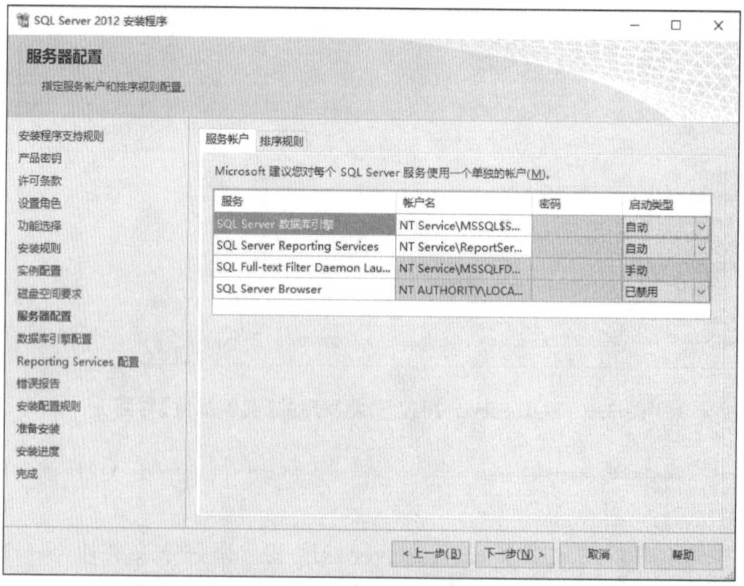

图 2.11　SQL Server 2012 安装程序的【服务器配置】界面

步骤 12：在如图 2.12 所示的【数据库引擎配置】页上，选择连接 SQL Server 的身份验证模式，指定 SQL Server 系统管理员和数据目录，单击【下一步】。

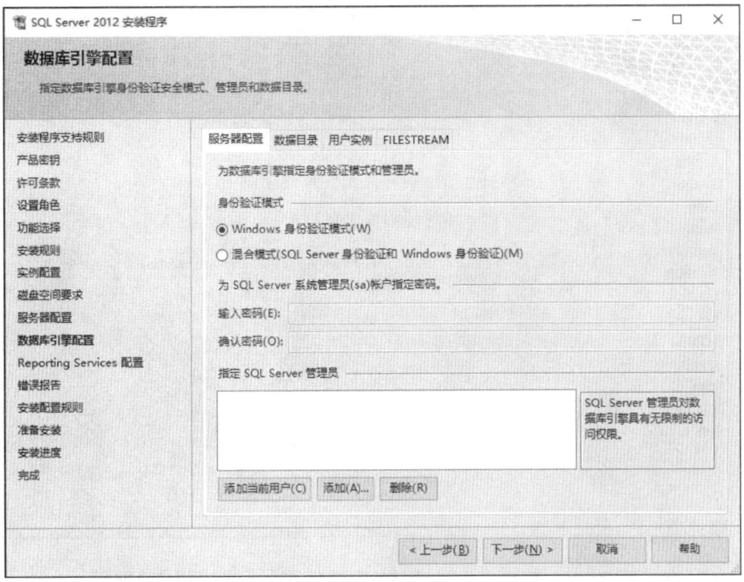

图 2.12　SQL Server 2012 安装程序的【数据库引擎配置】界面

步骤 13：在如图 2.13 所示的【Reporting Services 配置】页上，指定 Reporting Services 服务模式，单击【下一步】。

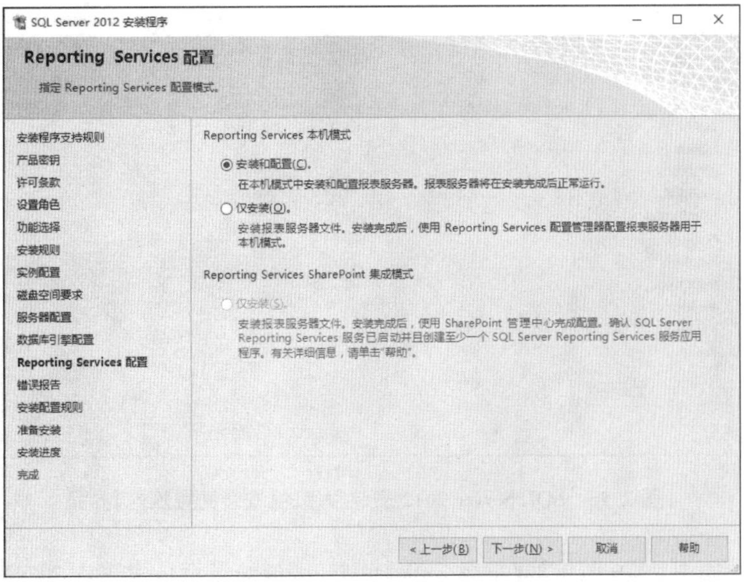

图 2.13　SQL Server 2012 安装程序的【Reporting Services 配置】界面

步骤 14：在如图 2.14 所示的【错误报告】页上，可以选择错误和使用情况报告发送方式，单击【下一步】。

步骤 15：在如图 2.15 所示的【安装配置规则】页上，单击【下一步】。

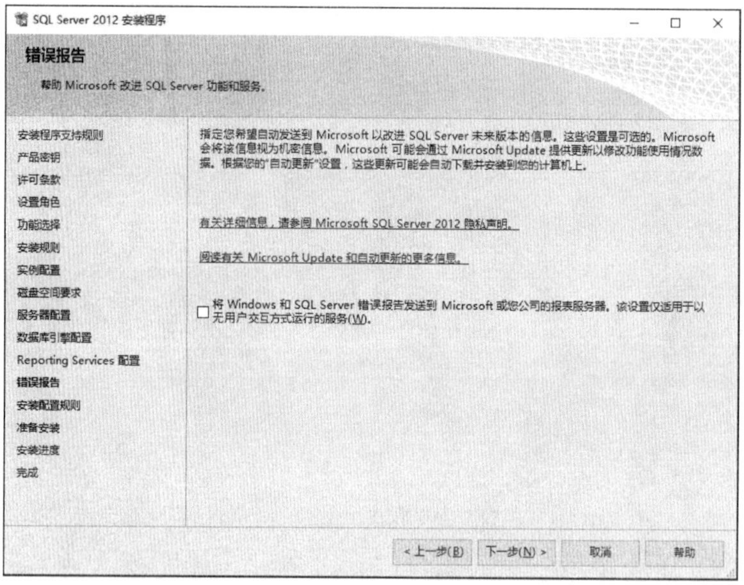

图 2.14　SQL Server 2012 安装程序的【错误报告】界面

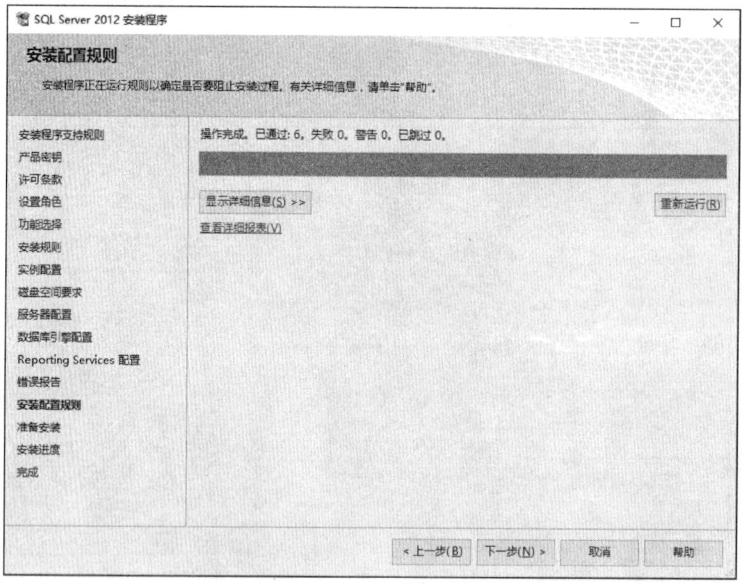

图 2.15　SQL Server 2012 安装程序的【安装配置规则】界面

步骤 16:在如图 2.16 所示的【准备安装】页上,可以验证要安装的 SQL Server 2012 的功能,单击【安装】按钮开始安装。

步骤 17:在如图 2.17 所示的【安装进度】页上,可以看到安装进度条,安装将花费较长时间,当进度条满后,单击【下一步】。

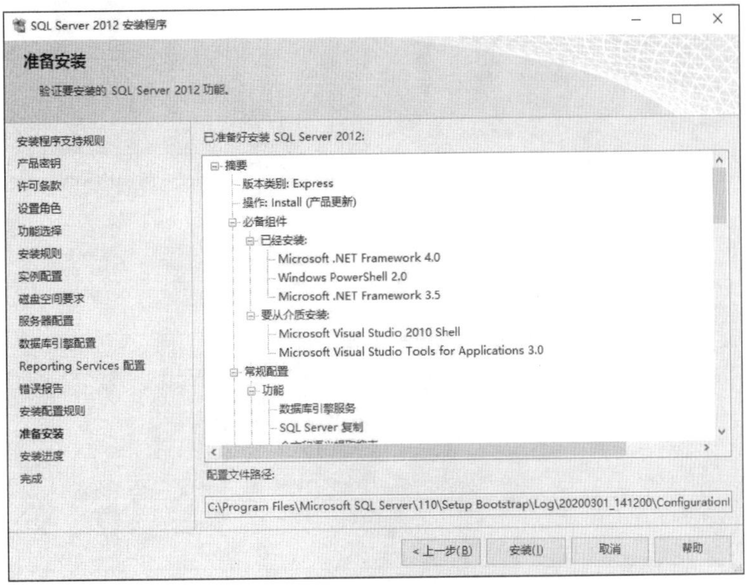

图 2.16　SQL Server 2012 安装程序的【准备安装】界面

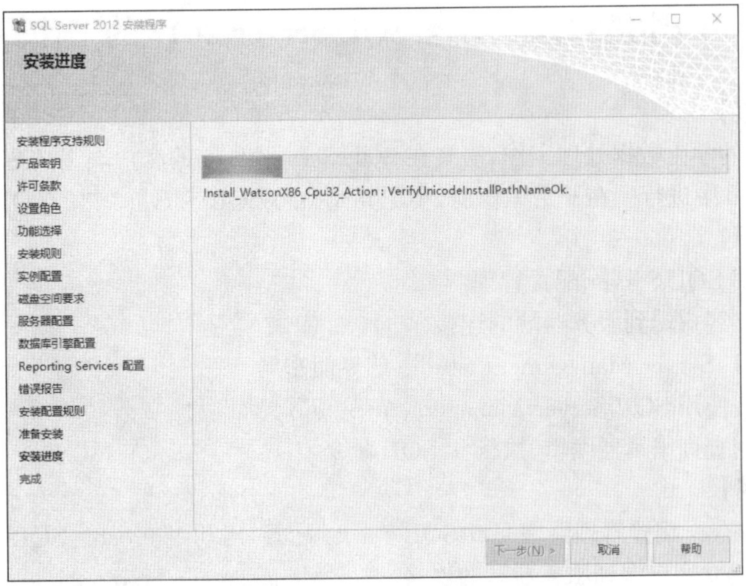

图 2.17　SQL Server 2012 安装程序的【安装进度】界面

步骤 18:在如图 2.18 所示的【完成】页上,单击【关闭】按钮,结束安装。

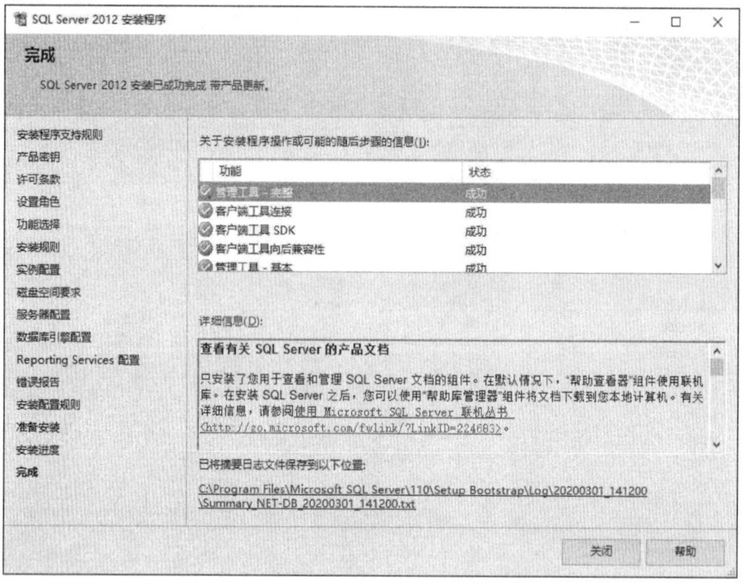

图 2.18　SQL Server 2012 安装程序的【完成】界面

学习子情境 2.2　熟悉 SQL Server 2012 的工作界面

【情境描述】

小尼所做的学生数据处理工作，需要在 SQL Server 2012 的客户端工具 SQL Server Management Studio 中进行。在开始工作前，小尼要先熟悉 SQL Server 2012 的工作界面。

【技能目标】

●学会使用 SQL Server 配置管理器

●学会建立客户端到服务器端的连接

●熟悉 SQL Server Management Studio 的界面布局

●学会灵活使用 SQL Server Management Studio 界面

●学会使用查询编辑器编辑、执行 T-SQL 命令

【工作任务】

在 SQL Server 配置管理器中完成 SQL Server 配置，启动 Microsoft SQL Server Management Studio，建立客户端到服务器端的连接，改变 Management Studio 的界面布局，使用查询编辑器编辑执行一段 SQL 命令。

【任务实施】

任务 2.2.1　使用 SQL Server 配置管理器配置 SQL Server

步骤 1：在【开始】菜单中，单击【程序】|【Microsoft SQL Server 2012】|【SQL Server 配置管理器】，打开 SQL Server Configuration Manager 配置程序。单击【SQL Server 网络配置】|【SQLEXPRESS 的协议】，将 Named Pipes 协议和 TCP/IP 协议的状态改成已启用（默认是禁用状态），如图 2.19 所示。

任务2.2.1视频

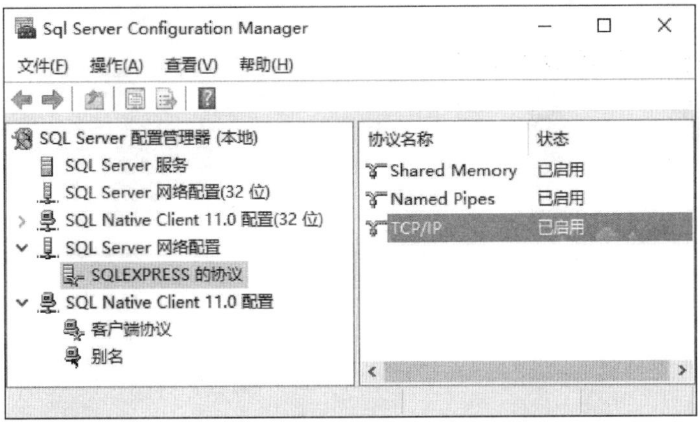

图 2.19　在配置管理器中启用协议

步骤 2:在【SQL Server 服务】下,重启【SQL Server(SQLEXPRESS)】服务,以使上述修改有效,如图 2.20 所示。

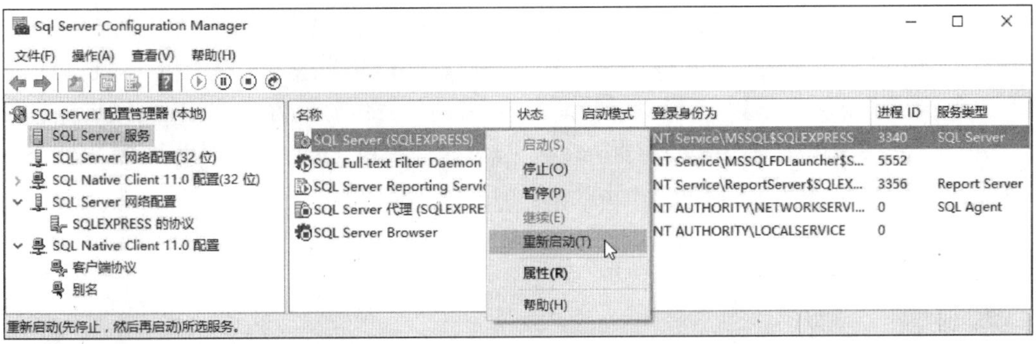

图 2.20　修改配置后重启 SQL Server 服务

注意:

安装完 SQL Server 2012 首次使用 SQL Server Management Studio 连接服务器前,先使用 SQL Server 配置管理器进行相应的协议配置,以保证从客户端到服务器端能够连接成功。

任务 2.2.2　启动 Microsoft SQL Server Management Studio,建立客户端到服务器端的连接

步骤 1:在【开始】菜单中,单击【程序】|【Microsoft SQL Server 2012】|【SQL Server Management Studio】,启动 SQL Server 管理平台,如图 2.21 所示。

任务2.2.2视频

图 2.21 服务器登录界面

步骤 2:在【连接到服务器】对话框中,可以在【服务器类型】中选择要连接的 SQL Server 服务器类型;在【服务器名称】中选择要登录的服务器名称,可以登录本地服务器,也可以登录网络服务器;在【身份验证】中选择身份验证方式,有两种身份验证方式,即 Windows 身份验证和 SQL Server 身份验证,此处使用 Windows 身份验证。单击【连接】按钮,连接 SQL Server 服务器并启动 SQL Server Management Studio,如图 2.22 所示。

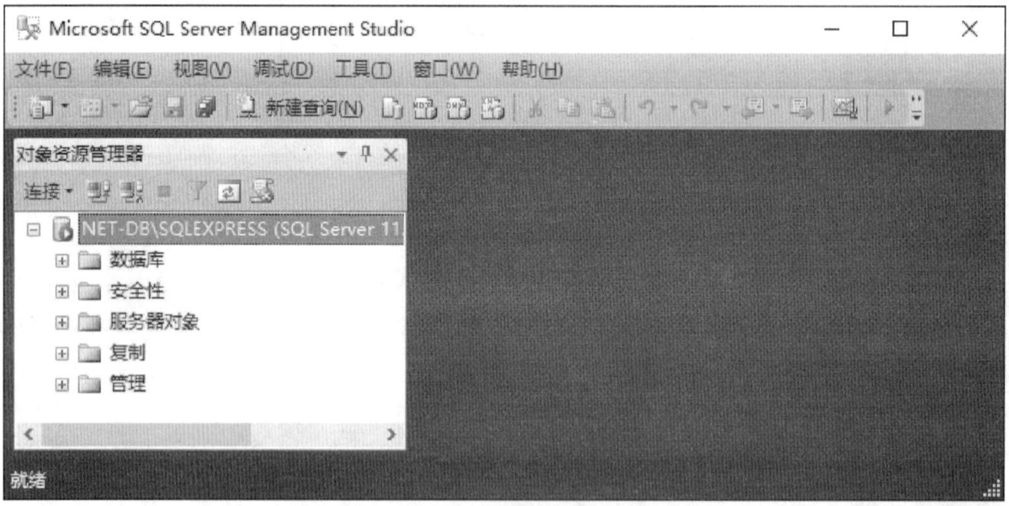

图 2.22 SQL Server Management Studio 主界面

知识总结：

SQL Server Management Studio 是 SQL Server 2012 提供的集成管理平台，包括用于数据库管理的图形工具和功能丰富的开发环境。Management Studio 是 SQL Server 2012 最重要、最常用的管理工具，所有的 SQL Server 对象的建立与管理都可以通过它来完成。SQL Server Management Studio 的工具组件包括已注册的服务器、对象资源管理器、查询编辑器、模板资源管理器和解决方案资源管理器等。默认情况下，Management Studio 启动后将显示【对象资源管理器】窗口。

【对象资源管理器】窗口是服务器中所有数据库对象的树视图，具有可用于管理这些对象的用户界面，用户可以通过该窗口操作数据库、表等数据库对象，创建登录用户和授权，进行数据库的备份、复制等操作。

任务 2.2.3　调整 Management Studio 的界面布局

步骤 1：Management Studio 启动后，默认显示【对象资源管理器】。单击【对象资源管理器】右上角的×按钮可关闭【对象资源管理器】。

任务2.2.3视频

步骤 2：在【视图】菜单上，单击【对象资源管理器】，【对象资源管理器】窗口又出现在原来的位置。

步骤 3：在【视图】菜单上，单击【对象资源管理器详细信息】，【对象资源管理器详细信息】窗口在右侧空白区域打开，如图 2.23 所示。

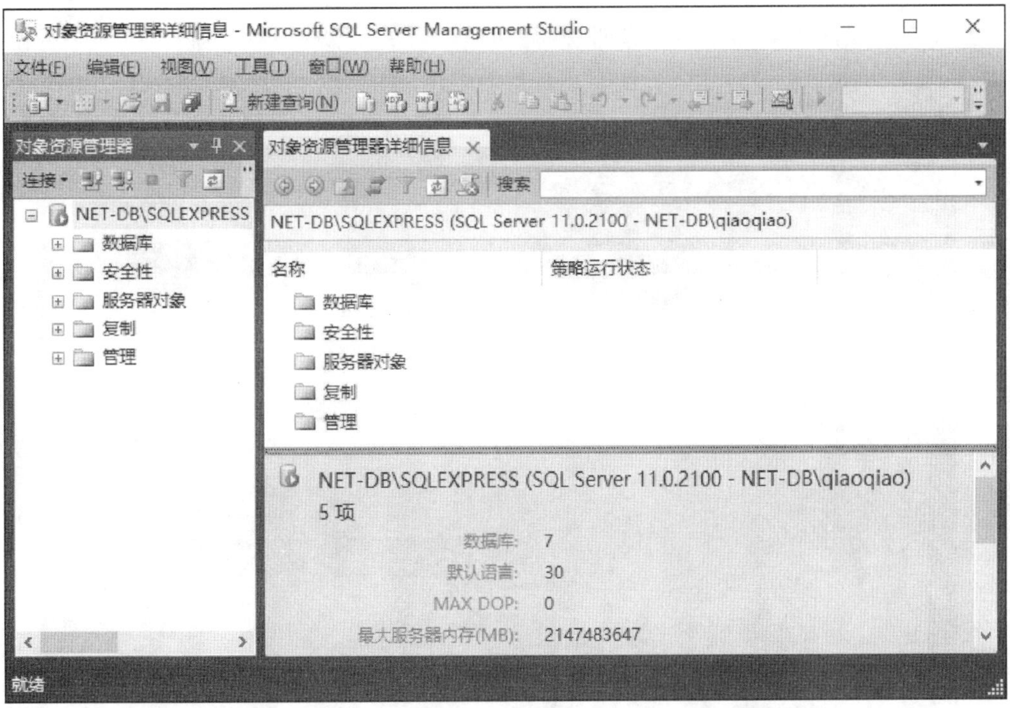

图 2.23　打开【对象资源管理器详细信息】窗口之后的界面

步骤 4:单击【对象资源管理器】窗口的标题栏右上角的图钉按钮,【对象资源管理器】将被隐藏(最小化)到屏幕的左侧,如图 2.24 所示。

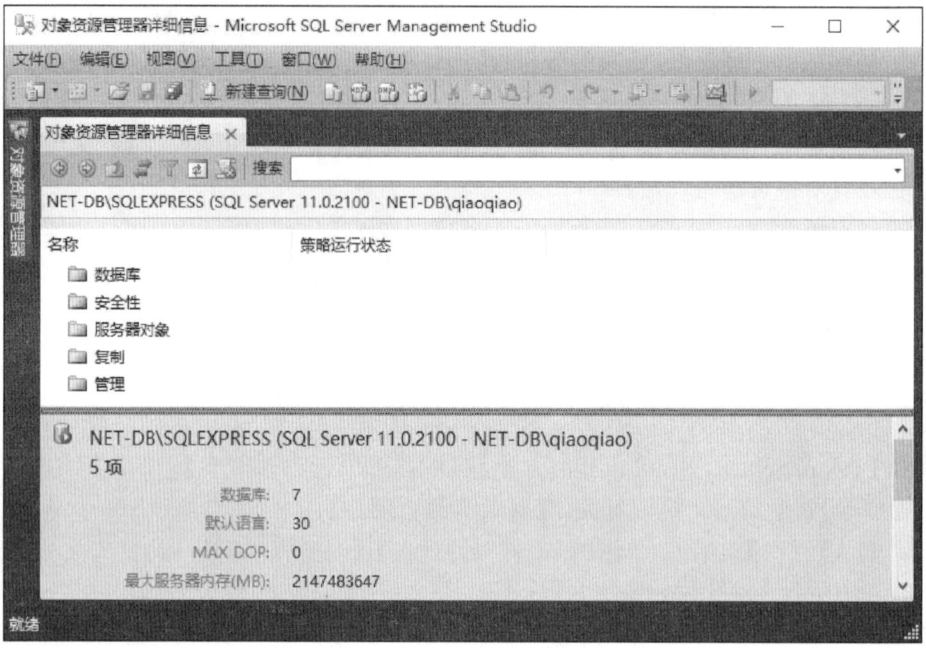

图 2.24 隐藏之后的对象资源管理器

步骤 5:将鼠标移动到【对象资源管理器】标题栏上,【对象资源管理器】在其原来的位置上展开,如图 2.25 所示。

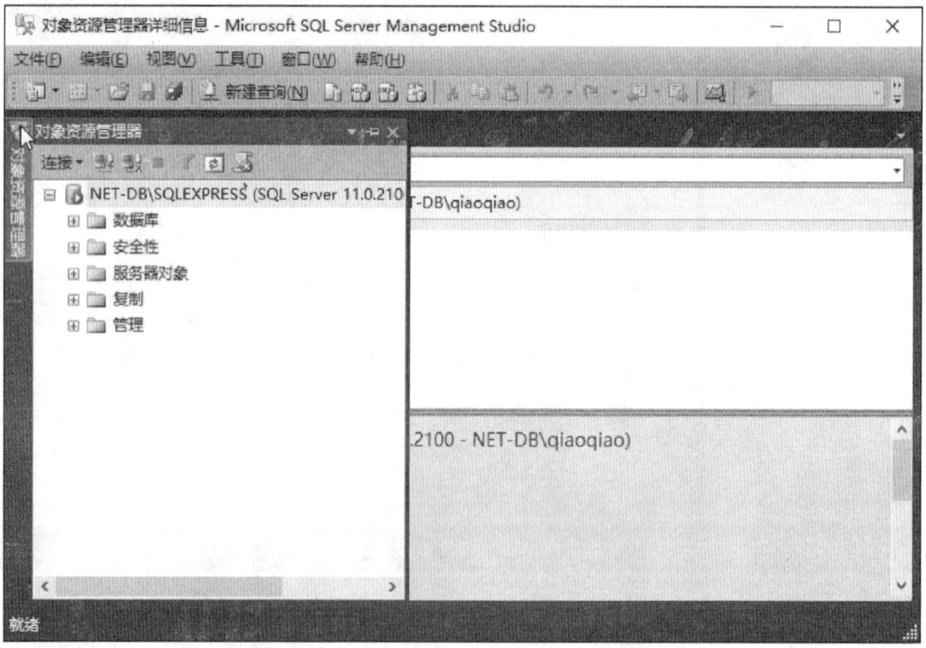

图 2.25 隐藏了的对象资源管理器被展开

步骤 6：在如图 2.25 所示的界面上，再次单击图钉按钮，【对象资源管理器】又驻留回原来的位置。

步骤 7：单击【对象资源管理器】窗口右上角的按钮，在弹出的菜单上选择【浮动】命令，【对象资源管理器】窗口就浮动在主界面上，如图 2.26 所示。

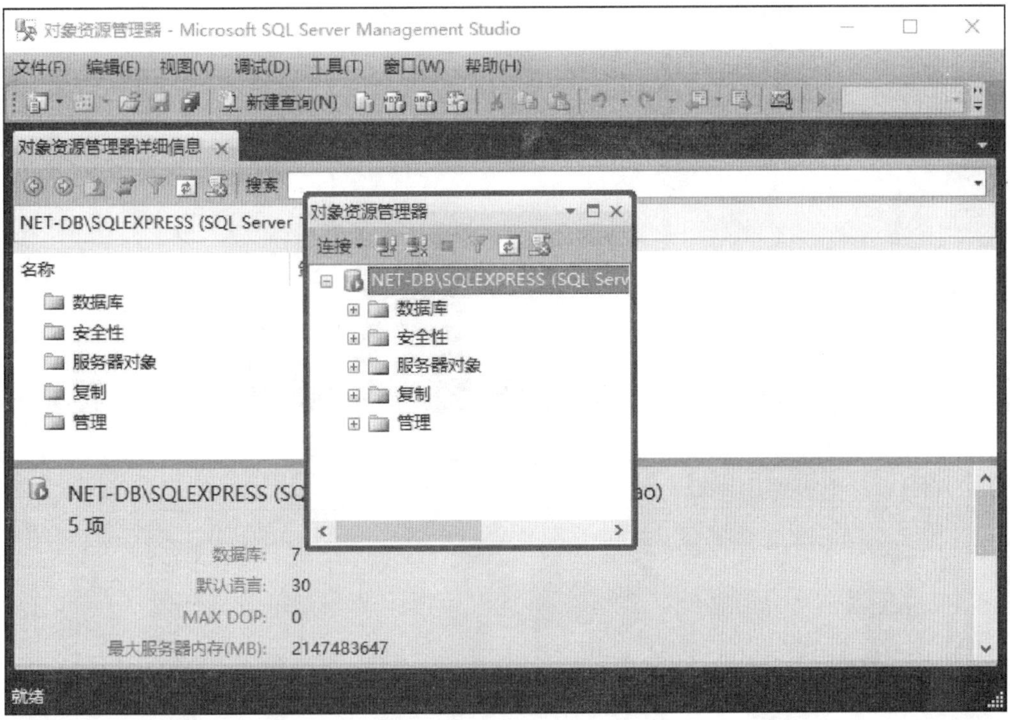

图 2.26　【对象资源管理器】窗口浮在 Management Studio 主界面上

步骤 8：再次单击【对象资源管理器】窗口右上角的按钮，在弹出的菜单上选择【停靠】命令，【对象资源管理器】窗口又回到原来的位置上。

> **注意**：
>
> 不熟悉 SQL Server Management Studio 的话，可能会因疏忽而关闭或隐藏窗口，可以在【窗口】菜单上单击【重置窗口布局】，将窗口还原到原始位置。
>
> 如果没有显示所需的组件窗口，则从【视图】菜单中选择相应的选项即可。

任务 2.2.4　使用查询编辑器编辑、执行 T-SQL 命令

步骤 1：单击标准工具栏上的【新建查询】按钮打开查询编辑器窗格，管理平台界面同时会出现【查询】菜单和 SQL 编辑器工具栏，如图 2.27 所示。

步骤 2：单击【工具】|【选项】，在打开的【选项】界面的左侧展开【文本编辑器】选项，选择【Transact-SQL】选项，在右侧对应界面中选中【行号】复选框，如图 2.28 所示，单击【确定】。

任务2.2.4视频

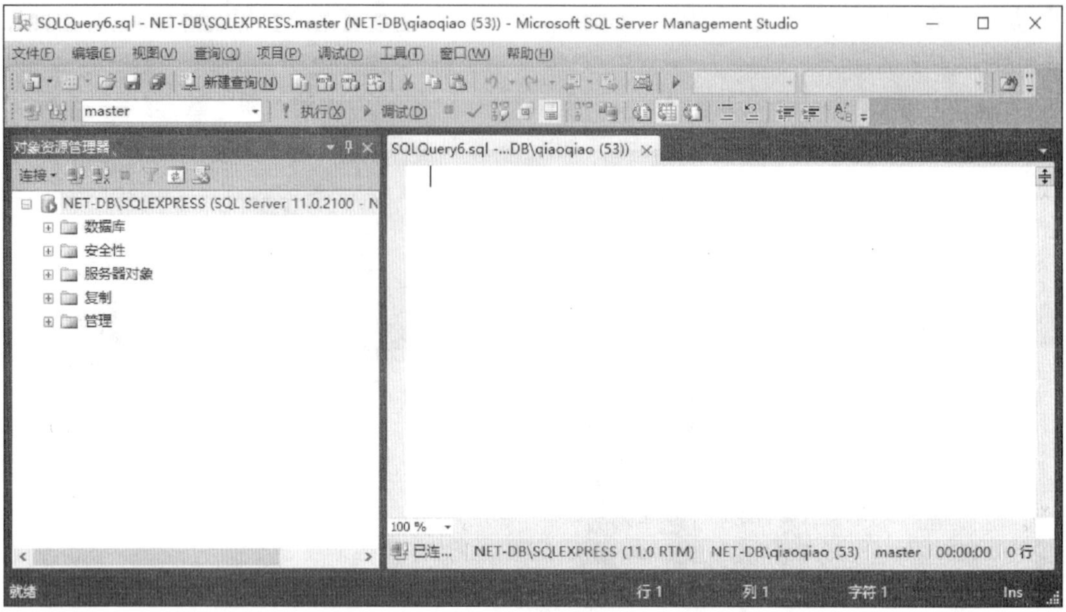

图 2.27　打开查询编辑器之后的工作界面

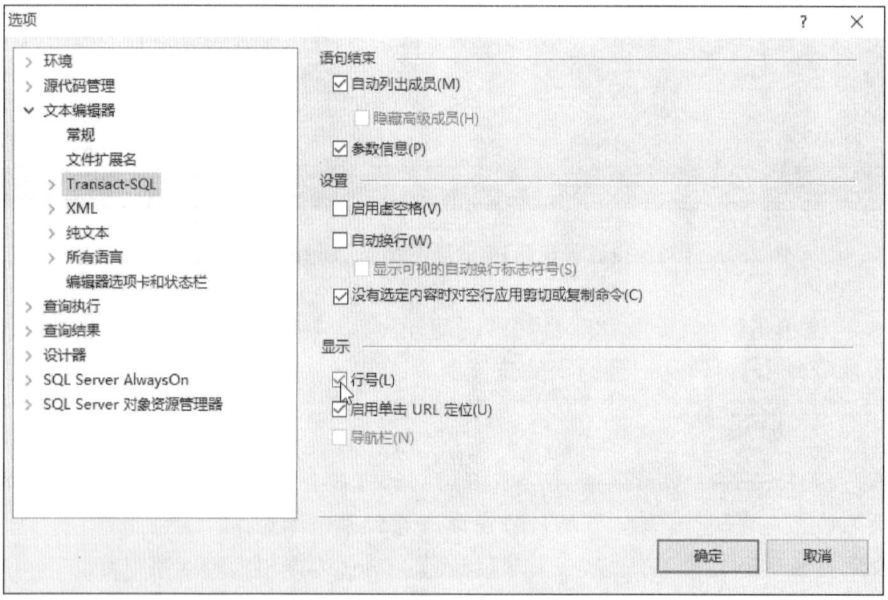

图 2.28　设置显示行号

步骤 3:在【查询编辑器】代码窗格中,输入下面的 T-SQL 语句。

```
--选择 Student 数据库
USE Student
--批处理命令,将之前的命令传送到服务器上执行
GO
--查询 Student 数据库中 Students 表中女生的姓名、性别、出生日期和籍贯信息
SELECT
```

```
        Student_name,
        Student_sex,
        Student_birthday,
        Student_home
    FROM Students
    WHERE Student_sex='女'
    GO
```

步骤 4:单击第 1 行,再单击 SQL 编辑器工具栏上的注释选中行按钮,将此行设为注释行。用同样的方法,将第 3 行和第 5 行设为注释行,如图 2.29 所示。

步骤 5:选中第 7—10 行的代码,单击 SQL 编辑器工具栏上的增加缩进按钮进行代码缩进,SQL Server 允许一行代码分成多行来书写,第 6 行到第 12 行是一条查询命令,利用缩进可以增强代码的可读性,如图 2.29 所示。

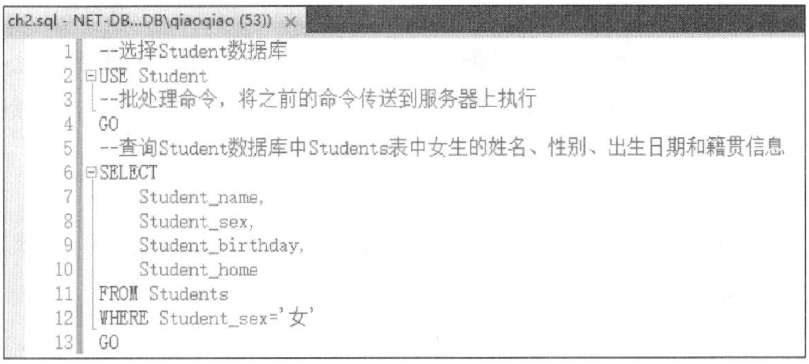

图 2.29　使用查询编辑器编辑 T-SQL 语句

步骤 6:单击 SQL 编辑器工具栏上的 ! 执行(X) 按钮,执行本段代码。执行完毕后,在查询编辑器窗口的下方出现【消息】框,其中有红色的提示,说明查询执行不成功,原因是 Student 数据库不存在,如图 2.30 所示。

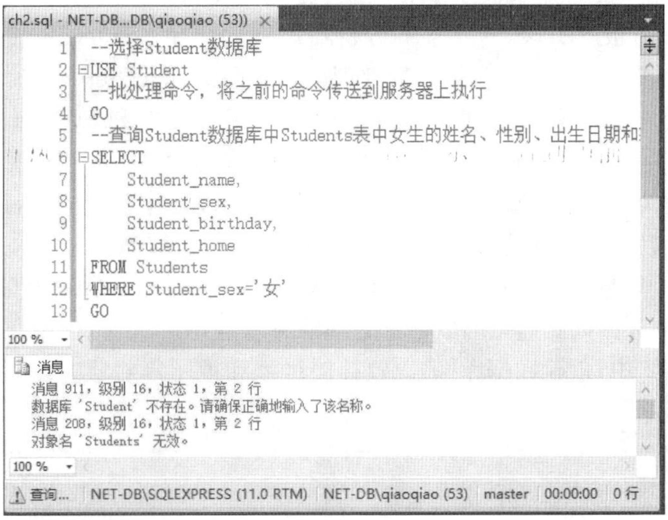

图 2.30　查询运行结果

注意：

（1）在执行代码前，可以先单击分析按钮对代码进行语法分析，没有语法错误后再执行代码。

（2）在执行代码时，可以直接单击 ! 执行(X) 按钮，这样所有命令依次执行；也可以选中一条语句或相邻的几条语句，再单击 ! 执行(X) 按钮，这样只执行选中的命令。

步骤 7：单击标准工具栏上的按钮，将编写的代码保存到文件 ch2. sql。以后若再要运行这些代码时，可单击标准工具栏上的按钮打开此文件，重新单击 SQL 编辑器工具栏中的 ! 执行(X) 按钮即可。

知识总结：

查询编辑器是数据库管理员或开发人员编辑执行 T-SQL 语句的工具。T-SQL 是 Microsoft SQL Server 提供的查询语言，是对 ANSI SQL 的扩展。T-SQL 不仅提供了对 SQL 标准的支持，还提供了类似于编程语言的基本功能。T-SQL 对于 SQL Server 来说非常重要，它是 SQL Server 功能的核心，使用 T-SQL 编写程序可以完成所有的数据库管理工作。

1. 注释语句

T-SQL 代码中的注释是为了增加代码的可读性，注释不会作为代码被执行，注释内容通常是一些说明性文字，对程序的结构及功能给出简要的解释。

SQL Server 支持两种形式的程序注释语句：

- 单行注释语句：使用 ANSI 标准的注释符 “－－”，注释语句写在“－－”的后面，只能书写单行。
- 多行注释语句：使用与 C 语言相同的程序注释符“/＊ ＊/”，注释语句写在“/＊”和“＊/”之间，可以连续书写多行。

2. GO 命令

GO 是 SQL Server 中用来表示事务结束、提交并确认结果的命令，GO 不是 Transac T-SQL 语句，而是可被 SQL Server 查询分析器识别的命令。SQL Server 查询分析器将 GO 解释为应将当前的 TransacT-SQL 批处理语句发送给 SQL Server 的信号。

所谓批，是指从客户机传送到服务器上的一组完整数据和 SQL 指令，批中所有的 SQL 语句作为一个整体被编译成一个执行单元后，从应用程序一次性地发送到 SQL Server 服务器执行，称为批处理。由于批处理中的所有语句被当作一个整体，因此若其中一个语句出现了编译错误，则该批处理内所有语句的执行都将被取消。

当前批处理语句是自上一 GO 命令后输入的所有语句，若是第一条 GO 命令，则是从特殊会话或脚本的开始处到这条 GO 命令之间的所有语句。

在 SQL Server 中，创建数据库、表以及存储过程和视图等对象时，必须在语句末尾添加批处理标志 GO。

归纳总结

Microsoft SQL Server 2012 是美国微软公司于 2012 年推出的数据库产品，为广大用户在电子商务、信息技术和数据管理等方面提供了完整的数据库解决方案。Microsoft SQL Server 2012 是分布式的关系型数据库管理系统，具有客户机/服务器体系结构，采用了一种被称为 Transact-SQL 的 SQL 语言在客户机与服务器之间传递客户机的请求和服务器的处理结果。

安装和启动数据库是使用数据库的起点，本学习情境主要讲述了 SQL Server 2012 的安装、配置 SQL Server、使用 SQL Server 客户端工具 SQL Server Management Studio 建立客户端到服务器端的连接以及该工具界面的使用等内容。

习　题

理论题

1. Microsoft SQL Server 2012 产品都有哪些版本？各版本之间的主要区别是什么？
2. Microsoft SQL Server Management Studio 的功能是什么？
3. Microsoft SQL Server 的查询编辑器功能是什么？T-SQL 是什么？

操作题

1. 从微软官网上下载 SQL Server 2012 软件，在计算机上安装 Microsoft SQL Server 2012。
2. 完成 Microsoft SQL Server 2012 的配置，使之能成功启动并连接到 Microsoft SQL Server 2012 服务器。

学习情境3　操作数据库

【情境描述】

搭建好数据库管理系统环境后，小尼需要为学生管理系统创建数据库并对数据库进行日常管理。比如，创建学生数据库用于保存学生管理中的数据，修改数据库以使数据库符合新的需要等。诸如此类的操作都需要小尼熟练掌握操作数据库的方法才能完成。

【技能目标】

- 熟练掌握 Management Studio 创建、修改和删除数据库的方法
- 掌握 T-SQL 命令创建、修改和删除数据库的方法

学习子情境3.1　使用 Management Studio 创建和操作 Student 数据库

【情境描述】

SQL Server 系统中，有多种方法可以创建和使用数据库，小尼希望能使用一种简单、直观、容易理解、容易上手的方法，他选择了使用 SQL Server Management Studio 的图形化界面来创建、管理和维护学生管理系统数据库（Student 数据库）。

【技能目标】

- 熟练掌握 Management Studio 创建数据库的方法
- 熟练掌握 Management Studio 查看、修改数据库的方法
- 掌握 Management Studio 扩大和收缩数据库的方法
- 掌握 Management Studio 删除数据库的方法

【工作任务】

创建 Student 数据库，查看 Student 数据库的信息，给 Student 数据库添加新的文件组和文件，根据 Student 数据库的实际使用情况扩大或收缩其数据库磁盘空间，给 Student 数据库换一个新的名称，删除无用的数据库。

【任务实施】

任务3.1.1　使用 Management Studio 创建 Student 数据库

步骤1：打开文件资源管理器，在 D：\盘上建立文件夹 student。

任务3.1.1视频

> **注意：**
>
> 存储数据库的文件夹必须是已存在的文件夹，要先建立文件夹再创建数据库，否则系统会报错。

步骤 2：启动 SQL Server Management Studio，右键单击【对象资源管理器】窗口中的【数据库】节点，在弹出的快捷菜单中选择【新建数据库】选项，打开【新建数据库】窗口，如图 3.1 所示，该窗口有三个选择页：【常规】【选项】和【文件组】。

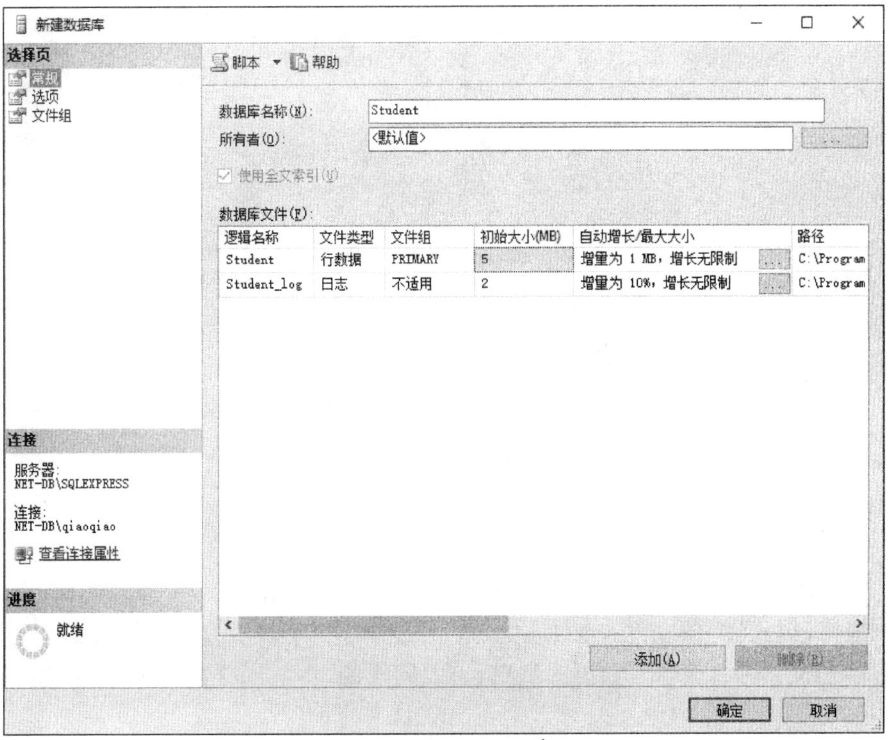

图 3.1　【新建数据库】窗口

步骤 3：在【常规】选择页中，在【数据库名称】栏输入 Student，这时在【数据库文件】的【逻辑名称】列，系统以 Student 作前缀创建了必需的两个数据库文件：主要数据文件 Student 和日志文件 Student_log。

> **注意：**
>
> 默认情况下，主要数据文件的逻辑名称与数据库同名，日志文件的逻辑名称自动加上"_log"，用户也可以为数据库的各文件指定其他合法的逻辑名称。

步骤 4：主要数据文件 Student 的【初始大小】默认为 5MB，日志文件 Student_log 的【初始大小】默认为 2MB，可以输入其他的数值来改变这些文件的初始大小。

步骤 5：单击主要数据文件 Student【自动增长/最大大小】列右侧的 按钮，打开【更改 Student 的自动增长设置】对话框，如图 3.2(a)所示。该文件默认启用自动增长方式，在指定的文件存储空间不够用时，该文件将自动扩大文件大小以容纳更多的数据。可以取消【启用自动增长】复选框，以限制文件自动增长。当文件设置为自动增长时，还可在【文件增长】选项中选择是【按百分比】增长还是【按 MB(M)】增长，主要数据文件默认按 1MB 进行增长；还可进一步指定文件增长后的最大文件大小，主要数据文件的【最大文件大小】默认为【无限制】。完成主要数据文件的增长方式设置后，单击【确定】按钮，返回到【新建数据库】界面。

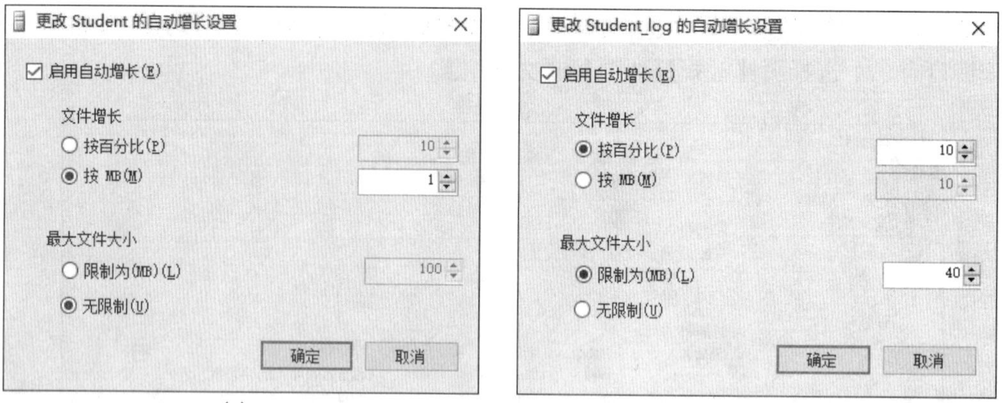

(a)　　(b)

图 3.2　更改数据库文件自动增长设置

步骤 6：同步骤 5 的操作，可以为日志文件 Student_log 设置初始大小、自动增长以及最大大小。单击日志文件 Student_log【自动增长/最大大小】列右侧的按钮，在打开的【更改 Student_log 的自动增长设置】界面中，输入如图 3.2(b)所示的设置数据，设置结束后，单击【确定】按钮，返回到【新建数据库】界面。

步骤 7：在【路径】列设置数据库文件存放的物理位置，单击主要数据文件 Student【路径】列后的按钮，出现【定位文件夹】对话框，选择文件的保存路径为 D:\student，如图 3.3 所示，单击【确定】按钮，回到【新建数据库】窗口。以同样的方式、同样的存储位置设置日志文件的存放路径。

注意：

默认情况下，SQL Server 2012 将数据库文件的存放路径设置为 SQL Server 安装路径。数据文件和事务日志文件被放在同一个驱动器上的同一个路径下，这是为处理单磁盘系统而采用的方法。但是，在生产环境中，这可能不是最佳的方法，数据文件应该尽量不保存在系统盘上，并应与日志文件分别保存在不同的磁盘区域。

步骤 8：创建数据库时，文件的物理名称不显示，文件物理名将由系统根据指定的文件逻辑名称自动生成。

步骤 9：完成上述设置后，单击【新建数据库】窗口中的【确定】按钮，系统开始创建 Student 数据库。

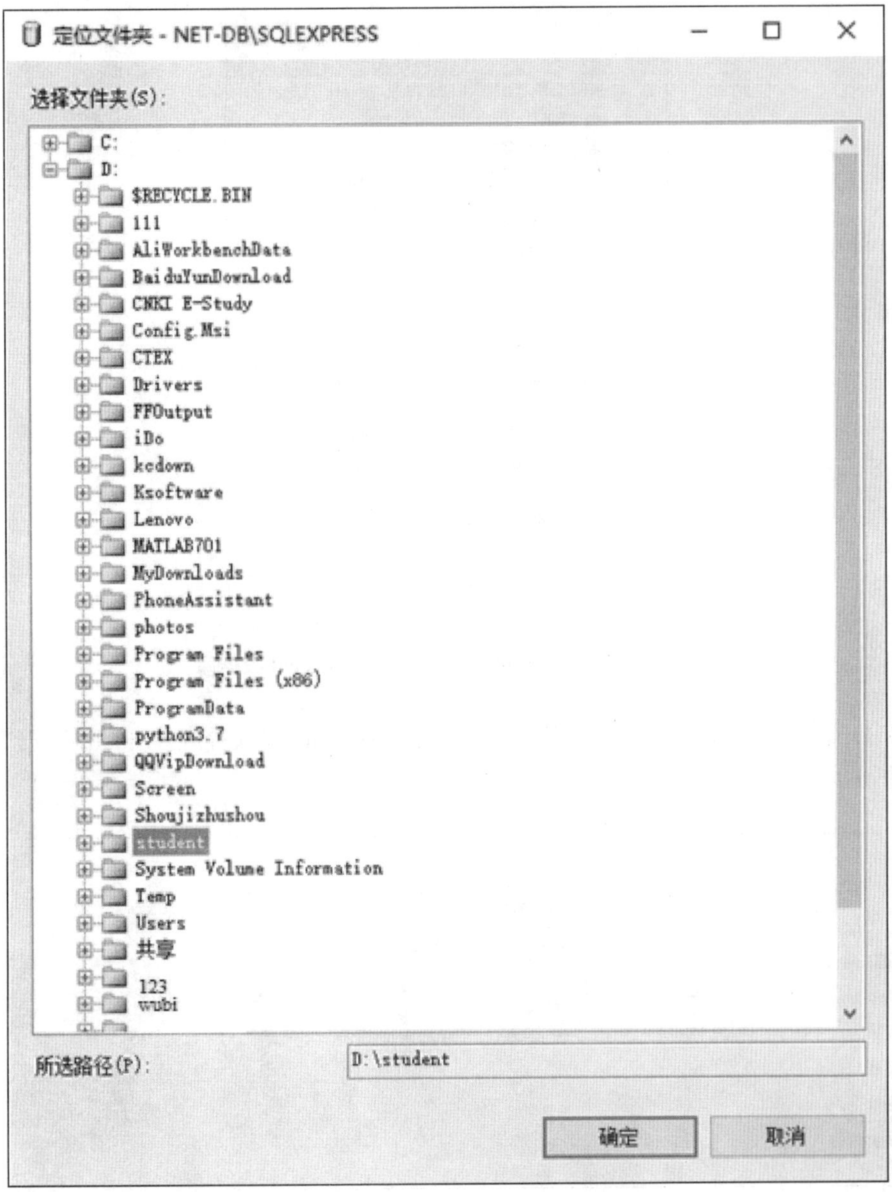

图 3.3　设置数据库文件路径界面

步骤 10:数据库创建成功后会返回 Management Studio 主界面,在【对象资源管理器】窗口中展开【数据库】节点,就可以看到新创建的 Student 数据库,如图 3.4 所示。展开【Student】数据库节点,可以看到其下所有的数据库对象,包括表、视图、安全性等。

图 3.4 在 Management Studio 下的 Student 数据库

步骤 11：在文件资源管理器中打开文件夹 D:\ student，可以看到 Student 数据库的两个物理文件，如图 3.5 所示。

图 3.5 操作系统下的 Student 数据库

> **注意：**
>
> SQL Server 2012 的每个数据库都有对应的逻辑文件名和物理文件名。逻辑文件名只在 T-SQL 语句中使用，是实际磁盘文件名的代号。物理文件名是操作系统文件的实际名字，包括文件所在的物理路径以及文件的扩展名。

任务 3.1.2　使用 Management Studio 修改 Student 数据库，为其添加 SECONDARY 文件组、数据文件 Student1（归到新文件组）和日志文件 Student_log1

步骤 1：在【对象资源管理器】窗口中，右键单击【数据库】|【Student】节点，从快捷菜单中选择【属性】，打开【数据库属性】窗口。

任务3.1.2视频

步骤 2：在左侧的【选择页】列表中单击【文件组】切换到文件组页面，在该页面中单击【添加】按钮添加一个新的文件组，在【名称】列上输入"SECONDARY"，如图 3.6 所示。

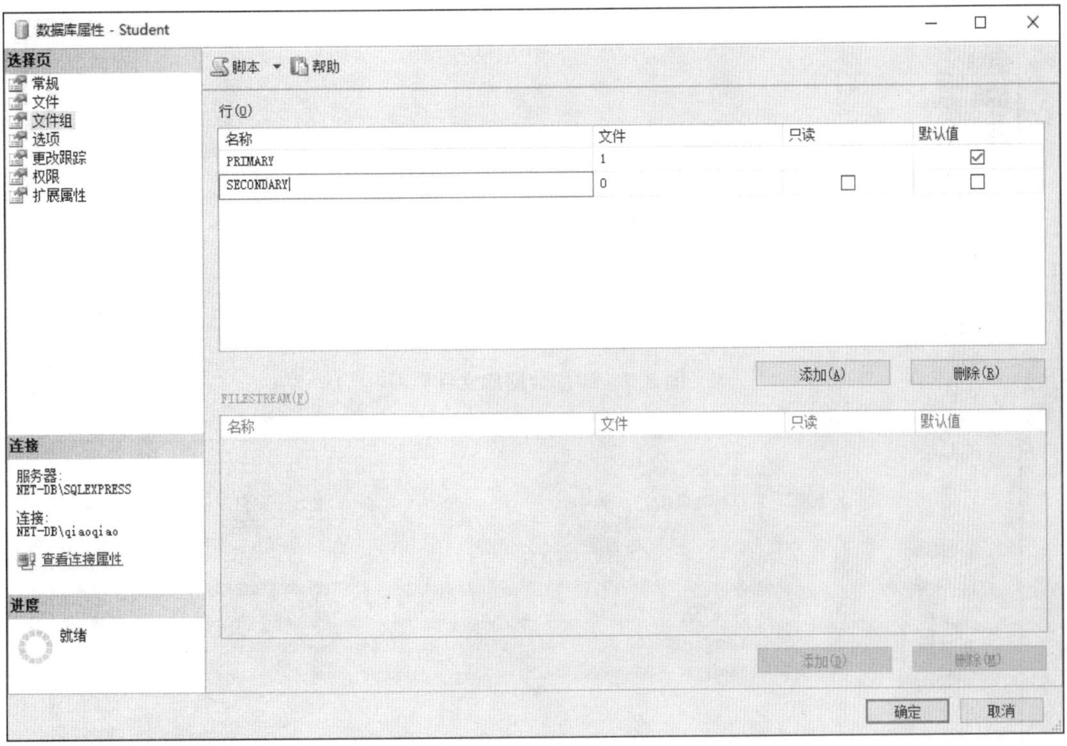

图 3.6　【数据库属性】窗口的【文件组】页面

步骤 3：在【选择页】列表中单击【文件】切换到文件页面。在该页面中单击【添加】按钮添加一个如下描述的数据文件：逻辑名称为 Student1，文件类型为行数据，所属文件组为 SECONDARY（默认为 PRIMARY），初始大小为 3MB，文件自动增长时，每次自动增长的增量为 1MB，并且不限制文件大小，该文件的存储路径为 D:\student。

步骤 4：再次单击【添加】按钮，添加一个如下描述的日志文件：逻辑名称为 Student_log1，文件类型为日志，初始大小为 1MB，文件自动增长时，每次自动增长的增量为 1MB，并且不限制文件大小，该文件的存储路径为 D:\student。步骤 3 和步骤 4 的设置页面如图 3.7 所示。单击【确定】按钮确认对数据库的修改。

步骤 5：在文件资源管理器中，打开文件夹 D:\student，可以看到 Student 数据库对应的四个物理文件，如图 3.8 所示。

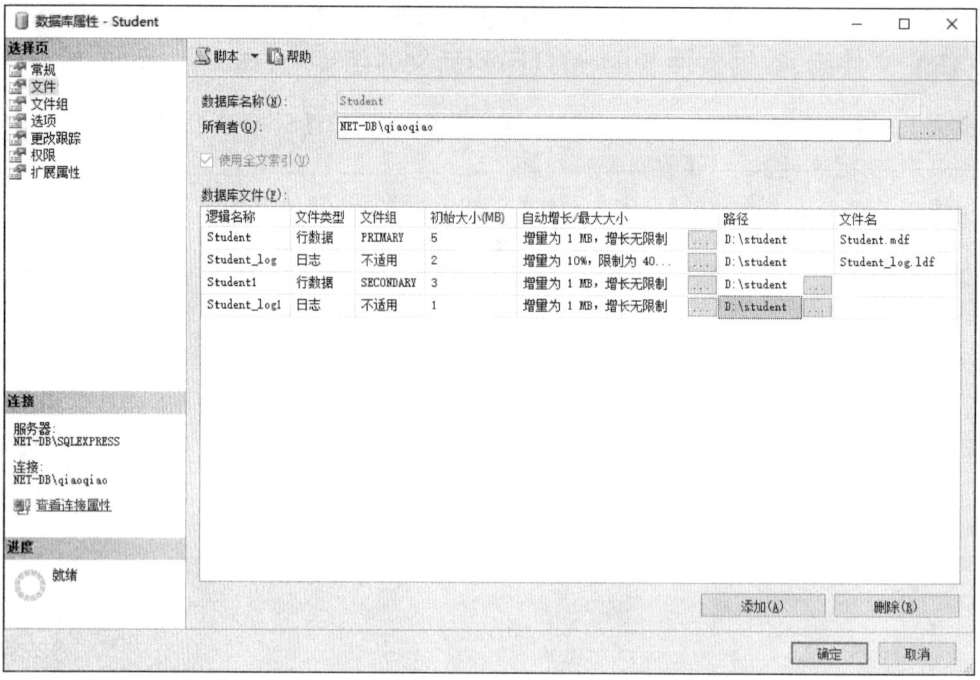

图 3.7 添加数据库文件界面

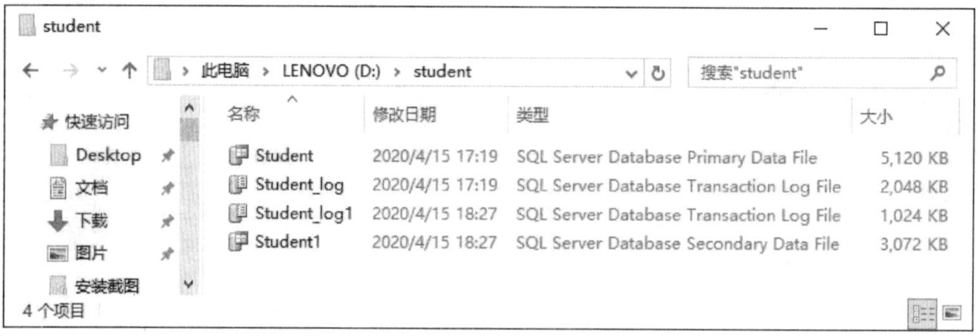

图 3.8 Student 数据库对应的四个磁盘文件

知识总结：

1. 数据库文件

SQL Server 2012 将数据库映射为一组操作系统文件，数据和日志信息分别存储在不同的文件中。SQL Server 2012 数据库的文件有两种类型。

(1)数据文件。数据文件用于存储数据库中的所有对象，如表、视图、存储过程等。数据文件包括主要数据文件(Primary Data File)和次要数据文件(Secondary Data File)。

主要数据文件是数据库的起点，它包含数据库的启动信息和数据库中其他文件的指针。每个数据库都有且仅有一个主要数据文件。主要数据文件的推荐文件扩展名是 .mdf。

次要数据文件存储主要数据文件未存储的其他数据和对象。次要数据文件不是必需的，但也可以由用户定义多个，如果主要数据文件足够大，能够容纳数据库中的所有数据，则该数据库不需要次要数据文件。次要数据文件的推荐文件扩展名是.ndf。

(2)事务日志文件。日志文件用以记录所有事务及每个事务对数据库所做的修改。日志文件必须有一个，也可以有多个。日志文件的推荐文件扩展名是.ldf。

每个数据库都拥有自己的数据文件和日志文件。若数据库中数据被修改，在日志文件中保存修改的过程，而在数据文件中保存修改的结果。当系统出现故障或数据库遭到破坏时，就需要使用事务日志恢复数据库内容。

2. 文件组

将多个数据文件集合起来形成的一个整体就是文件组。对文件进行分组的目的是便于进行数据管理和数据的分配。

SQL Server 2012 提供了三种文件组，分别是主要文件组(Primary)、用户定义文件组和默认文件组。

(1)主要文件组(PRIMARY)。每个数据库有一个主要文件组，主要文件组包含主要数据文件和没有放入其他文件组的次要数据文件。

(2)用户定义文件组。用户在创建或修改数据库时明确创建的任何文件组，如本任务中创建的 SECONDARY 文件组。

(3)默认文件组。如果在数据库中创建对象时没有指定对象所属的文件组，对象将被分配给默认文件组。不管何时，只能将一个文件组指定为默认文件组。默认文件组中的文件必须足够大，能够容纳未分配给其他文件组的所有新对象。可以在用户自定义文件组中指定一个默认文件组；如果没有指定默认文件组，则 PRIMARY 文件组是默认文件组，参见本任务图 3.6。

要注意的是，日志文件不能属于任何文件组。

通过设置文件组，可以有效地提高数据库的读写性能。例如，可以分别在三个磁盘驱动器上创建三个文件 Data1.ndf、Data2.ndf 和 Data3.ndf，并将它们都分配到文件组 fgroup1。后期创建表时，可以明确地指定将该表创建在文件组 fgroup1 上，以后对该表的查询将分散到三个磁盘上，从而大大提高系统查询性能。

任务 3.1.3 使用 Management Studio 扩大 Student 数据库的磁盘空间

步骤 1：在【对象资源管理器】窗口中，打开 Student 数据库的属性窗口，如图 3.7 所示。

任务3.1.3视频

步骤 2：将 Student 数据库的数据文件 Student 的初始大小修改为 10MB、Student1 的初始大小修改为 10MB。

步骤 3：单击【确定】按钮，完成扩大 Student 数据库的操作。

步骤 4：再次打开 Student 数据库的属性窗口，在【常规】页可以看到该数据库大小扩大为 23MB，可用空间为 17.94MB，如图 3.9 所示。在【文件】页可以看到数据文件 Student 和 Student1 的初始大小都为 10MB。

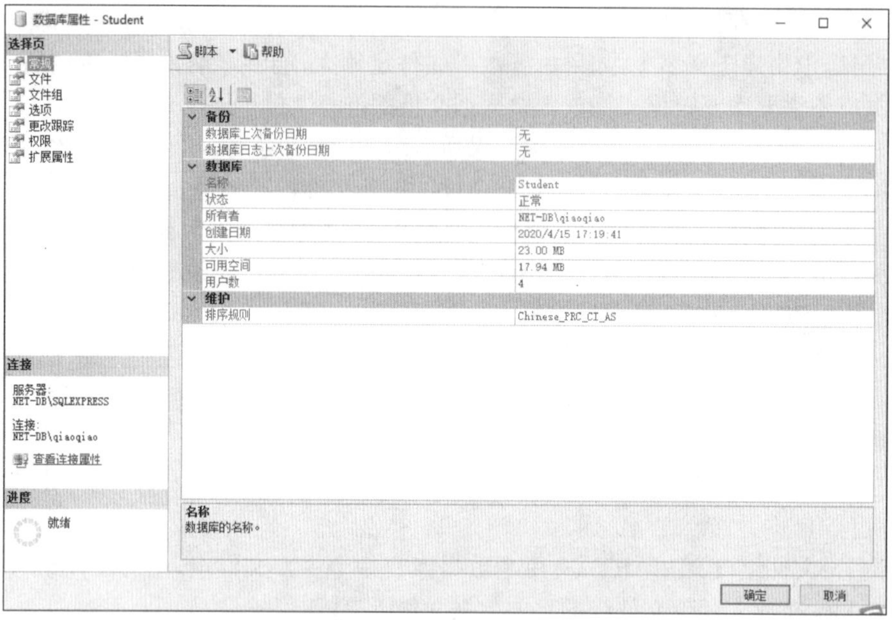

图 3.9 查看扩大后的数据库属性

注意:

任务 3.1.3 扩大数据库的操作同时是为任务 3.1.4 的收缩数据库做准备。

任务 3.1.4 使用 Management Studio 收缩 Student 数据库,释放一些不使用的磁盘空间

任务3.1.4视频

步骤 1:收缩 Student 数据库。在【对象资源管理器】窗口中,右键单击【Student】数据库节点,在弹出的快捷菜单中单击【任务】|【收缩】|【数据库】,打开如图 3.10 所示的【收缩数据库－Student】窗口。未收缩前 Student 数据库所占用的磁盘空间为 23MB,还有 17.94MB(77%)未使用。单击【确定】按钮完成 Student 数据库的收缩。

步骤 2:查看收缩的效果。打开 Student 数据库属性窗口,在【常规】页上可以看到数据库的大小缩小为 11MB,可用空间为 5.94MB;在【文件】页上可以看到 Student 数据文件的大小缩小为 5MB、Student1 的大小缩小为 3MB。

步骤 3:收缩 Student 数据库文件。在【对象资源管理器】窗口中,右键单击【Student】数据库节点,在弹出的快捷菜单中单击【任务】|【收缩】|【文件】,打开如图 3.11 所示的【收缩文件－Student】窗口。在【文件类型】框中选择“数据”,【文件名】框中选择“Student”,选中【收缩操作】下的“在释放未使用的空间前重新组织页”选项,并将【将文件收缩到】设置为 3MB。单击【确定】按钮完成 Student 数据文件的收缩。可以用同样的方式收缩日志文件的大小。

步骤 4:打开 Student 数据库属性窗口,在【常规】页上可以看到数据库 Student 大小减少为 9MB,在【文件】页上可以看到数据文件 Student 初始大小减少为 3MB。

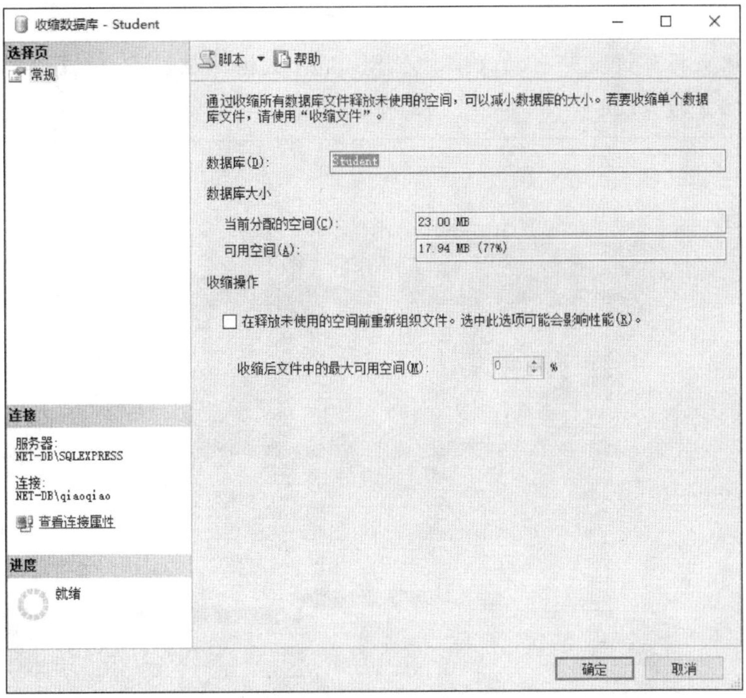

图 3.10　收缩 Student 数据库

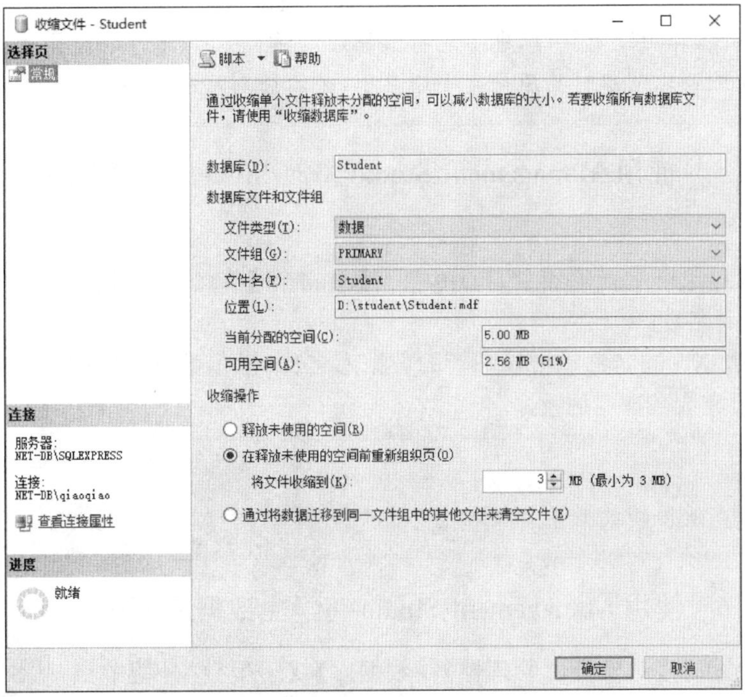

图 3.11　收缩文件

注意：

（1）可以把数据库设置为自动收缩。在 Student 数据库属性窗口的【选项】页中，将【自动收缩】选项设置为 True 即可，如图 3.12 所示。

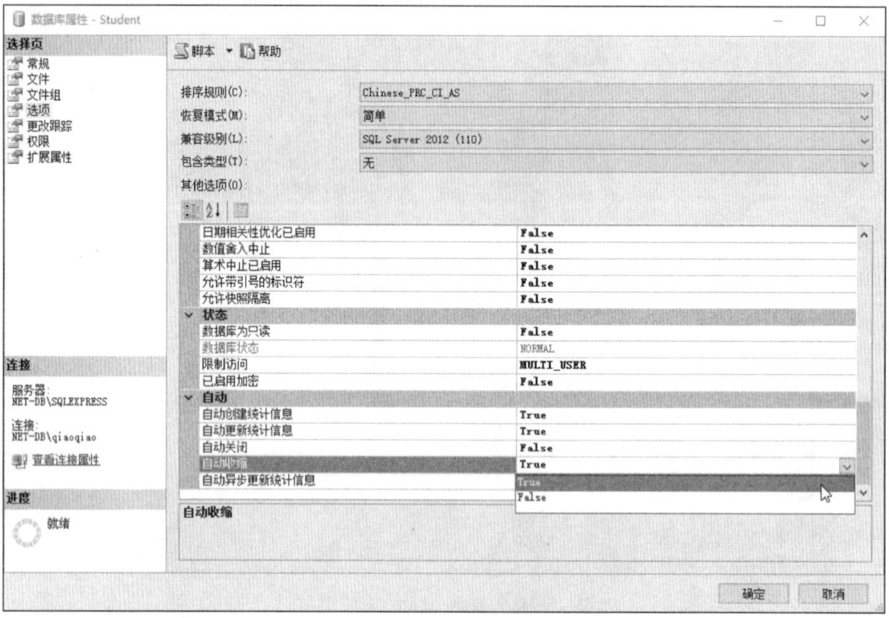

图 3.12　设置数据库自动收缩

（2）即便数据库中没有数据，也不能将数据库收缩到比创建时的原始大小还要小。若要将数据库收缩到比创建时的原始大小还要小，必须分别收缩每个文件。

任务 3.1.5　使用 Management Studio 修改 Student 数据库的名称为“学生数据库”

步骤 1：在【对象资源管理器】窗口中，打开【Student】节点的右键快捷菜单，选择其中的【重命名】选项。

步骤 2：在数据库的名称框中输入新的数据库名称“学生数据库”，输入完成后回车确认即可完成数据库的重命名。

任务3.1.5-3.1.6 视频

注意：

不能对正在使用的数据库重命名。

任务 3.1.6　使用 Management Studio 将学生数据库删除

步骤 1：右键单击【对象资源管理器】|【数据库】|【学生数据库】节点，从快捷菜单中选择【删除】，打开【删除对象】窗口，如图 3.13 所示。

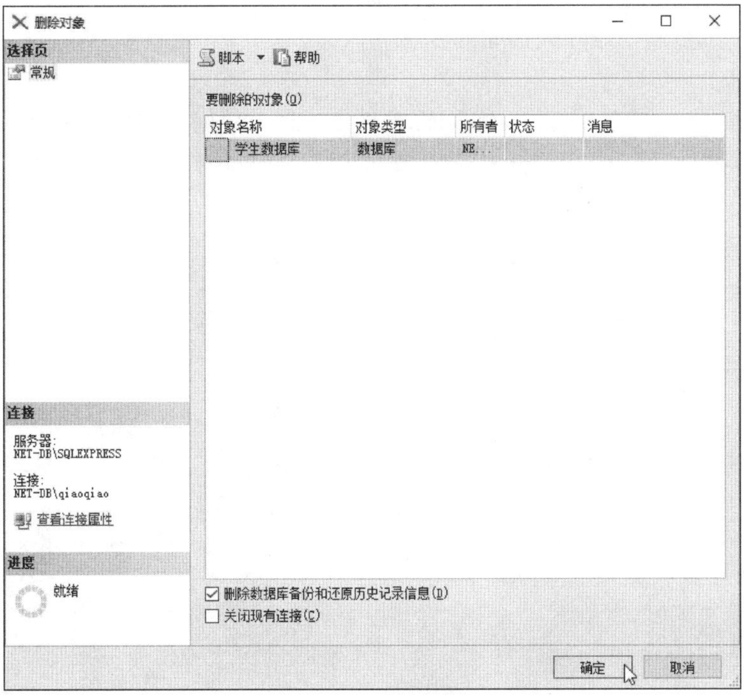

图 3.13　删除数据库

步骤 2:单击【确定】按钮即可删除该数据库。

步骤 3:在文件资源管理器中,打开 D:\student 文件夹,可以看到学生数据库对应的物理文件都被删除了。

> **注意:**
>
> 若有其他程序或用户正连接在数据库上,则数据库删除会失败。可勾选图 3.13 中最下面的复选框【关闭现有连接】,则可将连接断开后再删除数据库。
>
> 数据库被删除后,所有的数据库文件都会从服务器的磁盘中被删除。一旦删除数据库,它即被永久删除,所以删除数据库时要谨慎。

学习子情境 3.2　使用 T-SQL 命令创建和操作 Student 数据库

【情境描述】

小尼发现使用 SQL Server 的图形界面管理数据库不够灵活,不能完全控制数据库,比如小尼要在其他计算机上创建相同的数据库,又必须要做完全重复的一系列工作。所以,小尼选择使用 T-SQL 语句来创建和管理 Student 数据库,这样可以把操作数据库的若干命令保存下来,以后可以根据需要反复使用。

【技能目标】

- 掌握 T-SQL 命令创建数据库的方法
- 掌握 T-SQL 命令修改数据库名称的方法

- 掌握 T-SQL 命令为数据库添加文件、添加文件组的方法
- 掌握 T-SQL 命令删除数据库的方法

【工作任务】

使用 T-SQL 命令创建 Student 数据库，修改 Student 数据库的文件属性，给 Student 数据库添加文件组和文件，修改 Student 数据库名称，删除工作中不再使用的数据库。

【任务实施】

任务 3.2.1 使用 T-SQL 命令创建 Student 数据库

步骤 1：单击标准工具栏上的【新建查询】按钮，新建查询文件。

步骤 2：在查询编辑器窗口中，输入下面的查询语句。

```
CREATE DATABASE Student
ON   PRIMARY      ——建立主要数据文件，由 PRIMARY 组进行管理
( NAME = 'Student',       ——主要数据文件的逻辑文件名
  FILENAME = 'D:\student\Student.mdf',      ——主要数据文件的物理路径和文件名
  SIZE = 5MB ,      ——主要数据文件的初始大小为 5MB
  MAXSIZE = UNLIMITED ,      ——主要数据文件可以无限增长
  FILEGROWTH = 1MB      ——主要数据文件的增长速度为 1MB
)
  LOG ON      ——建立事务日志文件
( NAME = 'Student_log',      ——日志文件的逻辑文件名
  FILENAME = 'D:\student\Student_log.ldf',      ——日志文件的物理路径和文件名
  SIZE = 3MB ,      ——日志文件的初始大小为 3MB
  MAXSIZE = 40MB ,      ——日志文件的最大大小为 40MB
  FILEGROWTH = 10%      ——日志文件的增长速度为日志文件当前大小的 10%
)
```

步骤 3：单击 SQL 编辑器工具栏上的 ! 执行(X) 按钮，运行命令完成 Student 数据库的创建。

知识总结：

使用 T-SQL 语句创建数据库，其语法格式如下：

```
CREATE DATABASE database_name
[ ON [ PRIMARY ] [ < filespec > [ ,... n ] ]
[ LOG ON  < filespec > [ ,... n ] ]
<filespec>::=
( [ NAME = < logical_file_name > , ]
FILENAME = 'os_file_name'
[ , SIZE = size ]
[ , MAXSIZE = { max_size | UNLIMITED } ]
[ , FILEGROWTH = growth_increment ]
)
```

指明数据文件的明确定义

指明事务日志文件的明确定义，如果不指定，系统会自动创建

其中：

- database_name：新数据库的名称。
- PRIMARY：关键字，指明主文件组中的主要数据文件。一个数据库只能有一个主要数据文件，如果省略了该关键字，则指定语句中的第一个文件为主要数据文件。
- NAME：指定数据库文件在 SQL Server 系统中使用的逻辑名称。
- FILENAME：指定数据库文件在操作系统中的文件路径和文件名称。
- SIZE：指定文件的初始大小，默认单位为 MB。
- MAXSIZE：指定文件可以增长到的最大容量，默认单位为 MB。如果省略该项或指定为 UNLIMITED，则文件的容量可以不断增长，直到充满整个磁盘。
- FILEGROWTH：指定文件的增长幅度，指定为 0 表示文件不增长。增幅可以用具体的容量（默认单位为 MB）表示，也可以用文件大小的百分比表示。如果没有指定该项，默认按文件大小的 10%增长。

任务 3.2.2　查看 Student 数据库的信息以及当前 SQL Server 上所有数据库的相关信息

步骤 1：新建查询文件，在查询编辑器窗口中，输入下面的语句。

```
sp_helpdb student        ——查看 Student 数据库的信息
```

步骤 2：运行命令，结果如图 3.14 所示，查看到 Student 数据库的基本信息及其数据库文件的信息。

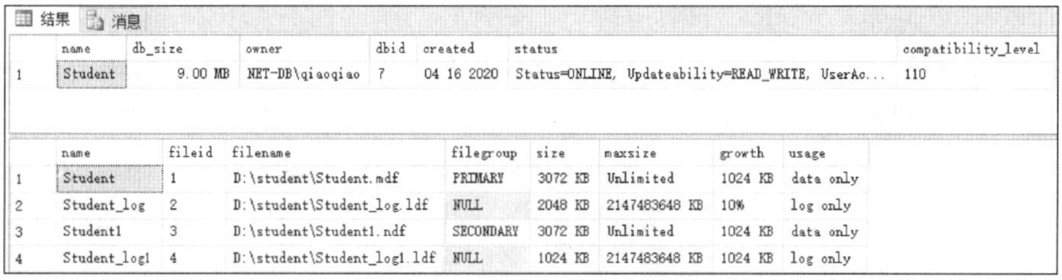

	name	db_size	owner	dbid	created	status	compatibility_level
1	Student	9.00 MB	NET-DB\qiaoqiao	7	04 16 2020	Status=ONLINE, Updateability=READ_WRITE, UserAc...	110

	name	fileid	filename	filegroup	size	maxsize	growth	usage
1	Student	1	D:\student\Student.mdf	PRIMARY	3072 KB	Unlimited	1024 KB	data only
2	Student_log	2	D:\student\Student_log.ldf	NULL	2048 KB	2147483648 KB	10%	log only
3	Student1	3	D:\student\Student1.ndf	SECONDARY	3072 KB	Unlimited	1024 KB	data only
4	Student_log1	4	D:\student\Student_log1.ldf	NULL	1024 KB	2147483648 KB	1024 KB	log only

图 3.14　Student 数据库的信息

步骤 3：在查询编辑器窗口中，输入下面的语句。

```
sp_helpdb        ——查看 SQL Server 上所有数据库的相关信息
```

步骤 4：选中并执行该命令，运行结果如图 3.15 所示，查看到当前 SQL Server 服务器上有 7 个数据库，分别为 4 个系统数据库（master、model、msdb、tempdb）、2 个示例数据库（ReportServer $SQLEXPRESS、ReportServer $SQLEXPRESSTempDB）、1 个用户数据库（Student）。查询结果中给出了这些数据库的基本信息。

注意：

sp_helpdb 是 SQL Server 提供的系统存储过程，用来查看指定数据库或所有数据库的信息。

结果 消息

	name	db_size	owner	dbid	created	status	compatibi...
1	master	6.63 MB	sa	1	04 8 2003	Status=ONLINE, Updateabi...	110
2	model	5.31 MB	sa	3	04 8 2003	Status=ONLINE, Updateabi...	110
3	msdb	21.25 MB	sa	4	02 10 2012	Status=ONLINE, Updateabi...	110
4	ReportServer$SQLEXPRESS	9.75 MB	NET-DB\qiaoqiao	5	03 1 2020	Status=ONLINE, Updateabi...	110
5	ReportServer$SQLEXPRESSTempDB	5.08 MB	NET-DB\qiaoqiao	6	03 1 2020	Status=ONLINE, Updateabi...	110
6	Student	9.00 MB	NET-DB\qiaoqiao	7	04 16 2020	Status=ONLINE, Updateabi...	110
7	tempdb	4.81 MB	sa	2	04 13 2020	Status=ONLINE, Updateabi...	110

图 3.15 SQL Server 上所有数据库的基本信息

知识总结：

数据库分为系统数据库和用户自定义数据库。用户数据库指用户根据事务管理需求创建的数据库，如学生管理系统数据库、图书信息管理数据库、银行客户信息数据库等。系统数据库是在 SQL Server 2012 的每个实例中都存在的标准数据库，用于存储有关 SQL Server 的信息，SQL Server 使用系统数据库来管理和维护系统。

SQL Server 提供的系统数据库如下：

（1）master 数据库。master 数据库是 SQL Server 的总控数据库，记录 SQL Server 系统的所有系统级别信息，如 SQL Server 的初始化信息、所有其他数据库的文件配置信息和数据库属性信息等。SQL Server 系统根据 master 数据库中的信息来管理系统和其他数据库。如果 master 数据库信息被破坏，整个 SQL Server 系统将受到影响，用户数据库将不能被使用。

（2）model 数据库。model 数据库用作在系统上创建的所有数据库的模板和原型。当创建数据库时，系统会自动地把 model 数据库中的内容复制到新建的数据库中。

（3）msdb 数据库。msdb 数据库支持 SQL Server 代理。当多个用户使用一个数据库时，经常会出现多个用户对同一数据的修改而造成数据不一致的现象，或者用户对某些数据和对象非法操作等。为防止这些现象的发生，SQL Server 提供了一套代理程序，它能够按照系统管理员的设定监控上述现象的发生，及时向系统管理员发出警报。当代理程序调度作业、记录操作时，系统要用到或实时产生很多相关信息，这些信息一般存储在 msdb 数据库中。

（4）tempdb 数据库。tempdb 数据库是一个临时数据库，保存所有的临时表、临时数据以及临时创建的存储过程。因为 tempdb 数据库中记录的信息都是临时的，所以每当连接断开时，所有临时表和临时存储过程都消失，所以每次 SQL Server 启动时 tempdb 数据库里面总是空的。

（5）resource 数据库。resource 数据库是不可见的，是一个只读和隐藏的数据库，包含 SQL Server 2012 所有的系统对象，我们无法使用可以列出所有数据库的一般 SQL 命令来看到它。

在【对象资源管理器】窗口中，展开【系统数据库】节点，能看到 4 个系统数据库，如图 3.16 所示。

图 3.16　Management Studio 下的 4 个系统数据库

这 4 个系统数据库的文件在系统默认安装路径 C:\Program Files\Microsoft SQL Server\MSSQL11. SQLEXPRESS\MSSQL\DATA 下，如图 3.17 所示。

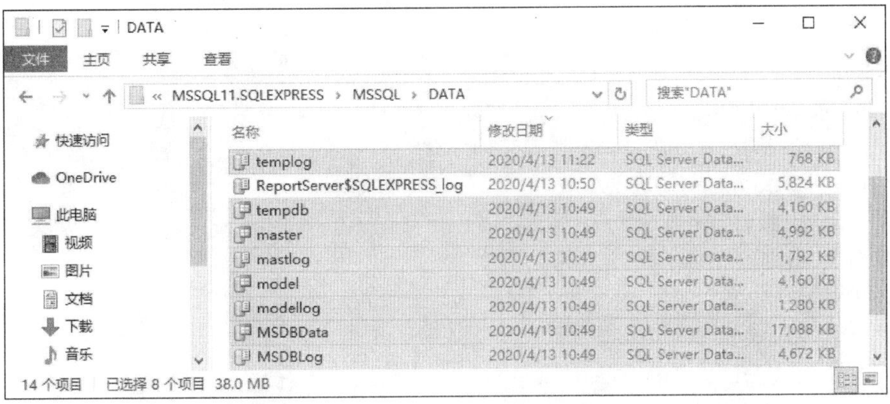

图 3.17　4 个系统数据库对应的操作系统文件

与这 4 个系统数据库不同，resource 系统数据库的文件在系统默认安装路径 C:\Program Files\Microsoft SQL Server\MSSQL11. SQLEXPRESS\MSSQL\Binn 下，如图 3.18 所示。

图 3.18　resource 系统数据库对应的操作系统文件

任务 3.2.3 修改 Student 数据库，将 Student 数据文件的最大容量限制为 40MB，添加文件组 SECONDARY、数据文件 Student1 和日志文件 Student_log1

步骤 1：新建查询文件，在查询编辑器中，输入下面的查询语句。

```
USE Student      ——选择 Student 数据库
——修改 Student 数据库主要数据文件的最大容量为 40MB
ALTER DATABASE Student
    MODIFY FILE(
        NAME = Student,
        MAXSIZE = 40MB
    )
——为 Student 数据库添加一个文件组 SECONDARY
ALTER DATABASE Student
    ADD FILEGROUP SECONDARY
——向 Student 数据库 SECONDARY 文件组添加一个数据文件 Student1
ALTER DATABASE Student
    ADD FILE(
        NAME = Student1,
        FILENAME = 'D:\student\Student1.ndf'
    )TO FILEGROUP SECONDARY
——向 Student 数据库添加一个日志文件 Student_log1
ALTER DATABASE Student
    ADD LOG FILE (
        NAME = Student_log1,
        FILENAME = 'D:\student\Student_log1.ldf',
        MAXSIZE = 10MB
    )
```

步骤 2：运行命令，完成操作。

知识总结：

使用 T-SQL 语句修改数据库，其语法格式如下：

```
ALTER DATABASE  database
(ADD FILE < filespec > [ ,... n ] [ TO FILEGROUP filegroup_name ]
| ADD LOG FILE < filespec > [ ,... n ]
| REMOVE FILE logical_file_name
| ADD FILEGROUP filegroup_name
| REMOVE FILEGROUP filegroup_name
| MODIFY FILE < filespec >
)
```

其中：

- ADD FILE < filespec > [,... n] [TO FILEGROUP filegroup_name]：向指定

的文件组添加新的数据文件。

- ADD LOG FILE < filespec > [,... n] :添加新的事务日志文件。
- REMOVE FILE logical_file_name :删除某一文件(使用逻辑文件名)。
- ADD FILEGROUP filegroup_name :添加文件组。
- REMOVE FILEGROUP filegroup_name :删除文件组。
- MODIFY FILE < filespec > :修改现有文件的属性,如文件初始大小等。

任务 3.2.4 修改 Student 数据库名称为"学生数据库"

步骤 1:新建查询文件,在查询编辑器中,输入下面的查询语句。

```
ALTER DATABASE Student
        MODIFY NAME= 学生数据库
```

步骤 2:运行命令,完成 Student 数据库重命名。

知识总结:

使用 T-SQL 语句修改数据库的名称,其语法格式如下:

```
ALTER DATABASE <数据库名称>
MODIFY NAME= <新的数据库名称>
```

任务 3.2.5 删除学生数据库

步骤 1:新建查询文件,在查询编辑器中,输入下面的查询语句。

```
USE master
DROP DATABASE 学生数据库
```

步骤 2:运行命令,完成删除数据库的操作。

此处不执行步骤 2,并且将数据库名称由"学生数据库"改回"Student",后面要继续使用此数据库。

知识总结:

使用 T-SQL 语句删除数据库,其语法格式如下:

```
DROP DATABASE <数据库名称>
```

归纳总结

SQL Server 系统中,有多种方法可以创建数据库。本学习情境介绍了两种创建数据库的方法:一种是使用 SQL Server Management Studio 的图形化界面,其特点是简单、直观,一般新手和最终用户使用此方法来访问数据库;另一种是使用 T-SQL 语句创建数据库,数据库管理员和系统管理员是使用命令管理数据库的,因为命令使管理工作可以完全控制而且非常灵活。另外,客户端的任何应用程序只要向 SQL Server 数据库管理系统发出命令以获得其响应,最终都体现为以 T-SQL 语句为表现形式的指令。要想深入掌握 SQL Server,必须好好学习 T-SQL。

习 题

理论题

1. SQL Server 2012 中系统数据库有哪些?每个系统数据库有什么用途?
2. SQL Server 数据库文件有哪几种类型?各有什么特点?

操作题

1. 创建如下所示的图书管理数据库,数据库名称为 MyLibrary。

表 3.1

逻辑名称	文件类型	文件组	初始大小	自动增长方式	路径	文件名
Lib1	数据	PRIMARY	3MB	默认	D:\data	Lib1. mdf
Lib2	数据	NEWGROUP	3MB	默认	D:\data	Lib2. ndf
Lib_log1	日志	不适用	2MB	默认	D:\data	Lib_log1. ldf
Lib_log2	日志	不适用	3MB	默认	D:\data	Lib_log2. ldf

操作要求如下:

(1)使用 Management Studio 创建数据库。

(2)使用 T-SQL 命令创建数据库,并将操作命令保存到文件 LibraryCreate. sql。

2. 按下面的要求修改 MyLibrary 数据库。

- 增加一个数据文件 Lib3,归于 NEWGROUP 组,存放于 D:\data 下,其他按系统默认设置。
- 修改 Lib_log1 文件的初始大小为 3MB,自动增长方式为每次增长 10MB。
- 删除 Lib_log2 日志文件。

操作要求如下:

(1)使用 Management Studio 修改数据库。

(2)使用 T-SQL 命令修改数据库,并将操作命令保存到文件 LibraryModify. sql。

学习情境 4　操作表

【情境描述】

数据库中的数据是要存储到表中的，Student 数据库共有 6 张表，小尼要创建这 6 张表，然后将工作中要处理的学生基本信息、学生成绩信息、课程信息、教师信息等数据添加到表中，需要时就可以浏览表中数据或者修改表中数据，这些工作都要通过操作相应的表来实现。

【技能目标】

- 熟练掌握 Management Studio 创建、修改和删除表的方法
- 掌握 T-SQL 命令创建、修改和删除表的方法
- 掌握 Management Studio 向表中插入数据、更新表中数据以及删除表中数据的方法
- 熟练掌握 T-SQL 命令向表中插入数据、更新表中数据以及删除表中数据的方法

学习子情境 4.1　使用 Management Studio 创建和操作学生信息表

【情境描述】

学生信息表中要存储学生的基本信息，小尼要创建学生信息表，将学生入学时登记的基本信息添加到该表中。如果学生的基本信息发生了变化，则需要修改该表中的相应记录，或者当学生毕业离校时，则需要将学生信息表中相关学生信息删除。创建和操作表可以使用 Management Studio 或 T-SQL 命令来完成，小尼现选择使用前者来创建和操作学生信息表。

【技能目标】

- 掌握 Management Studio 创建、修改和删除表的方法
- 掌握常用的数据类型
- 掌握 Management Studio 向表中插入数据、更新表中数据以及删除表中数据的方法

【工作任务】

创建学生信息表 Students，修改其表结构的不合适之处。在该表中填写学生信息，修改某些记录或删除表中的无用信息。

【任务实施】

任务 4.1.1　创建表名为 Students 的学生信息表

任务4.1.1视频

步骤 1：在【对象资源管理器】窗口中，展开【Student】数据库，右键单击其中的【表】节点，在弹出的快捷菜单中选择【新建表】选项，如图 4.1 所示。

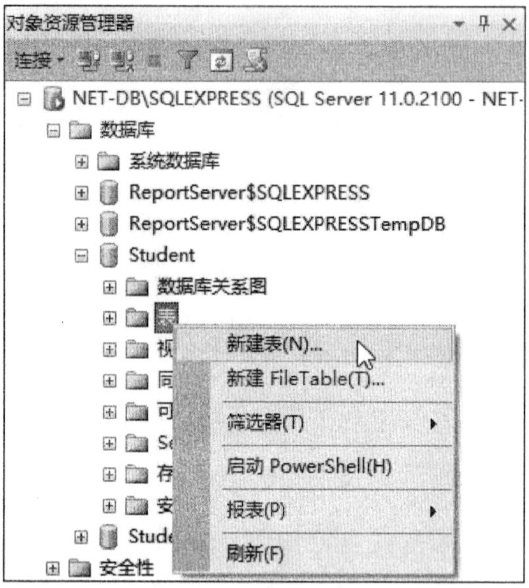

图 4.1　新建表

步骤 2:在打开的表设计器窗口中,依次输入 Students 表的各个列的列名,分别设置好各列的数据类型,并设置这些列上的值是否允许 NULL 值(空值),如图 4.2 所示。在【列名】位置输入列名 Student_id;在【数据类型】列设置 nchar(5),表示该列上的值为字符型数据,最多能容纳 5 个字符;将【允许 Null 值】复选框中"√"去掉,设置该列的值不允许空(默认允许空)。用同样的方法设置好其余各列。

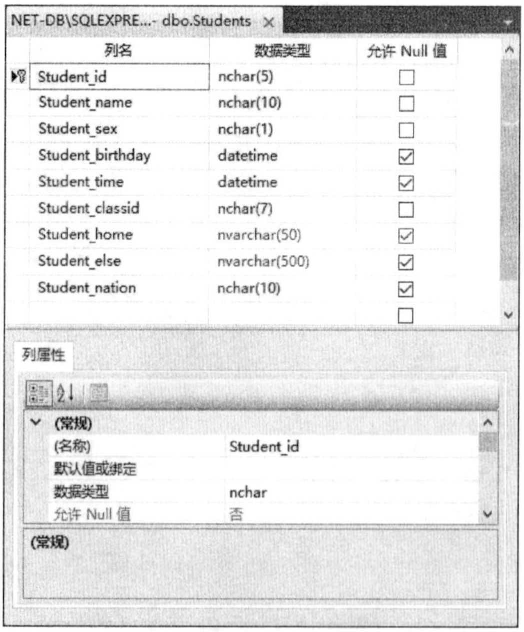

图 4.2　新建表页面

步骤 3:单击标准工具栏上的按钮,弹出【选择名称】对话框,如图 4.3 所示。在【输入表名称】下方的文本框中输入 Students。单击【确定】按钮,Students 表的结构就建立好了。

图 4.3　输入表名

步骤 4:关闭表设计器窗口。

知识总结:

数据类型用来限制列上可以存储数据的类型,有些情况甚至还可以限制列上值的取值范围。

1. 字符数据类型

字符数据是由任何字母、符号和数字任意组合而成的数据。如 Students 表中的“2020011”“叶海平”,再如“sxty@126. com”“0351－6061666”等都是合法的字符型数据。

字符数据类型包括 char、varchar、nchar、nvarchar 等。前两种是非 unicode 字符类型,每个字符占用 1 个字节。后两种是 unicode 字符类型,每个字符占用 2 个字节。

char(n)和 nchar(n):使用 n 来指明存储字符的最大长度,前者 n 的取值为 1—8 000 个字符,后者为 1—4 000 个字符。例如,在 Students 表中定义 Student_id 列的数据类型为 nchar(5),指该列最长能容纳 5 个字符,如果该列上字符长度不足 5,则在尾部自动补入空格。

varchar(n)和 nvarchar(n):用于存储最长 n 个字符的变长字符数据,n 用来定义数据的最大长度。数据的实际存储空间在 n 的范围内随存储数据的字符数不同而变化。前者 n 的取值为 1—8 000 个字符,后者为 1—4 000 个字符。

当列数据项的长度一致时,使用 char 或 nchar 类型,如 Students 表中的 Student_id 和 Student_ sex 列;当列数据项的长度差异较大时,使用 varchar 或 nvarchar 类型,如 Students 表中的 Student_home 和 Student_else 列。

如果需要存储的字符数超过了 char、varchar、nchar、nvarchar 的最大限制,可使用 varchar(max)或 nvarchar(max)类型。

2. 数值数据类型

数值数据包括整数类型和小数类型。整数类型有 bit、tinyint、smallint、int、bigint,小数类型有 decimal、numeric、money、smallmoney、float、real。

bit:bit 型数据的值只能为 0 或 1。当表示真或假、是或否这种只有两种选择的数据时,可以使用 bit 类型,如婚否、性别等。

tinyint:可以存储 0—255 之间的所有整数,占用 1 个字节。

smallint:可以存储$-2^{15}-2^{15}-1$范围内的整数,占用 2 个字节。

int:可以存储$-2^{31}-2^{31}-1$范围内的整数,占用 4 个字节。

bigint：可以存储$-2^{63}-2^{63}-1$范围内的整数，占用 8 个字节。

decimal 和 numeric：decimal 格式为 decimal(p，s)，p 表示数字总长，即小数点左侧和右侧的数字个数总和，s 代表小数部分的位数。p 和 s 必须遵守规则：0≤s≤p≤38，即 decimal 数据类型的最大精度为 38，这意味着 decimal 数据类型最多可以存储 38 位数字，所有这些数字均可位于小数点后面。decimal 能够表示的有效值从$-10^{38}+1$到$10^{38}-1$。decimal 数据类型存储精确的数值，没有近似值。numeric 类型同 decimal 类型。

money 和 smallmoney：货币(值)数据类型，数据类型精确到它们所代表的货币单位的万分之一。money 占用 8 个字节，smallmoney 占用 4 个字节。

float 和 real：用于表示浮点数值数据的大致数值数据类型，浮点数据为近似值，存在精度损失，近似数值很难确定是否相等，因此，应避免对 float 和 real 类型的数据做相等比较，可只限于比较＞或＜。

3. 日期和时间数据类型

日期和时间类型可以存储日期和时间的组合数据。例如，学生的出生日期是'2002－01－23 00:00:00.000'。

日期和时间数据类型包括 time、date、smalldatetime、datetime、datetime2、datetimeoffset。

time：存储从 00:00:00.0000000 到 23:59:59.9999999 的时间数据，可以精确到 100 纳秒，每个数据占用 3—5 个字节，字节数与用户定义的秒的小数精度有关，数据格式为：hh:mm:ss[.nnnnnnn]。

date：存储从 0001－01－01 到 9999－12－31 的日期数据，可以精确到 1 天，每个数据占用 3 个字节，数据格式为：YYYY－MM－DD。

smalldatetime：存储从 1900－01－01 到 2079－06－06 的日期时间数据，可以精确到 1 分钟，每个数据占用 4 个字节，数据格式为：YYYY－MM－DD hh:mm:ss。

datetime：存储从 1753－01－01 到 9999－12－31 的日期时间数据，可以精确到 3.33 毫秒，每个数据占用 8 个字节，数据格式为：YYYY－MM－DD hh:mm:ss[.nnn]。

datetime2：存储从 0001－01－01 00:00:00.0000000 到 9999－12－31 23:59:59.9999999 的日期时间数据，可以精确到 100 纳秒，每个数据占用 6—8 个字节，字节数与用户定义的秒的小数精度有关，数据格式为：YYYY－MM－DD hh:mm:ss[.nnnnnnn]。

datetimeoffset：存储从 0001－01－01 00:00:00.0000000 到 9999－12－31 23:59:59.9999999(以 UTC 时间表示)的日期时间数据，可以精确到 100 纳秒，每个数据占用 8—10 个字节，字节数与用户定义的秒的小数精度有关，数据格式为：YYYY－MM－DD hh:mm:ss[.nnnnnnn] [+|－]hh:mm，[+|－]hh:mm 为时区偏移量。

任务 4.1.2 向 Students 表插入列 Student_age(tinyint，null)

步骤 1：在【对象资源管理器】窗口中，展开【Student】|【表】节点，在【Students】节点上右击，弹出快捷菜单，如图 4.4 所示，选择【设计】选项，打开 Students 表设计器窗口。

任务4.1.2-4.1.4
视频

步骤 2：在最后一个列的下方，输入列名 Student_age，设置数据类型为 tiny-

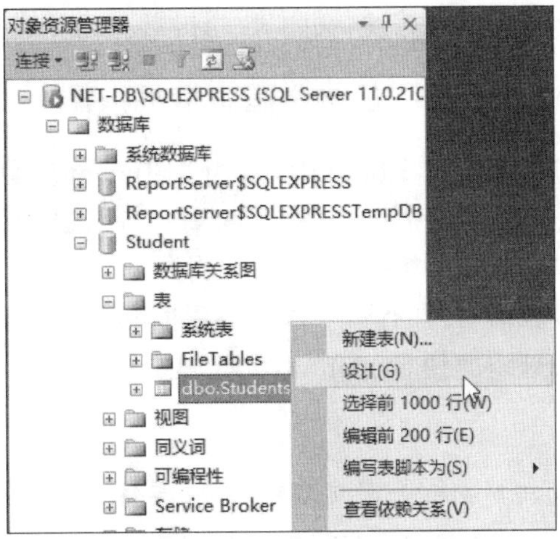

图 4.4　修改表选项

int,【允许 Null 值】复选框打上√。

步骤 3:单击标准工具栏上的按钮,关闭表设计器窗口,完成操作。

任务 4.1.3　将 Students 表中 Student_age 列的数据类型修改为 smallint

步骤 1:打开 Students 表的表设计器。

步骤 2:选中 Student_age 列的数据类型,将数据类型修改为 smallint。

步骤 3:单击标准工具栏上的按钮,关闭表设计器窗口,完成列的修改操作。

任务 4.1.4　删除 Students 表中的 Student_age 列

步骤 1:打开 Students 表的表设计器。

步骤 2:在 Student_age 列上右击,选择【删除列】选项,如图 4.5 所示。

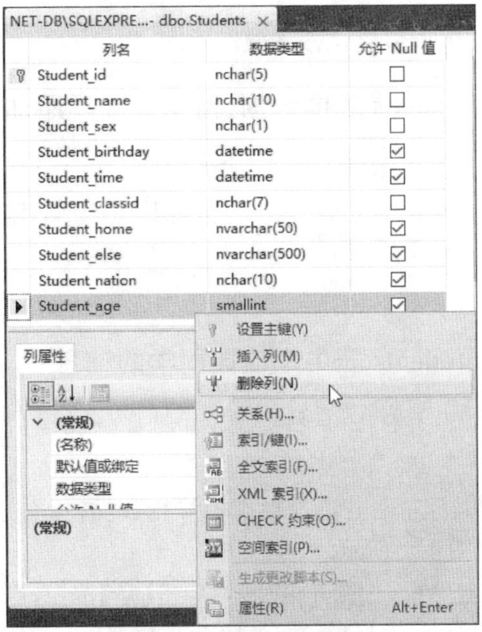

图 4.5　【删除列】选项

步骤 3:单击标准工具栏上的按钮,关闭表设计器窗口,完成列的删除操作。

任务 4.1.5 向 Students 表添加学生基本情况数据

任务4.1.5-4.1.7视频

步骤 1:在【对象资源管理器】窗口中,展开【Student】|【表】节点,在【Students】节点上右击,从快捷菜单中选择【编辑前 200 行】选项,打开 Students 表的编辑窗口,该窗口可以浏览表中数据,也可以编辑数据。

步骤 2:录入 Students 表第一行的值,录入完成后回车确认或鼠标单击此行之外的区域,这行数据就会被添加到 Student 数据库中。

> **注意:**
>
> 所录入值的类型必须与对应列的数据类型一致,字符型数据的字符数不能超过列上定义的宽度;如果某列上的值允许空,可以跳过该列,但不能删除其中默认的 NULL 值。

步骤 3:逐行添加其余的数据行到 Students 表中,如图 4.6 所示。

NET-DB\SQLEXPRE...- dbo.Students ×

	Student id	Student name	Student sex	Student birth...	Student time	Student class...	Student home	Student else	Student nation
	11001	叶海平	男	2002-01-23 0...	2020-09-05 0...	2020011	山西	NULL	NULL
	11002	景风	男	2002-06-25 0...	2020-09-05 0...	2020011	重庆	NULL	NULL
	12001	华丽佳	女	2001-05-20 0...	2020-09-05 0...	2020012	大连	NULL	NULL
	12002	范治华	男	2001-06-12 0...	2020-09-05 0...	2020012	山东	NULL	NULL
	13001	李佳佳	女	2001-03-01 0...	2020-09-05 0...	2020013	湖南	NULL	NULL
	13002	史慧敏	女	2002-10-11 0...	2020-09-05 0...	2020013	湖北	NULL	NULL
	14001	安静	女	2000-03-23 0...	2019-09-05 0...	2019014	山西	NULL	NULL
	14002	尹强	男	2001-06-02 0...	2019-09-05 0...	2019014	重庆	NULL	NULL
	15001	曹波	男	2000-05-06 0...	2019-09-05 0...	2019015	大连	NULL	NULL
	15002	杨世英	女	2001-12-01 0...	2019-09-05 0...	2019015	天津	NULL	NULL
▸*	NULL	NULL	NULL	NULL	NULL	NULL	NULL	NULL	NULL

图 4.6 Students 表的浏览窗口

步骤 4:输入完成后,关闭该窗口,结束数据添加操作。

任务 4.1.6 修改 Students 表中数据,给安静同学添加备注内容:班长

步骤 1:打开 Students 表的编辑窗口。

步骤 2:单击安静这行数据的 Student_else 列,将其中的 NULL 值修改为班长,回车或鼠标单击其他单元格即可完成修改。

步骤 3:关闭该窗口。

任务 4.1.7 删除 Students 表中李佳佳同学的信息

步骤 1:在【Students】节点上右击,从快捷菜单中选择【编辑前 200 行】选项,打开 Students 表的编辑窗口。

步骤 2:单击李佳佳数据行左侧的选择栏选中该行数据,再右键单击选中的这行数据,从快捷菜单中选择【删除】,如图 4.7 所示。

步骤 3:弹出确认删除对话框,如图 4.8 所示,单击【是】按钮,则所选数据行从表中被彻底删除。注意,这里为了统一数据,选择【否】不删除此行数据。

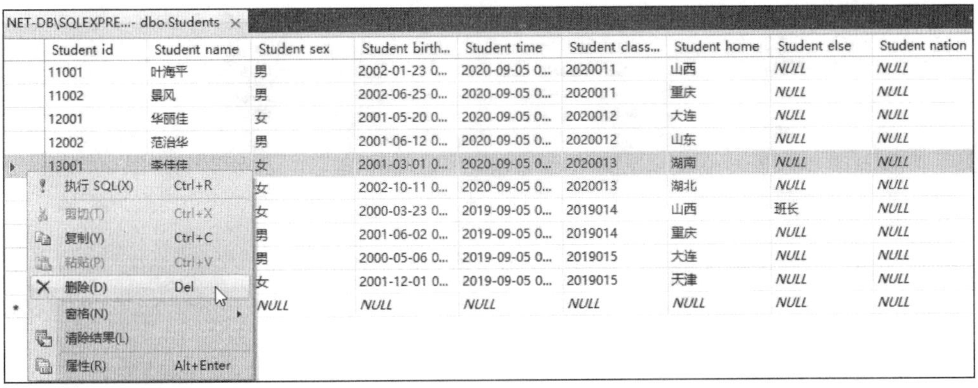

图 4.7　删除数据行

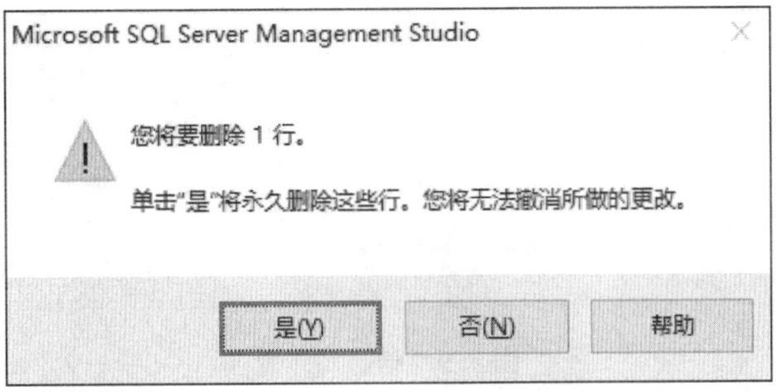

图 4.8　确认删除数据的界面

步骤 4:关闭该浏览窗口。

任务 4.1.8　将 Students 表的名称修改为"学生信息表"

任务4.1.8-4.1.9 视频

步骤 1:展开【数据库】|【Student】|【表】节点,在【Students】节点上右击,从快捷菜单中选择【重命名】。

步骤 2:此时 Students 的表名处于可编辑状态,输入新的名称"学生信息表",回车即可完成表名的修改。

任务 4.1.9　复制一份完整的学生信息表,命名为 Students,将学生信息表删除

步骤 1:单击标准工具栏上的【新建查询】按钮。

步骤 2:在查询编辑器窗口中,输入如下命令。

```
USE Student
--复制学生信息表的结构和数据,生成 Students 表
SELECT * INTO Students FROM 学生信息表
```

步骤 3:单击查询工具栏上的【! 执行(X)】按钮运行命令。

步骤 4:刷新并展开【Student】|【表】节点,可以看到新生成的 Students 表。

步骤 5:在【学生信息表】节点上右击,从快捷菜单中选择【删除】。

步骤 6:在如图 4.9 所示的【删除对象】对话框中,单击【确定】按钮,学生信息表就从 Student 数据库中删除了。

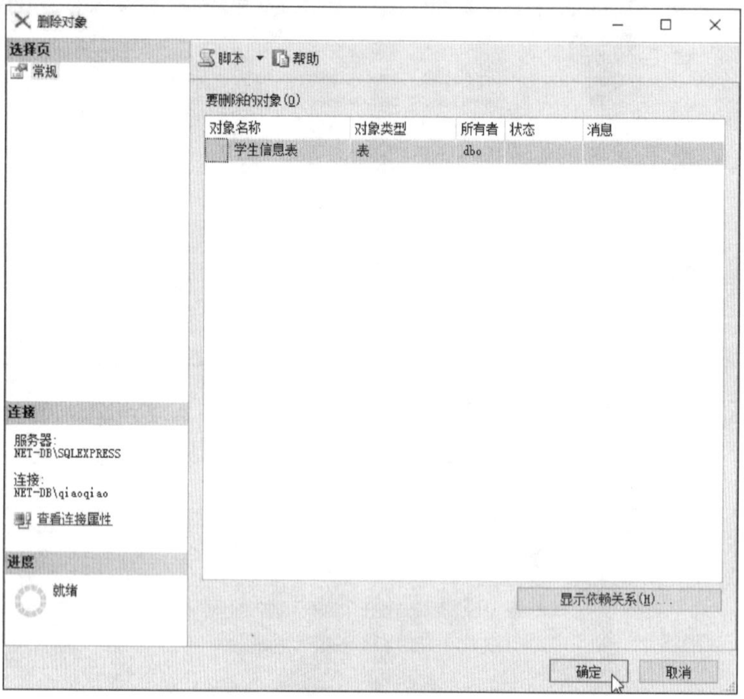

图 4.9　删除表界面

学习子情境 4.2　使用 T-SQL 命令创建和操作课程表

【情境描述】

课程表用于存储学校课程安排情况信息。小尼要使用 T-SQL 语句来创建课程表的结构，将学校所有课程的基本信息添加到表中。目前学校一直在进行教学改革，经常要修改课程信息，如增加或调整某课程课时量、开设一门新的课程或者去掉过时的课程等，根据教改要求，小尼要使用 T-SQL 语句修改、删除课程表中课程信息，或者向课程表中增加新的课程信息。

【技能目标】

- 熟练掌握 CREATE TABLE 命令创建表的方法
- 掌握 ALTER TABLE 命令修改表结构的方法
- 熟练掌握 INSERT... VALUES 命令向表中插入数据的方法
- 熟练掌握 UPDATE 命令更新表中数据的方法
- 掌握 DELETE 命令删除表中数据的方法

【工作任务】

创建课程表 Courses，修改其不合适的表结构，将所有课程信息逐个添加到该表中，完善表中的课程信息，删除表中无用的课程数据。

【任务实施】

任务 4.2.1　创建课程表，表名为 Courses

步骤 1：新建查询，在查询编辑器窗口录入如下查询语句。

```
USE Student
CREATE TABLE Courses(
    Course_id nchar(4) NOT NULL,
    Course_name nvarchar(30) NULL,
    Course_period tinyint NULL,
    Course_credit tinyint NULL,
    Course_kind nchar(3) NULL,
    Course_describe nvarchar(200) NULL
)
```

步骤 2:运行命令,完成 Courses 表的创建。

步骤 3:刷新并展开【表】节点,可以看到创建好的 Courses 表。

知识总结:

使用 T-SQL 语句创建表的语法格式:

```
CREATE TABLE <表名>
(<列名> <数据类型> [ NULL | NOT NULL ]
[ ,... n]
)
```

任务 4.2.2 向 Courses 表插入列:Course_else(nvarchar(500), NOT NULL)

步骤 1:新建查询,在查询编辑器窗口录入如下查询语句。

```
ALTER TABLE Courses
ADD Course_else nvarchar(500) NOT NULL
```

步骤 2:运行命令。

步骤 3:刷新并展开【Courses】|【列】节点,可以看到新插入的 Course_else 列(新插入的列位于所有列的最后)。

知识总结:

使用 T-SQL 语句插入列的语法格式:

```
ALTER TABLE <表名>
ADD <列名> <数据类型> [NULL | NOT NULL]
```

任务 4.2.3 将 Courses 表中 Course_else 列的数据格式修改为(nvarchar(200), NULL)

步骤 1:新建查询,在查询编辑器窗口录入如下查询语句。

```
ALTER TABLE Courses
ALTER COLUMN Course_else nvarchar(200) NULL
```

步骤 2:运行命令,刷新并展开【Courses】|【列】节点,查看修改结果。

知识总结：

使用 T-SQL 语句修改列的语法格式：

```
ALTER TABLE <表名>
ALTER COLUMN <列名> <数据类型> [NULL | NOT NULL]
```

需要注意的是，只能修改列的数据类型，以及列值是否为空值。

任务 4.2.4 删除 Courses 表中的 Course_else 列

步骤 1：新建查询，在查询编辑器窗口录入如下查询语句。

```
ALTER TABLE Courses
DROP COLUMN Course_else
```

步骤 2：运行命令，刷新并展开【Courses】|【列】节点，可以看到 Course_else 列被删除了。

知识总结：

使用 T-SQL 语句删除列的语法格式：

```
ALTER TABLE <表名>
DROP COLUMN <列名>
```

任务 4.2.5 逐行向 Courses 表添加所有课程信息

步骤 1：新建查询，在查询编辑器窗口录入如下查询语句。

```
--使用 INSERT 语句为一行的每一列都添加数据
INSERT INTO Courses
VALUES('1001','电子商务基础', 72,2,'专业课',NULL)
```

注意：

字符型值和日期型值要加单引号；括号中的多个值间要用英文逗号分隔；括号中值的个数和顺序必须与表中的列一一对应；定义表结构时指定某个列上允许空值，方可在 INSERT 命令中赋给 NULL 值。

步骤 2：运行命令，向 Courses 表中插入一行数据。

注意：

如果执行命令后，在消息框中显示“1 行受影响”，则表示数据被添加到数据库中了，否则表明命令中有错误，根据错误提示修改命令，再重新运行命令。

步骤 3：在查询编辑器窗口录入如下查询语句。

```
--使用 INSERT 语句为一行指定的部分列添加数据，其他列为空值
INSERT INTO Courses(Course_id,Course_name,Course_period,Course_credit,Course_kind)
VALUES('2001','英语', 72,3,'公共课')
```

注意：

给出的多个列名间要用英文逗号分隔；值的个数和顺序要与命令中给出的列的个数和顺序一致；未被赋值的列应该是允许空值的列，其列上的值为 NULL。

在表中插入一行数据也可以使用下面的命令：

```
INSERT INTO Courses(Course_id,Course_name,Course_period,Course_credit,Course_kind)
SELECT '2001','英语', 72,3,'公共课'
```

步骤 4：运行命令，向 Courses 表中插入此行数据。

步骤 5：继续编写 INSERT 命令，向 Courses 表中插入其余各行数据。要插入的各行数据如图 4.10 所示。

步骤 6：完成数据插入后，在查询编辑器窗口录入如下查询语句。

```
SELECT * FROM Courses      --查询 Courses 表中的所有数据
```

步骤 7：在查询编辑器窗口中选中此行命令后执行，结果如图 4.10 所示。

结果　消息

	Course_id	Course_name	Course_period	Course_credit	Course_kind	Course_describe
1	1001	电子商务基础	72	2	专业课	NULL
2	2001	英语1	72	1	公共课	NULL
3	2002	英语2	72	1	公共课	NULL
4	3001	网页设计与制作	72	2	专业课	NULL
5	4001	网络数据库	72	1	专业课	NULL
6	5001	电子商务安全与管理	72	2	专业课	NULL
7	6001	NULL	NULL	NULL	NULL	NULL
8	7001	NULL	NULL	NULL	NULL	NULL

图 4.10　向 Courses 表添加数据后的查询结果

知识总结：

使用 T-SQL 语句在表中插入一行数据的语法格式：

```
INSERT [ INTO ] <表名> [ (列名列表) ]
VALUES (<列值列表>)
```

也可以使用下面的语法格式：

```
INSERT [ INTO ] <表名> [ (列名列表) ]
SELECT <列值列表>
```

任务 4.2.6　完善 Courses 表中课程号为 6001 的课程信息

步骤 1：新建查询，在查询编辑器窗口录入如下查询语句。

```
UPDATE Courses
SET Course_name='网络营销',Course_period=72,Course_credit=2,Course_kind='专业课'
WHERE Course_id='6001'
SELECT * FROM Courses
```

步骤 2:运行命令,结果如图 4.11 所示。

结果　消息

	Course_id	Course_name	Course_period	Course_credit	Course_kind	Course_describe
1	1001	电子商务基础	72	2	专业课	NULL
2	2001	英语1	72	1	公共课	NULL
3	2002	英语2	72	1	公共课	NULL
4	3001	网页设计与制作	72	2	专业课	NULL
5	4001	网络数据库	72	1	专业课	NULL
6	5001	电子商务安全与管理	72	2	专业课	NULL
7	6001	网络营销	72	2	专业课	NULL
8	7001	NULL	NULL	NULL	NULL	NULL

图 4.11　修改 Courses 表中数据后的查询结果

知识总结:

使用 T-SQL 语句修改表中数据,语法格式为:

```
UPDATE <表名> SET <列名 = 更新值[,...]>
[WHERE <更新条件>]
```

其中,[WHERE <更新条件>]用来将表中符合更新条件的数据行全部筛选出来,执行相应的修改操作,如果缺省 WHERE 子句,则对表中所有行执行修改。<列名 = 更新值[,...]>中的“更新值”可以是常量、表达式或者表中的列。

任务 4.2.7　删除 Courses 表中课程名为空的数据行

步骤 1:新建查询,在查询编辑器窗口录入如下查询语句。

```
DELETE FROM Courses WHERE Course_name is NULL
SELECT * FROM Courses
```

步骤 2:运行命令,结果如图 4.12 所示。

知识总结:

使用 T-SQL 语句删除表中数据,语法格式为:

```
DELETE [FROM] <表名> [WHERE <删除条件>]
```

其中,[WHERE <删除条件>]用来筛选要被删除的行,缺省则将表中数据全部删除。

	Course_id	Course_name	Course_period	Course_credit	Course_kind	Course_describe
1	1001	电子商务基础	72	2	专业课	NULL
2	2001	英语1	72	1	公共课	NULL
3	2002	英语2	72	1	公共课	NULL
4	3001	网页设计与制作	72	2	专业课	NULL
5	4001	网络数据库	72	1	专业课	NULL
6	5001	电子商务安全与管理	72	2	专业课	NULL
7	6001	网络营销	72	2	专业课	NULL

图 4.12　删除 Courses 表中数据后的查询结果

学习子情境 4.3　使用 T-SQL 命令创建和操作成绩表

【情境描述】

成绩表中要存储学生选课信息及获得的成绩信息。小尼要创建成绩表，将所有学生的选课情况以及成绩数据添加到其中。校学生处要求小尼整理出学生的成绩信息来存档，包括学生学号、选修课程以及获得的成绩，这样小尼要创建一张 Scores 表，从成绩表中提取相关数据插入其中。教务处又要求小尼给所有学生的所有成绩上调 5 分后再给学生处存档。学生处将 Scores 表中数据存档后，小尼要将 Scores 表删除。

【技能目标】

- 掌握 INSERT 命令通过 UNION 合并多行数据插入表中的方法
- 掌握 INSERT...SELECT 命令从现有表提取数据插入目标表中的方法
- 掌握 DROP TABLE 命令删除表的方法

【工作任务】

创建成绩表 Student_course，向 Student_course 表成批添加数据。创建 Scores 表，将 Student_course 表中数据添加到其中，将 Scores 表中所有成绩上调 5 分。删除不再需要使用的 Scores 表。

【任务实施】

任务 4.3.1　创建成绩表，表名为 Student_course，表结构参见学习情境 1 的图 1.17

步骤 1：新建查询，在查询编辑器中录入如下查询语句。

```
CREATE TABLE Student_course(
    SC_id bigint IDENTITY(1,1) NOT NULL,    --设定该列为标识列
    Student_id nchar(5) NULL,
    Course_id nchar(4) NULL,
    Student_grade tinyint NULL,
    Course_year tinyint NULL
)
```

注意：

这条语句中的 IDENTITY(1,1)设定 SC_id 列为标识列，标识种子为 1，标识增量为 1。这样，该列的值将由系统自动生成。在表中插入数据时，第一行数据的 SC_id 列的值将是种子值 1，后续行该列的值会在前一行值的基础上增加一个增量值 1。

步骤 2：运行上面的命令，完成创建 Student_course 表的操作。

任务 4.3.2 向 Student_course 表成批添加数据，表中数据参见学习情境 1 附件图 A.4

步骤 1：新建查询，在查询编辑器窗口录入如下查询语句。

```
INSERT INTO Student_course (Student_id,Course_id,Student_grade,Course_year)
VALUES
('11001','1001',88,1),
('11002','1001',86,1),
('11001','2001',78,1),
('11002','2001',80,1),
('11001','2002',77,2)
```

或者使用下面的语句：

```
INSERT INTO Student_course (Student_id,Course_id,Student_grade,Course_year)
SELECT '11001','1001',88,1 UNION
SELECT '11002','1001',86,1 UNION
SELECT '11001','2001',78,1 UNION
SELECT '11002','2001',80,1 UNION
SELECT '11001','2002',77,2
```

步骤 2：运行此命令，一次性向 Student_course 表中插入 5 行数据。

步骤 3：参照上面的代码，继续向 Student_course 表中插入剩余的行。

知识总结：

使用一条 INSERT 命令向表中插入多行数据的语法格式如下：

```
INSERT INTO <表名>[(<列名列表>)]
VALUES
(<列值列表>),
(<列值列表>),
……
(<列值列表>)
```

或者使用下面的语法：

```
INSERT INTO <表名>[(<列名列表>)]
SELECT <列值列表> UNION
SELECT <列值列表> UNION
……
SELECT <列值列表>
```

其中，每个＜列值列表＞中的数据格式必须一致，包括数据个数、顺序、数据类型以及字符型数据的宽度。

任务 4.3.3　创建 Scores 表，使用 INSERT...SELECT 命令将 Student_course 表中数据添加到 Scores 表中

步骤 1：执行下面的命令，创建 Scores 表。

```
CREATE TABLE Scores(
    Student_id nchar(5) NULL,
    Course_id nchar(4) NULL,
    Student_grade tinyint NULL
)
```

步骤 2：执行下面的命令，将 Student_course 表中相关数据添加到 Scores 表中。

```
INSERT INTO Scores
SELECT Student_id,Course_id,Student_grade
FROM Student_course
```

步骤 3：执行下面的命令，查询 Scores 表中的全部数据，运行结果如图 4.13 所示。

```
SELECT * FROM Scores
```

结果　消息

	Student_id	Course_id	Student_grade
1	11001	1001	88
2	11002	1001	86
3	11001	2001	78
4	11002	2001	80
5	11001	2002	77
6	11002	2002	88
7	12001	1001	90
8	12002	1001	75
9	12001	2001	68
10	12002	2001	73

图 4.13　Scores 表中数据

知识总结：

使用 INSERT...SELECT 命令将现有表中数据添加到新表中，语法格式如下：

```
INSERT INTO <目标表名> [(<列名列表>)]
SELECT <列名列表>
FROM <源表名>
```

若未省略＜目标表名＞后的(＜列名列表＞)，则SELECT子句中＜列名列表＞的列的个数、顺序和数据类型必须与＜目标表名＞(＜列名列表＞)中给出的列名列表一致。若SELECT子句中＜列名列表＞指定的列数、顺序等与目标表原始列结构一致时，可以省略目标表后的(＜列名列表＞)。另外，目标表必须是已经存在的表。

任务4.3.4　将Scores表中所有成绩值上调5分

步骤1：在查询编辑器窗口中录入如下查询语句。

```
UPDATE Scores SET Student_grade=Student_grade+5
SELECT * FROM Scores
```

步骤2：运行命令，运行结果如图4.14所示。

	Student_id	Course_id	Student_grade
1	11001	1001	93
2	11002	1001	91
3	11001	2001	83
4	11002	2001	85
5	11001	2002	82
6	11002	2002	93
7	12001	1001	95
8	12002	1001	80
9	12001	2001	73
10	12002	2001	78

图4.14　成绩值上调后Scores表中数据

任务4.3.5　删除Scores表

步骤1：在查询编辑器窗口中录入如下查询语句。

```
DROP TABLE Scores
```

步骤2：运行命令删除Scores表。

知识总结：

使用DROP TABLE命令删除表，其语法格式为：

```
DROP TABLE <表名>
```

使用此命令可以将表中数据和结构全部销毁。

归纳总结

数据库本身无法直接存储数据，存储和操作数据是通过数据库中的表来实现的。用户通过各种方式访问数据库中的数据，归根到底是访问表中的数据。本学习情境详细讲述了使用

Management Studio 和 T-SQL 命令创建、修改和删除表的操作方法，以及在表中增加、删除和修改数据的操作方法。

习　题

理论题

1. 创建表、修改表以及删除表时分别使用哪些 T-SQL 语句？
2. 给出向表中添加数据、修改数据和删除数据所对应的 T-SQL 语句。

操作题

1. 使用 Management Studio 方式在 Student 数据库中创建表，表的信息参见学习情境 1。
(1)创建 Classes 表，将班级数据添加到表中。
(2)创建 Teachers 表，将教师信息逐行添加到其中。
(3)创建 Teacher_course 表，将教师—课程信息成批添加到其中。
2. 使用 T-SQL 命令在 MyLibrary 数据库中创建表，并将数据输入表中。
(1)Publisher 表的结构和数据如图 4.15 和图 4.16 所示。

NET-DB\SQLEXPRE...- dbo.Publisher ×

列名	数据类型	允许 Null 值
PublisherID	char(10)	☐
PublisherName	varchar(50)	☐
PublisherAddress	varchar(50)	☑
PublisherTel	varchar(20)	☑
PublisherEmail	varchar(50)	☑

图 4.15　Publisher 表结构

NET-DB\SQLEXPRE...- dbo.Publisher ×

PublisherID	PublisherName	PublisherAddress	PublisherTel	PublisherEmail
1	人民邮电出版社	北京	01086123560	*NULL*
2	清华大学出版社	北京	01086653662	*NULL*
3	高等教育出版社	北京	01086553268	*NULL*
4	上海财经大学出版社	上海	02185652361	*NULL*

图 4.16　Publisher 表数据

(2)ReaderType 表的结构和数据如图 4.17 和图 4.18 所示。
(3)Reader 表的结构和数据如图 4.19 和图 4.20 所示。
(4)Book 表的结构和数据如图 4.21 和图 4.22 所示。
(5)Borrow 表的结构和数据如图 4.23 和图 4.24 所示。
(6)Fine 表的结构和数据如图 4.25 和图 4.26 所示。
(7)Repair 表的结构和数据如图 4.27 和图 4.28 所示。

NET-DB\SQLEXPR...dbo.ReaderType

	列名	数据类型	允许 Null 值
🔑	TypeID	int	☐
	Typename	nchar(10)	☑
	LimitNum	int	☑
	LimitDays	int	☑

图 4.17 ReaderType 表结构

NET-DB\SQLEXPR...dbo.ReaderType

	TypeID	Typename	LimitNum	LimitDays
	1	教师	6	90
	2	职员	4	60
	3	学生	3	30

图 4.18 ReaderType 表数据

NET-DB\SQLEXPRE...ry - dbo.Reader

	列名	数据类型	允许 Null 值
🔑	RID	char(10)	☐
	Rname	nchar(20)	☑
	TypeID	int	☑
	LendNum	int	☑

图 4.19 Reader 表结构

NET-DB\SQLEXPRE...ry - dbo.Reader

	RID	Rname	TypeID	LendNum
	2018216009	孟霞	3	1
	2018216010	杨淑华	1	0
	2018216011	陈鹏	2	*NULL*
	2019216008	任灿灿	3	1
	2019216010	张英	3	1
	2019216117	李亚茜	3	0
	2020186010	张子健	2	0
	2020186011	赵良宇	1	1

图 4.20 Reader 表数据

NET-DB\SQLEXPRE...rary - dbo.Book

	列名	数据类型	允许 Null 值
🔑	BID	char(13)	☐
	Bname	varchar(42)	☑
	Author	varchar(20)	☑
	PublisherID	char(10)	☑
	Price	decimal(7, 2)	☑
	LentOut	bit	☑

图 4.21 Book 表结构

NET-DB\SQLEXPRE...rary - dbo.Book

BID	Bname	Author	PublisherID	Price	LentOut
9787564224097	网络数据库	李一娟	3	29.00	True
9787564224201	SAP财务管理大全	王玉	2	46.00	True
9787564224210	ERP从内部集成开始	陈明意	2	45.00	False
9787564224321	SAP基础教程	黄佳佳	1	55.00	False
9787564226561	ERP系统的集成应用	金蝶软件	1	35.00	False
9787565228266	SQL Server 2008从入门到精通	Mike Hotek	2	59.00	True
9787566225226	C#从入门到精通	Mary Watson	3	98.00	False
9787566824201	C语言编程	Robin Devis	3	55.00	True
9787566924223	SQL Server 2012基础教程	Robin Devis	1	89.00	False
9787569624263	数据库系统概论	肖丽丽	2	25.00	False

图 4.22　Book 表数据

NET-DB\SQLEXPRE...ry - dbo.Borrow

列名	数据类型	允许 Null 值
RID	char(10)	☐
BID	char(13)	☐
LendDate	datetime	☐
ReturnDate	datetime	☑

图 4.23　Borrow 表结构

NET-DB\SQLEXPRE...ry - dbo.Borrow

RID	BID	LendDate	ReturnDate
2018216009	9787564224321	2018-11-17 00:00:00.000	2018-12-15 00:00:00.000
2018216009	9787566824201	2020-10-30 00:00:00.000	NULL
2019216008	9787564224201	2020-10-28 00:00:00.000	NULL
2019216010	9787565228266	2020-11-15 00:00:00.000	NULL
2019216117	9787566225226	2019-04-09 00:00:00.000	2019-05-02 00:00:00.000
2020186010	9787564224321	2020-09-30 00:00:00.000	2020-11-14 00:00:00.000
2020186011	9787564224097	2020-11-26 00:00:00.000	NULL

图 4.24　Borrow 表数据

NET-DB\SQLEXPRE...brary - dbo.Fine

列名	数据类型	允许 Null 值
FineID	char(10)	☐
RID	char(10)	☐
FineReason	varchar(50)	☑
FineMoney	money	☑
FineDate	datetime	☑

图 4.25　Fine 表结构

NET-DB\SQLEXPRE...brary - dbo.Fine

FineID	RID	FineReason	FineMoney	FineDate
1	2018216009	图书被损坏	32.0000	2018-12-15 00:00:00.000
2	2019216117	图书被损坏	32.0000	2019-05-02 00:00:00.000
3	2020186010	图书被掉角	56.0000	2020-11-14 00:00:00.000

图 4.26　Fine 表数据

NET-DB\SQLEXPRE...ry - dbo.Repair

列名	数据类型	允许 Null 值
repairID	char(10)	☐
BID	char(13)	☐
demageCondition	char(20)	☑
demageReason	varchar(50)	☑
repairDetails	varchar(50)	☑
repairDate	datetime	☑
repairCost	decimal(18, 0)	☑

图 4.27　Repair 表结构

NET-DB\SQLEXPRE...ry - dbo.Repair

repairID	BID	demageCondition	demageReason	repairDetails	repairDate	repairCost
1	9787564224321	严重	图书破损	第52页	2019-02-16 00:00:00.000	32
2	9787566225226	严重	图书破损	第98页	2019-07-10 00:00:00.000	32
3	9787564224321	非常严重	图书掉角	第110页	2020-12-12 00:00:00.000	56

图 4.28　Repair 表数据

学习情境 5　设置数据完整性

【情境描述】

将学生日常管理的数据都录入了数据库中，小吴觉得日常的手工管理工作量就大大减轻了。在使用这些数据工作之前，小吴很仔细地检查了表中的数据，他发现数据库表中存在着各种各样不符合要求的数据，比如成绩为 880、年龄为 2，甚至在一个表里同一个学生的信息录入了两次。小吴意识到这些错误的数据都是录入时粗心造成的。为了避免这类错误数据继续进入数据库的表中，小吴决定为整个数据库的表设置数据完整性，以保证表中数据的正确性、一致性、精确性和可靠性，避免数据库中出现不合规定的数据和因输入错误造成的无效数据或垃圾数据，从而保证数据库中数据的质量。

【技能目标】

- 理解实体完整性、引用完整性、域完整性及其意义
- 能够熟练地为表添加各种数据完整性

学习子情境 5.1　设置课程表的数据完整性

【情境描述】

根据学校的实际情况，小吴首先针对班级信息表进行了分析：表中班级号和班级名是唯一的，班级号是 7 位数字字符，班主任必须是在校教师，并且要求录入新记录时所有列都不可以为空。班级信息表有了上述约束机制，就可以有效地避免录入重复行和错误数据。

【技能目标】

- 掌握使用 Management Studio 设置列可否为空(NULL/NOT NULL)的方法
- 掌握使用 Management Studio 设置主键(PRIMARY KEY)约束的方法
- 掌握使用 Management Studio 设置唯一键(UNIQUE)约束的方法
- 掌握使用 Management Studio 设置外键(FOREIGN KEY)约束的方法
- 掌握使用 Management Studio 设置检查(CHECK)约束的方法

【工作任务】

设置 Classes 表各字段可否为空，并为其添加主键约束、外键约束、检查约束和唯一键约束。

【任务实施】

任务 5.1.1　使用 Management Studio 设置 Classes 表中各列均不允许为空

步骤 1：在 SQL Server Management Studio 的【对象资源管理器】中展开 Student 数据库，再展开其下的【表】节点。

任务5.1.1-5.1.2 视频

步骤 2：右键单击 Classes 表，在弹出的快捷菜单中选择【设计】。

步骤 3：在如图 5.1 所示的表结构设计界面中，如果某列可以为空，就在【允许 Null 值】下面的复选框中为其打上对勾。本表中的四个字段均不允许为空。

NET-DB\SQLEXPRE...t1 - dbo.Classes ×

	列名	数据类型	允许 Null 值
🔑	Class_id	nchar(7)	☐
	Class_name	nvarchar(16)	☐
	Class_department	nchar(10)	☐
	Class_teacherid	nchar(5)	☐

图 5.1　设置非空约束

步骤 4：保存修改，关闭表设计器。

知识总结：

在 SQL Server 2012 中，一般有实体完整性、引用完整性、域完整性和用户自定义完整性四类。域完整性是指对某列数据的有效性限制，可以强制域完整性限制数据类型（通过数据类型限制）、限制格式（通过 CHECK 约束和规则）或限制可能值的范围（通过 FOREIGN KEY 约束、CHECK 约束、DEFAULT 定义、NOT NULL 定义和规则）。

列是否允许为空也是约束之一。如果某列不允许为空，那么在输入一行数据时，该列必须有值；反之，该列可以不输入值。空值约束要根据实际情况来设定。如果使用 T-SQL 语句设置空值约束，则可以在 CREATE TABLE 命令中使用 NULL/NOT NULL 关键字来表示允许空/不允许空。

任务 5.1.2　使用 Management Studio 为 Classes 表的 Class_id 列创建 PRIMARY KEY 约束，从而保证表中所有的行都是唯一的，确保所有的记录都是可以区分的

步骤 1：在【对象资源管理器】中展开 Student 数据库，再展开其下的【表】节点。

步骤 2：右键单击 Classes 表，在弹出的快捷菜单中选择【设计】。

步骤 3：右键单击 Class_id，在弹出的快捷菜单中选择【设置主键】，如图 5.2 所示。

步骤 4：在 Class_id 前出现了🔑图标，表明设置完成。保存修改，关闭表设计器。

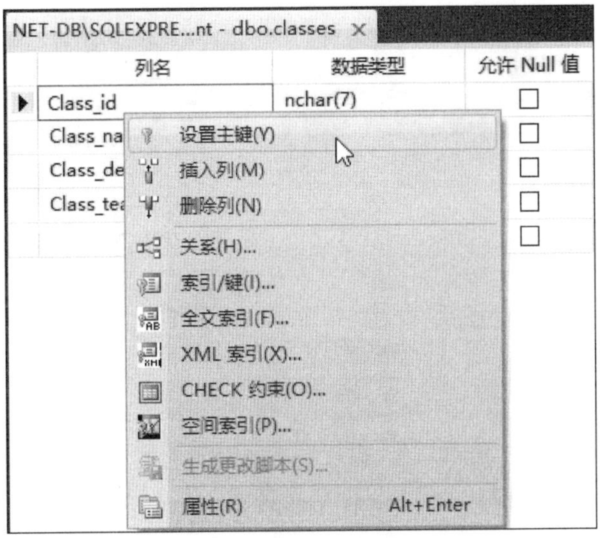

图 5.2　【设置主键】快捷菜单

知识总结：

PRIMARY KEY 约束是实体完整性约束之一，它和 UNIQUE 索引、UNIQUE 约束共同强制表的标识符列或主键的完整性。实体完整性保证表中所有的行都是唯一的，以确保所有的记录都是可以区分的。

若表中有一列或几列组合的值能用来唯一地标识表中的每一行，这样的一列或者几列的组合称作表的主键。它能够唯一地区分表中的记录，并要求该列数据必须是唯一且非空(NOT NULL)的。主键还可用于与其他表的外键相关联，当表没有主键时，这些操作会变得非常麻烦。

任务 5.1.3　使用 Management Studio 为 Classes 表的 Class_name 列添加 UNIQUE 约束

任务5.1.3视频

步骤 1：在【对象资源管理器】中展开 Student 数据库，再展开其下的【表】节点。右键单击 Classes 表，在弹出的快捷菜单中选择【设计】。

步骤 2：在打开的表设计器界面中，单击表设计器工具栏中的管理索引和键按钮，打开【索引/键】对话框。

步骤 3：单击对话框左下角的【添加】按钮，创建一个默认名为 IX_classes * 的约束，其中 * 表示这是未保存的约束。

步骤 4：在【(常规)】下的【类型】下拉列表中选择“唯一键”，如图 5.3 所示。

步骤 5：单击【(常规)】下的【列】右侧的按钮，打开【索引列】对话框。在【列名】中选择“Class_name”，如图 5.4 所示，单击【确定】按钮返回【索引/键】对话框。

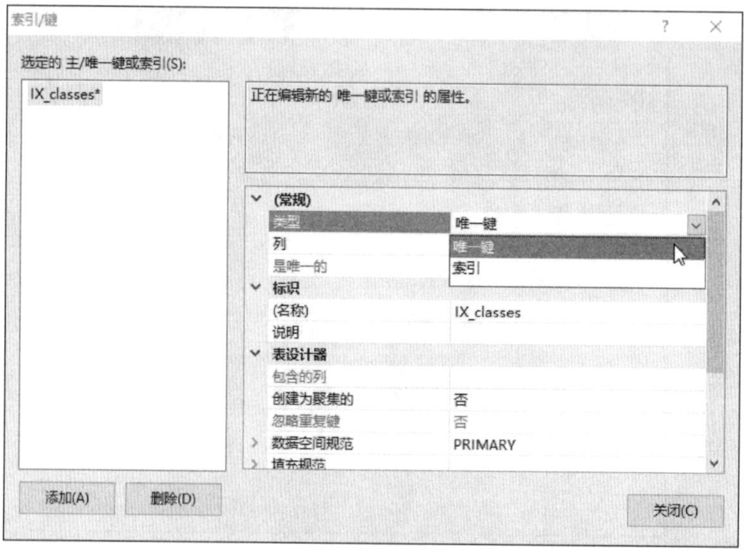

图 5.3 创建唯一键

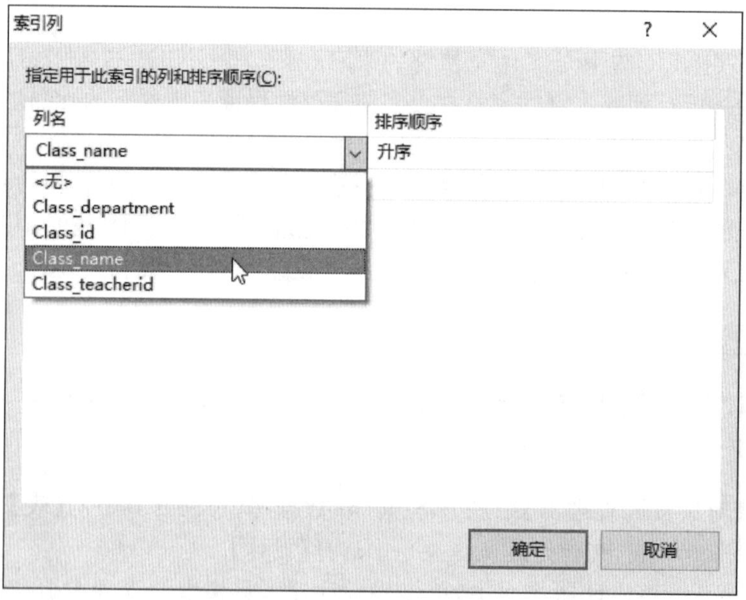

图 5.4 选择列 Class_name

步骤 6:在【索引/键】对话框中,在【标识】下的【(名称)】框中修改唯一键对象名称为"UI_Classes_ClassName",如图 5.5 所示,单击【关闭】按钮。

注意:

在如图 5.5 所示的对话框中,若想删除某唯一键对象,可先在【选定的 主/唯一键或索引】框中单击鼠标选中此对象,然后单击界面左下角的【删除】按钮即可。

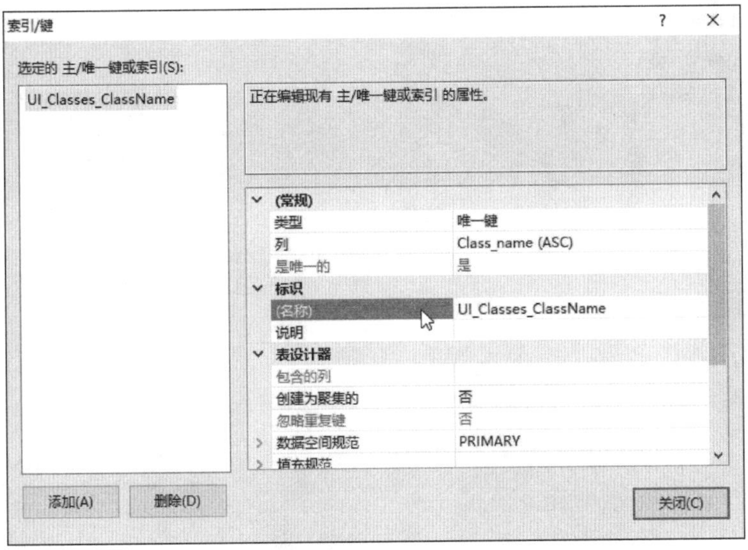

图 5.5　修改唯一键对象名称

步骤 7：单击标准工具栏中的按钮保存修改结果。

> **知识总结：**
> 唯一键(UNIQUE)约束可以保证指定列取值的唯一性。它与 PRIMARY KEY 约束的区别是：一个表只能有一个主键约束，但是可以有多个唯一键约束；主键列不能为空值，但唯一键约束的列可以取空值，不过空值不能多于一个。

任务 5.1.4　使用 Management Studio 为 Classes 表创建 FOREIGN KEY，限制 Class_teacherid 列的数据只能是 Teachers 表的 Teacher_id 列的已有值

任务5.1.4视频

步骤 1：在【对象资源管理器】中展开 Student 数据库，再展开其下的【表】节点。右键单击 Classes 表，在弹出的快捷菜单中选择【设计】。

步骤 2：在打开的 Classes 表设计窗口中，右键单击任意区域，在弹出的快捷菜单中选择【关系】，或者单击表设计器工具栏上的关系按钮。

步骤 3：打开【外键关系】对话框，单击左下角的【添加】按钮创建一个外键关系，在【标识】下的【(名称)】框中修改外键对象名称为“FK_Teachers_Classes”，如图 5.6 所示。

步骤 4：单击【表和列规范】右侧的按钮，打开如图 5.7 所示的【表和列】对话框。

步骤 5：选择主键表 Teachers、主键列 Teacher_id 和外键列 Class_teacherid，然后单击【确定】按钮返回【外键关系】对话框。

步骤 6：在【外键关系】对话框中，展开【表设计器】|【INSERT 和 UPDATE 规范】，设置【更新规则】为“不执行任何操作”，修改【删除规则】为“不执行任何操作”，如图 5.8 所示。

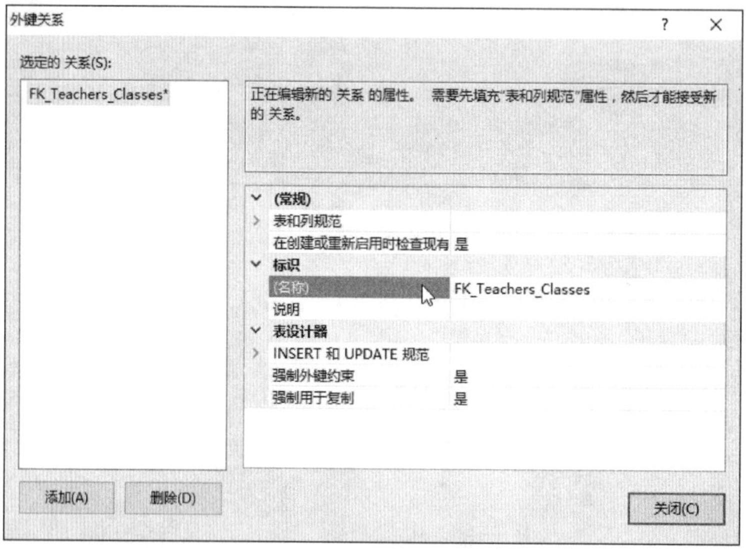

图 5.6 创建外键关系

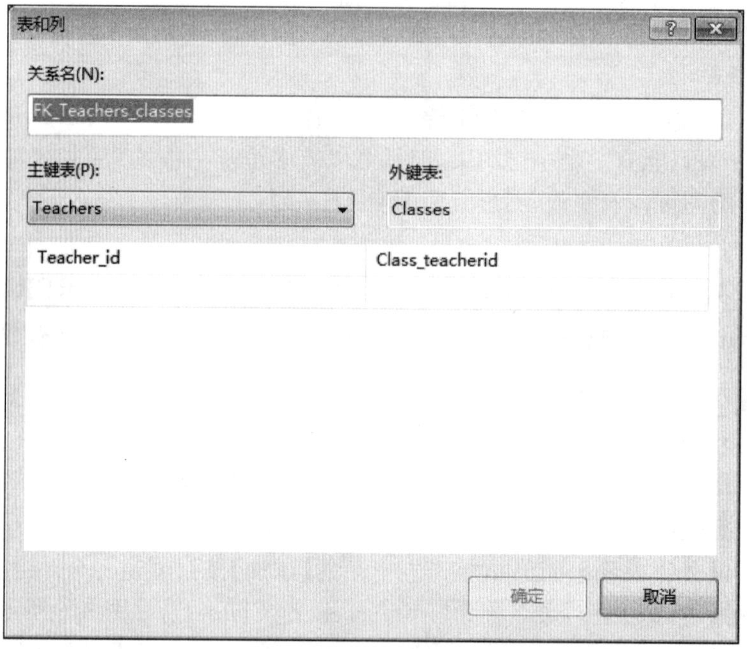

图 5.7 【表和列】对话框

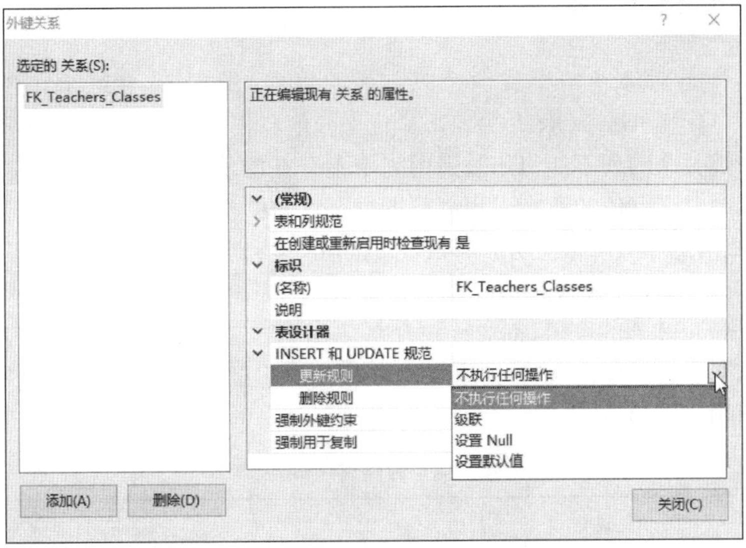

图 5.8 修改外键更新规则和删除规则

注意：

更新规则和删除规则的设置说明：这两个规则规定了有外键约束的表间数据的联动方式，默认为不执行任何操作，此选项的意思是，当尝试更新或删除主键表中某行数据时，若此行包含被外键表引用的数据，则显示一条错误信息，告知用户不允许执行修改或删除操作，并回滚该操作；若设置为级联，则不仅主键表的该行数据被更新或删除，引用该行数据的外键表的相应数据行也被更新或删除；若设置为 Null，则主键表的该行数据被更新或删除，引用该行数据的外键表的相应数据被置为 Null(仅当这些数据允许为空时)；若设置为默认值，则主键表的该行数据被更新或删除，引用该行数据的外键表的相应数据被置为默认值(仅当这些数据有默认值定义时)。

步骤 7：单击【关闭】按钮关闭【外键关系】对话框，再单击标准工具栏中的按钮保存修改结果。

注意：

必须先为 Teachers 表的 Teacher_id 列设置主键或 UNIQUE 约束，否则会弹出如图 5.9 所示的提示框。

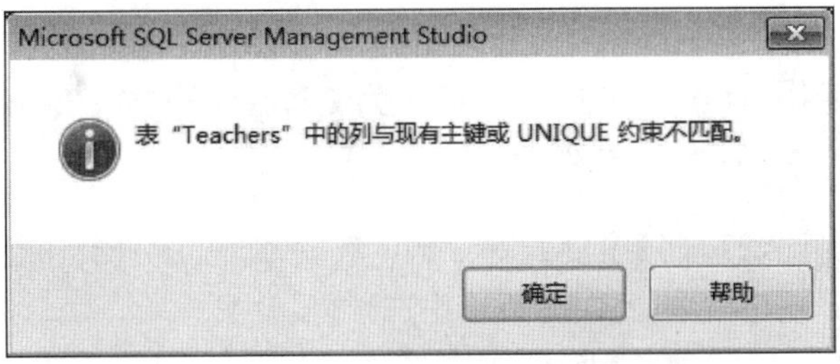

图 5.9 未创建主键或唯一约束提示框

知识总结：

引用完整性是对涉及两个或两个以上表的数据间的一致性维护。在 SQL Server 2012 中，引用完整性通过 FOREIGN KEY 确保键值在相应表中的数据一致性。这类一致性要求存在外键关系的列不能引用被引用列中不存在的值，如果被引用的键值发生更改，则整个数据库中对该键值的所有引用都要进行一致的更改。

例如，班级信息和教师信息分别存放在 Classes 表和 Teachers 表，Classes 表中每个班的班主任都应该是本校老师，其信息都应该能在 Teachers 表中找到。也就是说，Classes 表的 Class_teacherid 列的取值，都应该包含在 Teachers 表的 Teacher_id 列值中。如果某个教师已经离开了本学校，Teachers 表中会删除他的记录，同时他的信息也不应再出现在 Classes 表的班主任名单中。

表 5.1　　班级信息数据表(Classes)

列　名	数据类型	长度	字 段 描 述
Class_id	nchar	7	记录班级号，设为主键
Class_name	nvarchar	16	班级全称
Class_department	nchar	10	记录班级所在系别
Class_teacherid	nchar	5	记录本班级班主任号(设为外键)

表 5.2　　教师信息数据表(Teachers)

列　名	数据类型	长度	字 段 描 述
Teacher_id	nchar	5	记录教师号，设为主键
Teacher_name	nchar	10	记录教师姓名
Teacher_department	nchar	10	记录教师所在系

Classes 表和 Teachers 表存在着一种引用的关系，Classes 表的 Class_teacherid 列引用了 Teachers 表的 Teacher_id 列。如果把它们分别称为外键表和主键表的话，外键的作用就是要确保外键表中的某一数据项必须在主键表中存在。

外键约束要求：外键表、主键表存在公共列(列名可以不同，但是数据类型、长度要相同)，外键表的外键列所依赖的主键表的列必须在主键表设为主键或 UNIQUE 约束。

任务 5.1.5　使用 Management Studio 为 Classes 表的 Class_id 列创建 CHECK 约束，要求该列值为 7 位数字字符

步骤 1：在【对象资源管理器】中展开 Student 数据库，再展开其下的【表】节点。右键单击 Classes 表，在弹出的快捷菜单中选择【设计】。

任务5.1.5视频

步骤 2：在打开的 Classes 表设计窗口中，右键单击任意区域，在弹出的快捷菜单中选择【CHECK 约束】，或者单击表设计器工具栏上的管理 Check 约束按钮

，打开【CHECK 约束】对话框。

步骤 3：单击左下角的【添加】按钮，创建一个默认名为“CK_Classes＊”的约束，在【标识】下的【(名称)】框中输入新的约束名“CK_Class_id”，然后单击【表达式】后面的按钮，如图 5.10 所示。

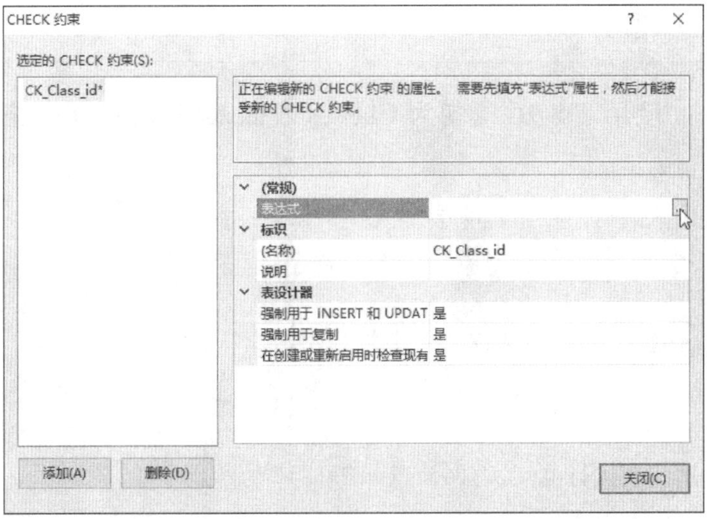

图 5.10　添加 CHECK 约束

步骤 4：在打开的【CHECK 约束表达式】对话框中输入下面的表达式，如图 5.11 所示。

```
len(class_id)=7 AND class_id like '[0-9][0-9][0-9][0-9][0-9][0-9][0-9]'
```

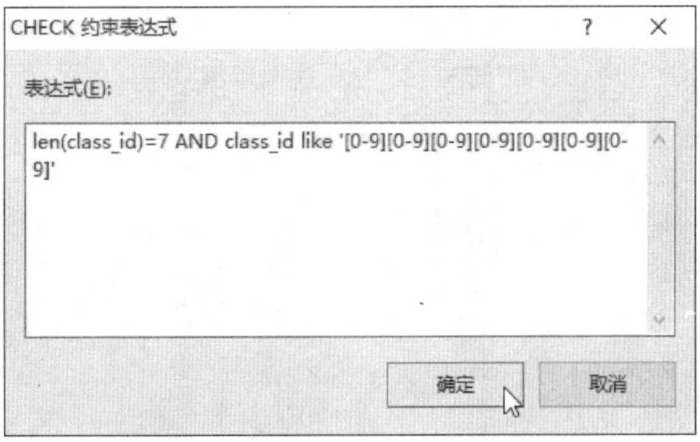

图 5.11　添加 CHECK 约束表达式

步骤 5：单击【确定】按钮完成 CHECK 约束表达式的输入，返回【CHECK 约束】对话框，再单击【关闭】按钮关闭【CHECK 约束】对话框。

步骤 6：单击标准工具栏中的按钮保存修改结果。

知识总结：

检查约束也称作 CHECK 约束，它通过限制可输入列中的值来强制实施域完整性。实质上就是给被约束的字段设置数据取值的有效范围，该有效范围可以用逻辑表达式来表示，计算结果为 TRUE 或 FALSE，所有计算结果为 FALSE 的值均被拒绝。可以为每列指定多个 CHECK 约束。

任务 5.1.6　使用 T-SQL 语句为 Classes 表插入记录，验证完整性约束的作用

步骤 1：新建查询文件。

步骤 2：输入以下语句，为 Classes 表插入一条新记录。

```
USE Student
GO
INSERT INTO Classes(Class_name,Class_department,Class_teacherid)
VALUES('电子商务班','经济信息系','JS002')
GO
```

步骤 3：分析语法并执行语句，返回消息如图 5.12 所示。

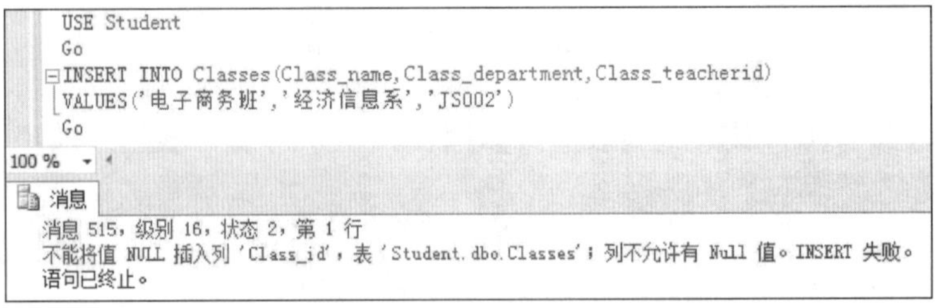

图 5.12　插入失败示例

步骤 4：修改上述语句，如下所示：

```
USE Student
GO
INSERT INTO Classes
VALUES('11001','电子商务班','经济信息系','JS002')
GO
```

步骤 5：分析语法并执行语句，返回消息如图 5.13 所示。

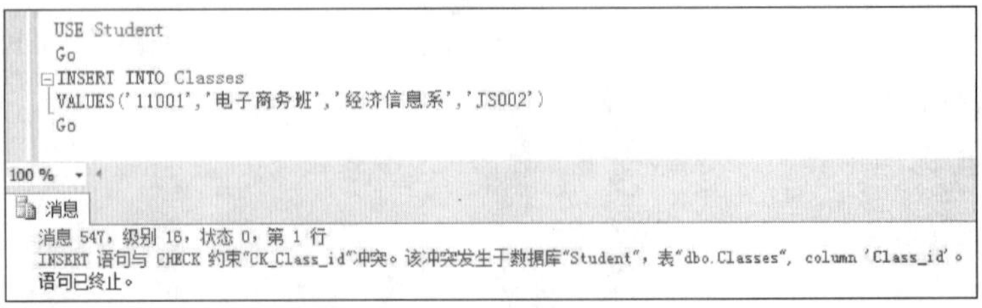

图 5.13　插入失败示例

知识总结：

主键列的值必须非空且唯一。Classes 表设置了主键 Class_id 之后，再次往表中插入新记录时，Class_id 列的值不能为空，也不能与表中其他记录的 Class_id 值重复。本任务的 INSERT INTO 语句没有为 Class_id 字段指定值，这违背了主键列不能为空的要求，因此系统报错。若使用 UPDATE 语句更新表中记录时，也不能把原有的主键值改为空值。

同理，在使用 INSERT INTO 和 UPDATE 语句更新数据库表时，要遵守每一个完整性约束，否则都会执行失败，返回报错消息。以 Classes 表为例，插入和更新语句要满足 Class_id 列的主键约束和检查约束、Class_name 列的唯一键约束、Class_teacherid 列的外键约束以及这三列的非空约束。图 5.13 就是违反了 Class_id 列的检查约束，返回了报错消息。

学习子情境 5.2　设置学生表的数据完整性

【情境描述】

学生信息表中的数据比较多，也最容易出现错误数据，小吴做了更加详细的完整性约束：学号是唯一的，取值要求是 5 位数字字符；性别列可以设置默认值；2020 年在校的学生出生日期应该在 2005 年 1 月 1 日以前，入学日期在 2017 年 9 月 1 日以后。有了上述约束，不仅可以有效地避免录入错误数据，还可以提高数据录入的效率。

【技能目标】

- 学会使用 T-SQL 语句设置主键(PRIMARY KEY)约束
- 学会使用 Management Studio 和 T-SQL 语句设置默认值(DEFAULT)约束
- 学会使用 T-SQL 语句设置检查(CHECK)约束
- 学会使用 T-SQL 语句设置外键(FOREIGN KEY)约束

【工作任务】

为 Students 表添加主键约束、外键约束、检查约束和默认值约束。

【任务实施】

任务 5.2.1　使用 T-SQL 语句为 Students 表的 Student_id 列创建 PRIMARY KEY 约束，从而保证表中所有的行都是唯一的，确保所有的记录都是可以区分的

步骤 1：新建查询文件。

步骤 2：输入以下语句，为 Students 表的 Student_id 列添加主键约束。

```
USE Student
GO
ALTER TABLE Students
ADD CONSTRAINT PK_Students PRIMARY KEY(Student_id)
GO
```

其中，PK_ Students 是该主键约束的约束名。

步骤 3：分析语法并执行语句。

知识总结：

本任务中由于Students表已经存在，所以使用ALTER TABLE语句为其添加主键约束。当然，在创建表的同时也可以创建主键约束，如在创建Teachers表的同时为其创建主键约束，语句如下：

```
CREATE TABLE Teachers
    (Teacher_id nchar(5),
    Teacher_name nchar(10),
    Teacher_department nchar(10),
    CONSTRAINT PK_Teachers PRIMARY KEY (Teacher_id) )
```

或者

```
CREATE TABLE Teachers
    (Teacher_id nchar(5) PRIMARY KEY,
    Teacher_name nchar(10),
    Teacher_department nchar(10))
```

任务 5.2.2　使用T-SQL语句为Students表的Student_sex列添加默认值(男)

步骤1：新建查询文件。

步骤2：输入以下语句。

```
USE Student
GO
ALTER TABLE Students
ADD CONSTRAINT DF_Students_Student_sex   DEFAULT ('男') FOR Student_sex
GO
```

步骤3：分析语法并执行语句。

知识总结：

如果插入行时没有为列指定值，默认值则指定列中使用什么值。默认值可以是计算结果为常量的任何值，例如常量、内置函数或数学表达式。本任务中指定了性别列的默认值是男，在输入具体的学生记录时，如果是男同学就不需要输入值，可节省部分工作量。

任务 5.2.3　删除任务5.2.2中创建的约束

步骤1：新建查询文件。

步骤2：输入以下语句。

```
USE Student
GO
ALTER TABLE Students
DROP CONSTRAINT DF_Students_Student_sex
GO
```

步骤 3:分析语法并执行语句。

> **知识总结:**
>
> 使用 T-SQL 语句删除各种完整性约束的语句都是一样的,如下所示:
>
> ```
> ALTER TABLE table_name
> DROP CONSTRAINT constraint_name
> ```
>
> 其中,table_name 为表名,constraint_name 为约束名,可以是实体完整性约束名、引用完整性约束名或域完整性约束名。

任务 5.2.4　使用 Management Studio 为 Students 表的 Student_sex 列添加默认值(男)

任务5.2.4视频

步骤 1:打开 SQL Server Management Studio,在【对象资源管理器】中展开 Student 数据库,再展开其下的【表】节点。右键单击 Students 表,在弹出的快捷菜单中选择【设计】。

步骤 2:选中 Student_sex,在其【列属性】中的【默认值或绑定】编辑框中输入“男”,如图 5.14 所示。

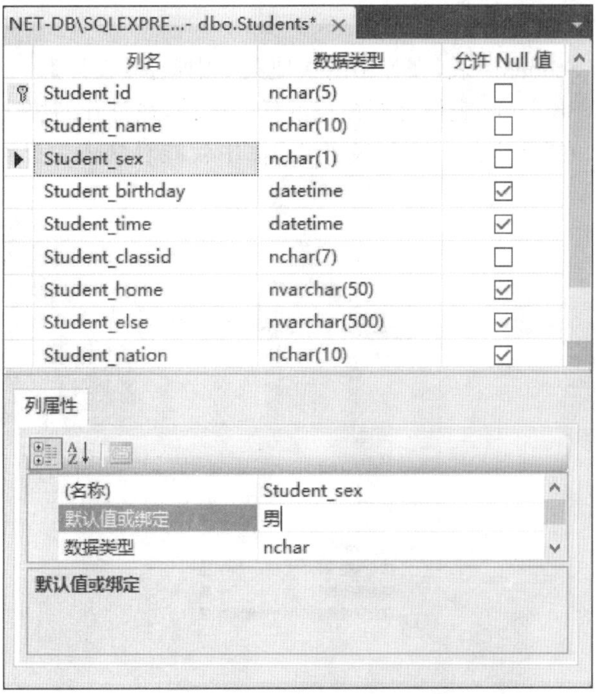

图 5.14　设置默认值

步骤 3:保存修改,关闭表设计器。

任务 5.2.5 使用 T-SQL 语句为 Students 表添加检查约束，限制 Student_id 列的值为 5 位数字字符，2020 年在校学生的 Student_birthday 列的值小于等于 2005 年 1 月 1 日，Student_time 列的值大于等于 2017 年 9 月 1 日

步骤 1：新建查询文件。

步骤 2：输入以下语句。

```
USE Student
GO
ALTER TABLE Students
ADD CONSTRAINT CK_Student_id CHECK (len([Student_id])=5 AND [Student_id] like '[0-9]
[09][0-9][0-9][0-9]')
GO
ALTER TABLE Students
ADD CONSTRAINT CK_Student_birthday CHECK ([Student_birthday]<='2005-01-01')
GO
ALTER TABLE Students
ADD CONSTRAINT CK_Student_time CHECK ([Student_time]>='2017-09-01')
GO
```

步骤 3：分析语法并执行语句。

步骤 4：右键单击 Students 表，在弹出的快捷菜单中选择【设计】。

步骤 5：右键单击 Students 表设计器窗口的任一区域，在打开的快捷菜单中选择【CHECK 约束】，打开其对话框，在【选定的 CHECK 约束】框中就能看到表中已经添加了三种约束，如图 5.15 所示。

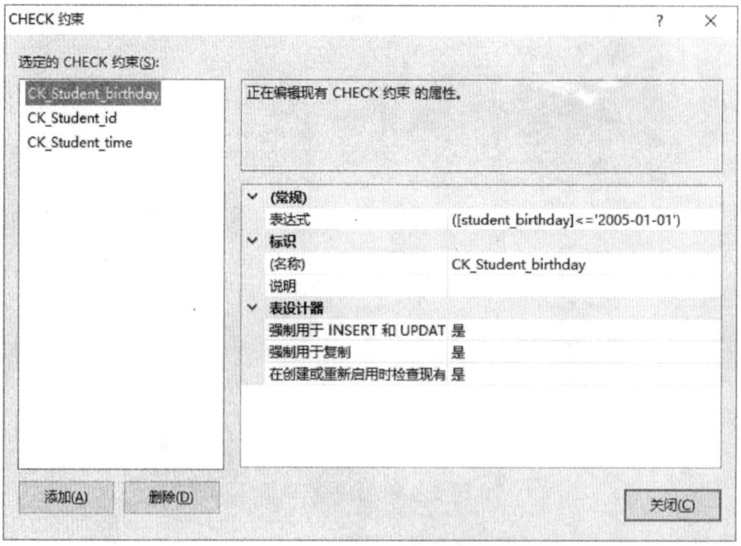

图 5.15 CHECK 约束列表

知识总结：

本例中，Students 表已经存在，在其上添加 CHECK 约束使用 ALTER TABLE 语句。语法格式如下：

```
ALTER TABLE table_name
ADD CONSTRAINT constraint_name CHECK(check_expr)
```

其中，table_name 为要建立约束的表名，constraint_name 为该检查约束的约束名，check_expr 为约束表达式。

任务 5.2.6　使用 T-SQL 语句为 Students 表创建外键约束，限制 Student_classid 列的数据只能是 Classes 表 Class_id 列的值

步骤 1：新建查询文件。

步骤 2：输入以下语句。

```
USE Student
GO
ALTER TABLE Students
ADD CONSTRAINT FK_Students_Classes FOREIGN KEY(Student_classid)
REFERENCES Classes(Class_id)
GO
```

步骤 3：分析语法并执行语句。

知识总结：

为已有表添加外键约束的基本语法如下：

```
ALTER TABLE table1_name
ADD CONSTRAINT Constraint_name FOREIGN KEY(column1_name)
REFERENCES table2_name(column2_name)
```

其中，table1_name 是要添加外键约束的表名（外键表名）；column1_name 是外键表中的外键列名；table2_name 是外键表所参照的主键表的名字（主键表名）；column2_name 是主键表中的主键列名（或具有唯一键约束的列名）。

学习子情境 5.3　设置成绩表的数据完整性

【情境描述】

成绩表是一个比较复杂的关系，与学生信息表、课程表之间都有关联，因此必须要为其添加更为严格的约束，以保证整个数据库各表之间数据的一致性。例如，成绩应该是 0 到 100 之间的整数，授课学期应该小于等于 8 等。

【技能目标】

- 学会使用 Management Studio 设置标识列（IDENTITY）

- 熟练掌握主键、外键、唯一键和检查约束的设置方法

【工作任务】

按照数据完整性的要求，完成 Student_course 表的主键、外键、唯一键和检查约束的设置。

【任务实施】

任务 5.3.1　使用 Management Studio 为 Student_course 表创建基于 Student_id 和 Course_id 两个列的组合主键

任务5.3.1-5.3.3视频

步骤 1：打开 SQL Server Management Studio，在【对象资源管理器】中展开 Student 数据库，再展开其下的【表】节点。右键单击 Student_course 表，在弹出的快捷菜单中选择【设计】。

步骤 2：在 Student_course 的表设计器界面，按住 Ctrl 键的同时，用鼠标单击 Student_id、Course_id 左侧的选择区，同时选中这两个列。

步骤 3：单击表设计器工具栏上的设置主键按钮。

步骤 4：设置主键后，在 Student_id 列和 Course_id 列的左侧都出现了图标，说明该表的主键建立在两个列上，即设置了组合主键。单击标准工具栏上的按钮，保存此设置。

> **知识总结：**
>
> 当表中不存在某个列可以唯一地标识数据行时，可尝试寻找是否存在多列的取值组合可以唯一地标识数据行，如果存在多列取值组合能唯一地标识表中的每一行，则可将该组合列设置为主键，这种主键称作组合主键。如果在某张表中，有多个列或者列的组合可以用作主键，就要依据最少性和稳定性来进行选择。最少性是指主键包含的列数最少；稳定性是指主键列中数据不要经常更新，最好永远不变，因为主键经常用来在两个表之间建立联系。

任务 5.3.2　使用 Management Studio 删除 Student_course 表的主键约束

步骤 1：在【对象资源管理器】中展开 Student 数据库，再展开其下的【表】节点。右键单击 Student_course 表，在弹出的快捷菜单中选择【设计】。

步骤 2：在打开的表设计器中，右键单击主键列，在弹出的快捷菜单中选择【删除主键】。

步骤 3：保存修改，关闭表设计器。

> **知识总结：**
>
> 删除主键约束的方法，还可以选中主键后单击表设计器工具栏上的按钮即可。

任务 5.3.3　使用 Management Studio 定义 Student_course 表的 SC_id 列为主键、标识列

步骤 1：在【对象资源管理器】中展开 Student 数据库，再展开其下的【表】节点。右键单击 Student_course 表，在弹出的快捷菜单中选择【设计】。

步骤 2：在打开的表设计器中，右键单击 SC_id 列，在弹出的快捷菜单中选择【设置主键】。

步骤 3：除 SC_id 列之外设置其他列允许为空。

步骤 4：选中 SC_id 列，在【列属性】中选择【表设计器】|【标识规范】，设置“(是标识)”为“是”，“标识增量”为“1”，“标识种子”为“1”，如图 5.16 所示。

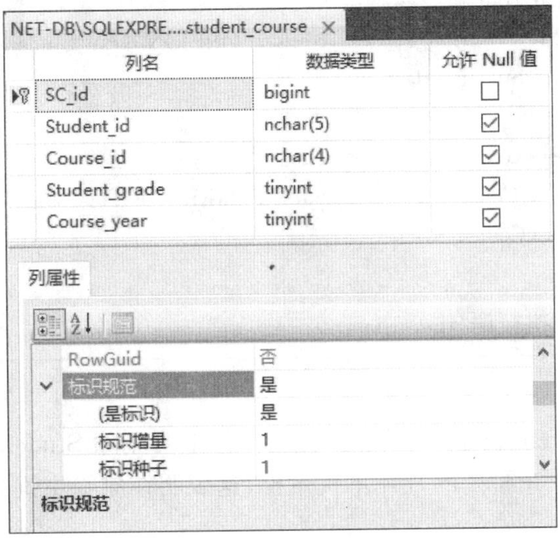

图 5.16　设置标识列

步骤 5：保存修改，关闭表设计器。

> **知识总结：**
>
> 一个表只能有一个主键。建议使用一个小的整数列作为主键，在实际工作中常常将代码列，如学号、编号、课程号等定义为主键。
>
> 标识列可以粗浅地理解为是自动编号列，不用人工输入，由计算机自动生成该列值。标识种子(初值)和增量默认值为 1，即第一行数据中该列值为 1，第二行为 2……以此类推；如果标识种子和增量分别为 2、3，那么第一行数据中该列值为 2，第二行为 5，第三行为 8……
>
> 使用标识列要注意以下几个问题：
>
> (1)标识列的数据类型必须是整数类型，比如 int、bigint。
>
> (2)标识列不允许出现空值，也不能有默认值约束。
>
> (3)标识列中的数据是自动生成的，默认情况下，不能在该列上输入数据。
>
> 使用 T-SQL 语句设置标识列，可以在 CREATE TABLE 命令中相应列的定义处加入“IDENTITY(1,1)”关键字来实现，括号中的两个数字分别表示标识种子和标识增量。

任务 5.3.4　使用 T-SQL 语句为 Student_course 表创建外键约束，限制 Student_id 列的数据只能是 Students 表 Student_id 列的值，Course_id 列的数据只能是 Courses 表 Course_id 列的值

任务5.3.4视频

步骤 1：新建查询文件。

步骤 2:输入以下语句。

```
USE Student
GO
ALTER TABLE Student_course
ADD CONSTRAINT FK_Students_Student_course FOREIGN KEY(Student_id)
REFERENCES Students(Student_id)
GO
ALTER TABLE Student_course
ADD CONSTRAINT FK_Courses_Student_course FOREIGN KEY(Course_id)
REFERENCES Courses (Course_id)
GO
```

步骤 3:分析语法并执行语句。

知识总结:

在为 Student_course 表建立了外键约束后,如果要删除 Students 表中被引用的主键或唯一约束,将会弹出如图 5.17 所示的提示框,这表明在删除主键或唯一键约束之前,必须先删除外键约束。

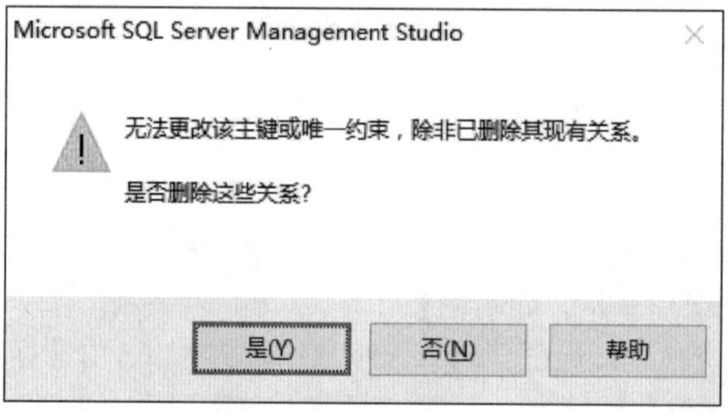

图 5.17 删除主键提示框

任务 5.3.5 为 Student_course 表创建唯一键约束和检查约束

步骤 1:新建查询文件。

步骤 2:输入下列语句为 Student_id 列和 Course_id 列的组合添加唯一键约束。

任务5.3.5视频

```
USE Student
GO
ALTER TABLE Student_course
ADD CONSTRAINT IX_Student_course UNIQUE(Student_id,Course_id)
GO
```

步骤 3:输入以下语句添加检查约束,限制 Student_grade 列的值在 0—100,Course_year 列的值小于等于 8。

```
ALTER TABLE Student_course
ADD CONSTRAINT CK_Student_grade CHECK ([Student_grade]>=0 AND [Student_grade]<=
100)
GO
ALTER TABLE Students
ADD CONSTRAINT CK_Course_year CHECK ([Course_year]<=8)
GO
```

步骤 4:分析语法并执行语句。

任务 5.3.6　将 Student_course 表中学号为 11001、课程号为 1001 的记录编号改为 110

步骤 1:新建查询文件。

步骤 2:输入以下语句。

```
USE Student
GO
UPDATE Student_course
SET SC_id='110'
WHERE Student_id='11001' and Course_id='1001'
GO
```

步骤 3:分析语法并执行语句,返回错误消息如图 5.18 所示。

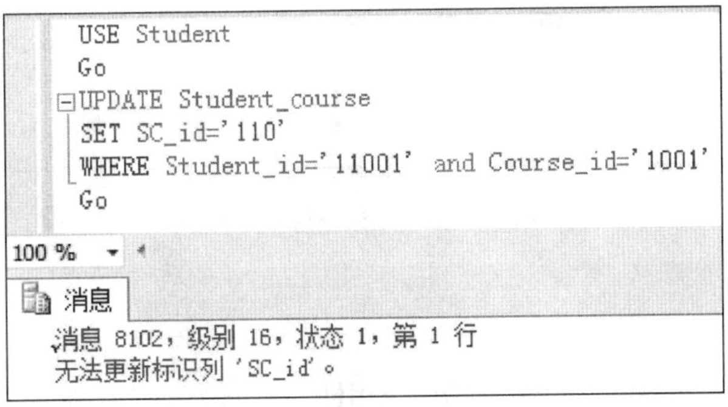

图 5.18　无法更新标识列消息框

知识总结:

默认情况下,使用 INSERT INTO 和 UPDATE 语句更新数据时,不可以为表的标识列指定值;否则,系统会返回错误消息。

任务 5.3.7　学号为 11001 的学生叶海平退学,将他的信息从 Students 表中删除

步骤 1:在【对象资源管理器】中展开 Student 数据库,再展开其下的【表】节点。

步骤 2:右键单击 Students 表,在弹出的快捷菜单中选择【编辑前 200 行】。

步骤 3:在表浏览界面中,右键单击学号为 11001 的学生记录,在快捷菜单中选择【删除】,系统会打开如图 5.19 所示的提示框,询问是否要永久删除,选择【是】。

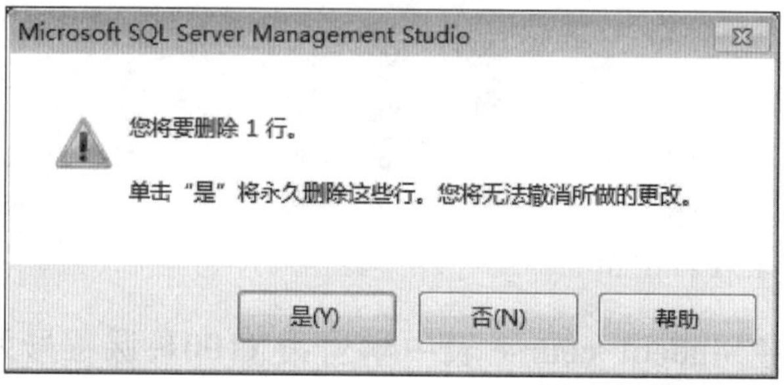

图 5.19 删除记录提示框

步骤 4:接着弹出如图 5.20 所示的删除失败提示框,原因是 Student_course 表引用了 Students 表中的学号列为 11001 的值。

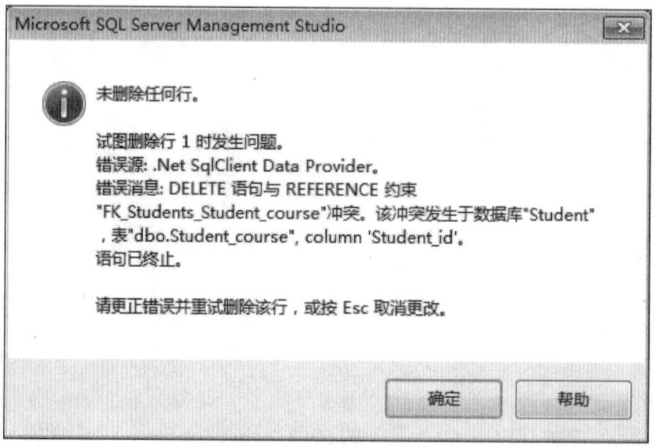

图 5.20 无法删除提示框

知识总结:

Students 表与 Student_course 表存在着引用关系,打开 Student_course 表可以看到,表中有学号为 11001 的同学选修课程的成绩信息。所以,外键约束不允许直接从 Students 表中删除掉他的记录(这里的外键设置可参见图 5.8)。在建立了外键约束的情况下,如果想使用 UPDATE 语句更新或使用 DELETE 语句删除主键表中的相应行,应该先删除掉外键约束。若要删除 Student_course 表和 Students 表的外键约束,语句如下:

```
USE Student
GO
ALTER TABLE Student_course
DROP CONSTRAINT FK_Students_Student_course
```

如果想创建带有级联删除功能的外键约束,可在图 5.8 中设置删除规则为级联,或用下面的 T-SQL 命令建立带有级联删除功能的外键约束:

```
USE Student
GO
ALTER TABLE Student_course
ADD CONSTRAINT FK_Students_Student_course FOREIGN KEY(Student_id)
REFERENCES Students (Student_id) ON DELETE CASCADE
```

这样当删除 Students 表中的某学生记录时，如果该学生已经有了选课成绩信息，就会同时删除 Student_course 表中相应的数据行。

如果要创建带有级联更新功能的外键约束，可在图 5.8 中设置更新规则为级联，或将上面代码中最后一行的 DELETE 改为 UPDATE 即可。

归纳总结

本学习情境就实现 SQL Server 2012 的数据完整性做了详细的介绍，其中重点讲述了实体完整性、引用完整性和域完整性中包括的各种约束。用户自定义完整性可以定义不属于其他任何完整性类别的特定业务规则，所有完整性类别都支持用户定义完整性。希望通过主键、外键、检查约束、默认值、标识列等约束的设置，给我们的实际工作带来帮助。

习　题

理论题

1. 填空题

(1)在 SQL Server 2012 中，有以下 4 类完整性描述：________、________、________和________。

(2)SQL Server 2012 支持的约束类型有：________、________、________、________、________、________。

(3)在 Student 数据库的 Courses 表中，要求 Course_credit(学分)必须是小于 5 的数值，应该使用__________约束；要求 Course_name(课程名称)不能有重复值，应该使用__________约束。

(4)标识列默认的标识种子是__________，标识增量是__________。

2. 判断题

(1)一个表的主键和外键都可以有多个。(　　)

(2)如果一个表有外键，那么该表中的数据只应指向主键表中的现有行，不应指向不存在的行。(　　)

(3)在定义外键约束之前，必须先定义主键或唯一键约束；在删除主键或唯一键约束之前，必须先删除外键约束。(　　)

(4)某表已经创建好，要为其添加默认值约束，应该使用 INSERT INTO 语句。(　　)

(5)用户可以给列创建约束，也可以为表创建约束。(　　)

3. 思考题

(1)什么是表的主键？什么是表的外键？请举例说明。

(2)CHECK 约束有什么作用？什么情况下使用 CHECK 约束？

操作题

1. 按照表 5.3 为 Student 数据库的其他 3 个表建立完整性约束。

表 5.3

序号	表名	列名	约束类型	约束描述
1	Teachers	Teacher_id	主键	主键
		Teacher_id	检查约束	长度为 5 位,前两位为字母,后三位为数字
2	Teacher_course	Tc_id	主键	标识列,自动增长,主键
		Teacher_id	外键	引用 Teachers 表的 Teacher_id
		Course_id	外键	引用 Courses 表的 Course_id
		Class_id	外键	引用 Classes 表的 Class_id
		Teacher_id, Course_id, Class_id	唯一键约束	组合唯一键约束
3	Courses	Course_id	主键	主键
		Course_id	检查约束	4 位数字字符
		Course_name	唯一键约束	唯一键约束
		Course_credit	检查约束	小于 5 的数值

2. 按照表 5.4 为 MyLibrary 数据库的各个表建立完整性约束。

表 5.4

序号	表名	列名	约束类型	约束描述
1	Book	BID	主键	主键
		LentOut	默认值约束	默认值为 0(表示未借出)
		Price	检查约束	价格不小于 0
2	Borrow	RID	外键	外键,主键表为 Reader
		BID	外键	主键表为 Book
		LendDate	默认值约束	默认值为当天
		ReturnDate	默认值约束 检查约束	默认值为当天 ReturnDate 必须大于 LendDate
3	Fine	findID	主键	主键
		fineMoney	检查约束	值必须大于等于 0
		fineDate	默认值约束	默认值为当天
4	Publish	publishID	主键	主键
		publishTel	检查约束	不小于 11 位长度的数字组成
		publishEmail	检查约束	必须包含@符号
5	Reader	RID	主键	主键
		TypeID	外键	主键表为 ReaderType
		LendNum	检查约束	小于 5
6	ReaderType	TypeID	主键	主键
		LimitNum	检查约束	小于 10
		LimitDays	检查约束	小于 60
7	Repair	repairID	主键	主键
		BID	外键	主键表为 Book
		repairCost	检查约束	大于等于 0

学习情境 6　查　询

【情境描述】

学校的工作人员在工作中经常需要用到各种各样的学生信息、课程信息、教师信息以及班级信息等，这些信息都可以从学生管理数据库的表中查询得到，而要完成这样的工作任务，得到这些查询信息，就需要在学生管理数据库中编写查询数据的相关命令。

【技能目标】

- 掌握 SELECT 语句的基本用法
- 学会熟练使用 SELECT 语句的各个子句完成相应的查询要求

学习子情境 6.1　查询课程信息

【情境描述】

小杨的工作涉及课程内容的数据查询有很多，像排课、计算课时等，他计划编写查询命令获取所需的课程信息，例如查询所有课程的基本信息、查询某门课程的相关信息等。

【技能目标】

- 掌握 SELECT 语句的基本语法
- 学会控制 SELECT 查询结果集输出的列
- 掌握 ORDER BY 子句的用法
- 学会控制 SELECT 查询结果集输出的行

【工作任务】

查询课程信息，包括对课程全部列的查询、部分列的查询以及对课程信息进行排序等。

【任务实施】

任务 6.1.1　在 Management Studio 中查询 Courses 表中所有课程数据

步骤 1：单击标准工具栏上的【新建查询】按钮。

步骤 2：设置可用数据库为 Student。

注意：

在执行查询操作时，一定要使所操作的目标数据库是当前可用数据库，否则要在语句中指定数据库。有两种方法可以选择当前可用数据库。

- 用 T-SQL 语句切换可用数据库。下面步骤 3 中的语句“USE Student”就是将当前可用数据库切换到 Student 数据库，这是最常用的方法。
- 操作鼠标切换。如图 6.1 所示，在 Management Studio 的 SQL 编辑器工具栏上单击【可用数据库】的下拉按钮，选择所需要的数据库名称即可。

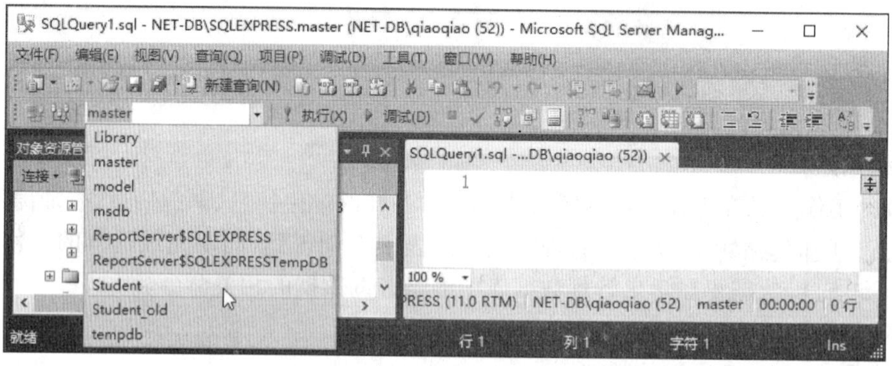

图 6.1　切换可用数据库

步骤 3：在代码编辑区输入下面的查询语句。

```
USE Student
GO
SELECT * FROM Courses
GO
```

步骤 4：单击 SQL 编辑器工具栏上的执行按钮![执行(X)]，或者按键盘上的 F5 键执行上述代码，查询结果如图 6.2 所示。

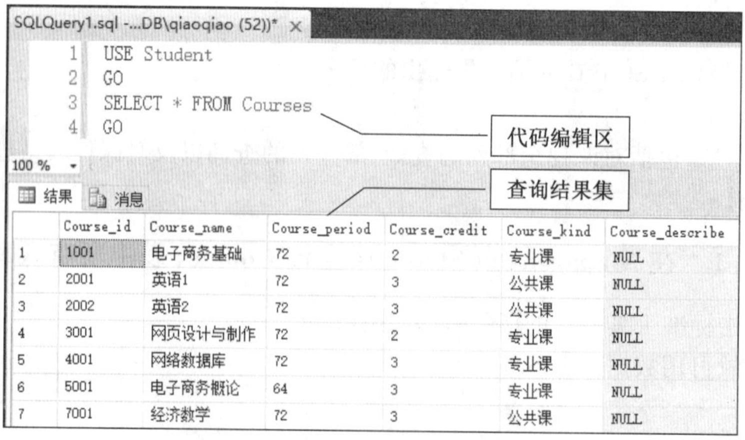

	Course_id	Course_name	Course_period	Course_credit	Course_kind	Course_describe
1	1001	电子商务基础	72	2	专业课	NULL
2	2001	英语1	72	3	公共课	NULL
3	2002	英语2	72	3	公共课	NULL
4	3001	网页设计与制作	72	2	专业课	NULL
5	4001	网络数据库	72	3	专业课	NULL
6	5001	电子商务概论	64	3	专业课	NULL
7	7001	经济数学	72	3	公共课	NULL

图 6.2　SELECT 查询示例

步骤 5：如果要保存查询代码的脚本，可单击【文件】|【保存】菜单，在打开的保存对话框中输入文件名（文件扩展名为.sql），再单击按钮即可。

知识总结：

SELECT 语句是 T-SQL 命令中最基本、最重要的语句，也是使用最频繁的语句。SELECT 语句功能十分强大，既可以实现对单表的数据查询，也可以实现复杂的多表连接查询、嵌套查询等。

SELECT 语句的基本语法结构如下：

```
SELECT <选择列表>
[INTO <新表>]
[FROM <源表>]
[WHERE <搜索条件>]
[GROUP BY <分组列表>]
[HAVING <组搜索表达式>]
[ORDER BY <排序表达式>[ASC|DESC]]
```

其中：

- <选择列表>：输出到结果集中的列，结果集就是查询结果的集合。
- [INTO <新表>]：将查询结果集输入一个新表中。
- [FROM <源表>]：指定查询的源表。
- [WHERE <搜索条件>]：指定搜索条件，符合搜索条件的记录才会出现在结果集中。
- [GROUP BY <分组列表>]：指定对数据记录进行分组的列或列表。
- [HAVING <组搜索表达式>]：指定对组或者聚合的搜索条件。
- [ORDER BY <排序表达式>[ASC|DESC]]：指定结果集中记录排序的方式。

各个子句的详细用法会在后续课程内容中介绍。

任务 6.1.2　输出课程查询提示信息

步骤 1：单击标准工具栏上的【新建查询】按钮，新建查询文件。

步骤 2：输入查询语句。

```
USE Student
GO
SELECT '今天是',GETDATE(),'我的 SQL Server 版本是',@@VERSION,'今天要进行的查询任务有',2+3,'项'
GO
```

步骤 3：执行查询语句，语句执行结果如图 6.3 所示。

结果 消息

	(无列名)	(无列名)	(无列名)	(无列名)	(无列名)	(无列名)	(无列名)
1	今天是	2020-04-19 21:06:27.900	我的SQL Server版本是	Microsoft SQL Server 2012 - 11.0.2100.60 (X64) ...	今天要进行的查询任务有	5	项

图 6.3 不指定任何列的查询

知识总结:

本任务使用的 SELECT 语句没有指定任何表中的列。

一般在使用 SELECT 语句完成查询时,需要在<选择列表>中为 SELECT 子句指定要在结果集中输出的列,<选择列表>是以逗号分隔的一系列表达式,列表可以是列名、常量、函数以及由运算符连接的列名、常量、函数的任意组合,也可以是子查询。但是,SELECT 语句在检索和显示常量、函数和表达式的值的时候,可以不用指定任何列,如本任务所示。

本任务查询语句中各项解释如下:

(1)如果不在 SELECT 语句的选择列表中指定任何列名,则不需要使用 FROM 子句。

(2)'今天是'、'我的 SQL Server 版本是'、'今天要进行的查询任务有'和'项'是字符串常量,常量在结果集中不做任何改变,照原样输出。

(3)GETDATE():日期时间函数,返回系统当前日期和时间,属于常用函数。

(4)@@VERSION:全局变量,功能是返回当前使用的 SQL Server 版本。

(5)2+3:算术表达式,返回表达式的计算结果。

任务 6.1.3 查询所有课程全部信息,查询所有课程的课程号和课程名称,查询课程号、课程名称、课程学分和新学分(在原始学分的基础上加 1 学分)

步骤 1:新建查询文件。

步骤 2:输入查询语句,查询课程全部信息。

```
USE Student
GO
/*查询语句使用了通配符(*),通配符可以选择数据源表的全部列输出到结果集中,结果集中列的排列顺序与该表的列的排列顺序一致*/
SELECT * FROM Courses
GO
```

注意:

建议不要经常执行类似语句,因为它们会使 SQL Server 执行全表扫描,返回每一条记录的所有字段,这样会导致查询效率比较低,也会使结果集的数据量比较大,给服务器和网络数据传输都带来不小的压力。

步骤 3:执行语句,结果如图 6.4 所示,结果集中输出了所有课程记录所有字段的数据。

	Course_id	Course_name	Course_period	Course_credit	Course_kind	Course_describe
1	1001	电子商务基础	72	2	专业课	NULL
2	2001	英语1	72	3	公共课	NULL
3	2002	英语2	72	3	公共课	NULL
4	3001	网页设计与制作	72	2	专业课	NULL
5	4001	网络数据库	72	3	专业课	NULL
6	5001	电子商务概论	64	3	专业课	NULL
7	7001	经济数学	72	3	公共课	NULL

图 6.4 使用通配符 * 查询课程全部信息

步骤 4：修改查询语句，查询所有课程的课程号和课程名称。

```
USE Student
GO
/* 在 Courses 表中选择部分列输出，可以在 SELECT 子句中给出相应的列名，各个列名之间用逗号隔开，顺序可以任意给定，但在<选择列表>中各列的排列顺序决定了结果集中各列的排列顺序 */
SELECT Course_id,Course_name FROM Courses
GO
```

注意：

若数据源的表名和列名有空格、数字，则要用[ ]将它们括起来，以免出错。

步骤 5：执行该语句，结果如图 6.5 所示。

	Course_id	Course_name
1	1001	电子商务基础
2	2001	英语1
3	2002	英语2
4	3001	网页设计与制作
5	4001	网络数据库
6	5001	电子商务概论
7	6001	网络营销

图 6.5 指定输出列查询

步骤 6：修改查询语句，查询课程号、课程名称、课程学分和新学分（在原始学分的基础上加 1 学分）。

```
USE Student
GO
——在 SELECT 语句中可以使用表达式对输出的列改变输出结果，这种列一般称为计算列
—— Course_credit +1 为计算列
SELECT Course_id,Course_name,Course_credit,Course_credit +1
FROM Courses
GO
```

注意：

计算列是一个虚拟列，其计算的结果在执行语句时计算得到，并且只出现在查询结果集中，而不会存储在表中，故计算列对源表数据不产生任何影响。

步骤 7：执行该语句，结果如图 6.6 所示。从图中可以看出，新学分的列名是(无列名)。

结果　消息

	Course_id	Course_name	Course_credit	(无列名)
1	1001	电子商务基础	2	3
2	2001	英语1	3	4
3	2002	英语2	3	4
4	3001	网页设计与制作	2	3
5	4001	网络数据库	3	4
6	5001	电子商务概论	3	4
7	6001	网络营销	2	3

图 6.6　使用计算列查询

步骤 8：为了方便查看查询结果，可以为结果集中的列指定一个容易理解的名字，修改查询语句为：

```
USE Student
GO
——为输出各列分别指定别名
SELECT Course_id AS '课程号',Course_name '课程名', '课程学分'=Course_credit,
        Course_credit +1 AS '新学分'
FROM Courses
GO
```

注意：

默认情况下，在结果集中显示的列名就是表的列名，对于新增的列，例如计算列，系统也不指定列名，而是以[无列名]标识，如图 6.6 所示。

为了便于阅读结果集的数据，可以为其指定一个更加容易理解的别名取代原来的列名。指定列的别名有以下三种方式：

- '列别名' = ＜原列名或计算列＞
- ＜原列名或计算列＞ AS '列别名'

● ＜原列名或计算列＞(空格)'列别名'

列别名一般用英文单引号(')或方括号([ ])引起来。对于用字符和汉字开头的别名，也可以不用单引号或方括号，但是对于数字开头的别名，一定要用单引号或方括号，否则会出错。为了防止出错，建议所有列别名都用单引号或方括号引起来。

步骤 9:执行该语句，结果如图 6.7 所示。

结果 消息

	课程号	课程名	课程学分	新学分
1	1001	电子商务基础	2	3
2	2001	英语1	3	4
3	2002	英语2	3	4
4	3001	网页设计与制作	2	3
5	4001	网络数据库	3	4
6	5001	电子商务概论	3	4
7	6001	网络营销	2	3

图 6.7 为查询结果集指定列别名

知识总结:

在查询语句中可以使用通配符(*)选择数据源表的全部列输出到结果集中，也可以在查询的数据源中选择部分列输出，还可以使用表达式对输出的列改变输出结果，即使用计算列。此外，为了便于阅读结果集的数据，可以在查询结果集中指定一个别名取代原来的列名。

计算新学分时使用了算术运算符，算术运算符用来执行算术运算。T-SQL 中的算术运算符包括+(加法运算符)、-(减法运算符)、*(乘法运算符)、/(除法运算符)以及%(模运算符或取余运算符，返回一个除法的整数余数，要求数据类型为 INT、SMALLINT 或 TINYINT)。

任务 6.1.4 对课程信息进行排序

步骤 1:新建查询文件。

步骤 2:输入查询语句，查看课程信息表中记录的原有顺序。

```
USE Student
GO
SELECT * FROM Courses
GO
```

步骤 3:执行查询语句，结果同图 6.4 所示。

注意：

在表中，若该表没有聚集索引，则该表中的记录在数据库文件中按输入的先后次序排序；若有聚集索引，则按聚集索引指定的顺序排序。表中记录的排序顺序是记录在数据库文件中存储的顺序，又称为记录的物理顺序。

步骤 4：修改查询语句，将所有课程信息按照课程名称以升序方式排序。

```
/* 所谓排序，简而言之，就是指记录在表或结果集中排列的顺序，排序方式有两种：升序和降序 */
USE Student
GO
--使用 ORDER BY 子句对结果集中记录进行排序
SELECT * FROM Courses ORDER BY Course_name ASC
GO
```

注意：

在 SELECT 查询语句中如果没有指定排序方式，则输出到结果集中的记录按其物理顺序排序。SELECT 语句的 ORDER BY 子句可以使结果集中的记录按指定的列和指定的方式排序。结果集中记录的排序对该记录在表中的物理顺序没有任何影响。

步骤 5：执行该语句，结果如图 6.8 所示。

结果 消息

	Course_id	Course_name	Course_period	Course_credit	Course_kind	Course_describe
1	5001	电子商务概论	64	3	专业课	NULL
2	1001	电子商务基础	72	2	专业课	NULL
3	4001	网络数据库	72	3	专业课	NULL
4	6001	网络营销	72	2	专业课	NULL
5	3001	网页设计与制作	72	2	专业课	NULL
6	2001	英语1	72	3	公共课	NULL
7	2002	英语2	72	3	公共课	NULL

图 6.8 查询结果集按升序排序

步骤 6：修改查询语句，使查询结果集按照课程名称以降序方式排序。

```
USE Student
GO
SELECT * FROM Courses ORDER BY Course_name DESC
GO
```

步骤 7：执行本语句，结果如图 6.9 所示。从图 6.9 可见，结果集中记录的排列顺序与图 6.8 中的顺序正好相反。

步骤 8：修改查询语句，使查询结果集按照课程名称的默认方式排序，在 ORDER BY 子句中不指定 ASC。

	Course_id	Course_name	Course_period	Course_credit	Course_kind	Course_describe
1	2002	英语2	72	3	公共课	NULL
2	2001	英语1	72	3	公共课	NULL
3	3001	网页设计与制作	72	2	专业课	NULL
4	6001	网络营销	72	2	专业课	NULL
5	4001	网络数据库	72	3	专业课	NULL
6	1001	电子商务基础	72	2	专业课	NULL
7	5001	电子商务概论	64	3	专业课	NULL

图 6.9 查询结果集按降序排序

```
USE Student
GO
--升序是系统默认的排序方式
SELECT * FROM Courses ORDER BY Course_name
GO
```

步骤 9:执行本语句,结果如图 6.8 所示。

步骤 10:修改查询语句,查询所有的课程记录,要求首先按照课程类型(Course_kind)降序排序,类型相同的按照课程编号(Course_id)升序排序。

```
USE Student
GO
SELECT * FROM Courses ORDER BY Course_kind DESC,Course_id ASC
GO
```

注意:

当 ORDER BY 后只有一个<排序列>时,结果集中的记录按照该列排序;当多条记录的<排序列>的数据都相同时,这些记录按其在表中的物理顺序排序。当有多个<排序列>时,结果集中的记录首先按第一个排序列排序;当多条记录的该列数据相等时,按其后的排序列排序;以此类推,若多条记录的所有排序列数据都一样,则按这些记录在表中的物理顺序排序。

步骤 11:执行本语句,结果如图 6.10 所示。

知识总结:

本任务使用了 ORDER BY 子句,ORDER BY 子句的语法格式如下:

```
[ ORDER BY { <排序列> [ ASC | DESC ] } [ ,...n] ]
```

其中:

- <排序列>:结果集中的记录按<排序列>中指定的列排序,排序列可以有多个。
- ASC:结果集中的记录按升序排序,这是默认的排序方式。
- DESC:结果集中的记录按降序排序。

	Course_id	Course_name	Course_period	Course_credit	Course_kind	Course_describe
1	1001	电子商务基础	72	2	专业课	NULL
2	3001	网页设计与制作	72	2	专业课	NULL
3	4001	网络数据库	72	3	专业课	NULL
4	5001	电子商务概论	64	3	专业课	NULL
5	6001	网络营销	72	2	专业课	NULL
6	2001	英语1	72	3	公共课	NULL
7	2002	英语2	72	3	公共课	NULL

图 6.10　多列排序

注意：

＜排序列＞必须出现在 SELECT 语句的＜选择列表＞中，且数据类型为 text、ntext、image 或 xml 的列不能用 ORDER BY 子句排序。

任务 6.1.5　限制课程信息查询结果集中的行数

步骤 1：新建查询文件。

步骤 2：输入查询语句，在结果集中显示所有课程的类型。

```
USE Student
GO
--使用 ALL 关键字输出全部查询结果
SELECT ALL Course_kind FROM Courses
GO
```

步骤 3：执行语句，结果如图 6.11 所示。

	Course_kind
1	专业课
2	公共课
3	公共课
4	专业课
5	专业课
6	专业课
7	专业课

图 6.11　带 ALL 参数的查询

步骤 4：修改查询语句，查询所有课程的类型，并消除重复的行。

```
USE Student
GO
——使用 DISTINCT 关键字消除结果集中的重复行
SELECT DISTINCT Course_kind FROM Courses
GO
```

步骤5:执行查询语句,结果如图6.12所示。可以看到,在图6.11中重复的行在本图中没有了。

结果　消息

	Course_kind
1	公共课
2	专业课

图6.12　带DISTINCT参数的查询

步骤6:修改查询语句,查询Courses表中的前5条记录。

```
USE Student
GO
——使用 TOP 关键字输出基本结果集中的前若干行
SELECT TOP 5 * FROM Courses
GO
```

步骤7:执行语句,结果如图6.13所示。

结果　消息

	Course_id	Course_name	Course_period	Course_credit	Course_kind	Course_describe
1	1001	电子商务基础	72	2	专业课	NULL
2	2001	英语1	72	3	公共课	NULL
3	2002	英语2	72	3	公共课	NULL
4	3001	网页设计与制作	72	2	专业课	NULL
5	4001	网络数据库	72	3	专业课	NULL

图6.13　查询课程表的前5条记录

步骤8:查询课程总数前33%的记录。

```
USE Student
GO
——使用 TOP 关键字输出基本结果集中的前 33%的记录
SELECT TOP 33 PERCENT * FROM Courses
GO
```

步骤9:执行语句,查询结果如图6.14所示。

	Course_id	Course_name	Course_period	Course_credit	Course_kind	Course_describe
1	1001	电子商务基础	72	2	专业课	NULL
2	2001	英语1	72	3	公共课	NULL
3	2002	英语2	72	3	公共课	NULL

图 6.14　查询课程总数前 33%的记录

知识总结：

本任务在查询语句中使用了 ALL、DISTINCT 以及 TOP 关键字。

(1)在 SELECT 语句中使用 ALL 和 DISTINCT 的语法格式是：

```
SELECT [ALL | DISTINCT] <选择列表> FROM <源表>
```

其中：

- ALL：向结果集输出全部查询结果，ALL 是默认参数，可以省略。
- DISTINCT：在结果集中消除重复行，空值被认为是相等的。

(2)使用 TOP 关键字可以使最终结果集中只包含基本结果集的前面若干行。基本结果集是不使用 TOP 关键字的 SELECT 语句的查询结果集。其语法如下：

```
TOP (Expression) [PERCENT]
```

其中：

- Expression：为表达式或者数字。
- PERCENT：百分比，表示结果集中只输出查询结果的前 Expression%条的记录。

学习子情境 6.2　查询学生信息

【情境描述】

小吴在日常学生管理工作中经常需要查找学生信息，例如，当新生报到结束后，需要查找输出各班花名册，需要查询统计男女生总数，还可能需要查询统计全校各省籍学生情况等。小吴需要借助 SELECT 语句完成这些查询，以辅助日常工作的顺利完成。

【技能目标】

- 学会使用 WHERE 子句进行单一条件查询
- 掌握使用逻辑运算符 AND、OR、NOT 的多条件查询
- 掌握使用逻辑运算符 BETWEEN 和 NOT BETWEEN 的条件查询
- 掌握使用逻辑运算符 IN 和 NOT IN 的条件查询
- 学会使用 LIKE 和通配符进行模糊查询

【工作任务】

熟悉学生信息的查询，主要是查询符合条件的学生记录。

【任务实施】

任务 6.2.1　查询家庭所在地为山西的所有学生信息

步骤 1:新建查询文件。

步骤 2:输入查询语句。

```
USE Student
GO
—— 使用 WHERE 子句来指定查询条件,将不符合条件的记录排除在结果集之外
SELECT Student_id, Student_name,Student_home
FROM Students
WHERE Student_home='山西'
GO
```

步骤 3:执行查询语句,结果如图 6.15 所示。由图可见,结果集中只有家庭所在地为山西的学生,其他学生信息均没有输出。

结果　消息

	Student_id	Student_name	Student_home
1	11001	叶海平	山西
2	14001	安静	山西

图 6.15　单一条件查询

知识总结:

(1)有些查询只需要符合特定条件的记录,这时就需要对结果集中的记录进行过滤。在 SELECT 语句中,可以使用 WHERE 子句完成这种查询,WHERE 子句的语法格式如下:

```
WHERE <查询条件>
```

查询条件是用运算符连接列名、常量、变量、函数等而得到的表达式,表达式可以包括比较运算符、范围、集合、模糊匹配以及逻辑运算。

查询条件返回的值可以为 TRUE、FALSE、UNKNOWN(当有一个表达式的值为 NULL 的时候,返回 UNKNOWN),只有返回的值为 TRUE 时,记录才会在结果集中出现。

(2)有时候查询的条件比较简单,用单一的条件查询就可以达到目的,如本任务所示。

单一查询条件可以用布尔表达式来表达,语法如下:

```
<表达式> <比较运算符> <表达式>
```

其中:

- <表达式>:可以是列名或子查询,也可以是运用运算符连接列名、常量、函数以及变量等。
- <比较运算符>:用于比较两个表达式的大小。T-SQL 中的比较运算符包括>(大于)、>=(大于等于)、<(小于)、<=(小于等于)、=(等于)、!=或<>(不等于)、!>(不大于)、!<(不小于)。比较运算符的运算结果是布尔数据类型,它有三种可能的结果:TRUE、FALSE 以及 UNKNOWN。

注意：

默认情况下，系统不区分大小写。当对字符类型的列值进行字符串比较的时候，例如，“USA”和“Usa”，系统会认为是一样的。

任务 6.2.2 查询班级编号为 2019014 且年龄小于 20 岁的学生信息

步骤 1：新建查询文件。

步骤 2：输入查询语句。

```
USE Student
GO
SELECT Student_id, Student_name,Student_birthday,Student_classid,Student_home
FROM Students
WHERE Student_classid='2019014' AND
          YEAR(GETDATE())-YEAR(Student_birthday)<20
GO
```

注意：

GETDATE()为日期时间函数，返回系统当前日期和时间，属于常用函数。YEAR(date)也是日期时间函数，用于返回指定日期的 year 部分的数值。

步骤 3：执行查询语句，结果如图 6.16 所示。由图可见，结果集中只有班级号为 2019014 且年龄小于 20 岁的学生记录。

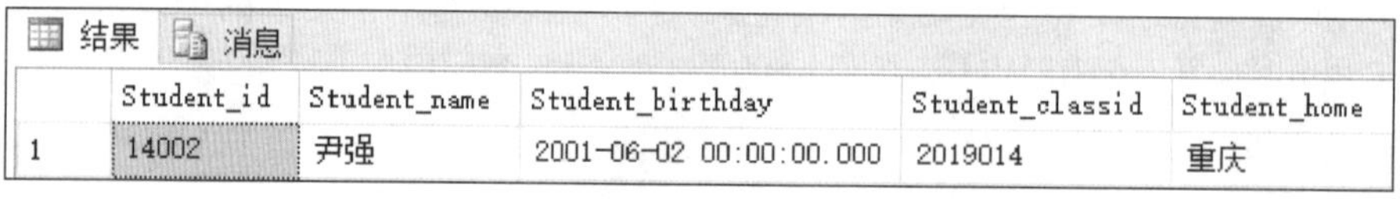

图 6.16 使用 AND 逻辑运算符查询

注意：

编写此教材时，YEAR(GETDATE())的返回值是 2020。

知识总结：

(1)有时候要求查询的条件不仅仅只有一个，而是有多个条件，这时可以使用逻辑运算符把若干个查询条件连接起来进行更精确的查询。逻辑运算符有 AND、OR、NOT、BETWEEN 和 NOT BETWEEN、IN 和 NOT IN 等。

(2)AND 运算符用于连接查询条件，只有 AND 两边的条件的值都为真时，其结果值才为真。其语法格式如下：

```
<布尔表达式 1> AND <布尔表达式 2>
```

AND 运算符的运算规则如表 6.1 所示。

表 6.1　　AND 运算的各种结果

AND 运算	**TRUE**	**UNKNOWN**	**FALSE**
TRUE	TRUE	UNKNOWN	FALSE
UNKNOWN	UNKNOWN	UNKNOWN	FALSE
FALSE	FALSE	FALSE	FALSE

任务 6.2.3　查询班级号为 2020011 和 2020012 的所有学生信息

步骤 1：新建查询文件。

步骤 2：输入查询语句。

```
USE Student
GO
SELECT Student_id, Student_name,Student_classid
FROM Students
WHERE Student_classid='2020011' OR Student_classid='2020012'
GO
```

步骤 3：执行查询语句，结果如图 6.17 所示。由图可见，结果集中只有班级号为 2020011 和 2020012 的学生记录。

结果　消息

	Student_id	Student_name	Student_classid
1	11001	叶海平	2020011
2	11002	景风	2020011
3	12001	华丽佳	2020012
4	12002	范治华	2020012

图 6.17　使用 OR 逻辑运算符查询

知识总结：

本任务使用了逻辑运算符 OR，逻辑运算符 OR 用于连接查询条件，只要 OR 两边的条件中有一个为真，其结果值就为真。OR 运算符可以使查询输出满足多个条件中的任意一个条件的记录，可以扩大结果集的范围。其语法格式如下：

```
<布尔表达式 1> OR <布尔表达式 2>
```

OR 运算符的运算规则如表 6.2 所示。

表 6.2　　OR 运算的各种结果

OR 运算	**TRUE**	**UNKNOWN**	**FALSE**
TRUE	TRUE	TRUE	TRUE
UNKNOWN	TRUE	UNKNOWN	UNKNOWN
FALSE	TRUE	UNKNOWN	FALSE

任务 6.2.4 查询除叶海平之外的所有学生记录

步骤 1：新建查询文件。

步骤 2：输入查询语句。

```
USE Student
GO
SELECT Student_id, Student_name,Student_classid,Student_home
FROM Students
WHERE NOT Student_name='叶海平'
GO
```

步骤 3：执行查询语句，结果如图 6.18 所示。由图可见，结果集中有除叶海平之外的所有记录。

结果 消息

	Student_id	Student_name	Student_classid	Student_home
1	11002	景风	2020011	重庆
2	12001	华丽佳	2020012	大连
3	12002	范治华	2020012	山东
4	13001	李佳佳	2020013	湖南
5	13002	史慧敏	2020013	湖北
6	14001	安静	2019014	山西
7	14002	尹强	2019014	重庆
8	15001	曹波	2019015	大连
9	15002	杨世英	2019015	天津

图 6.18 使用 NOT 逻辑运算符查询

知识总结：

逻辑运算符 NOT 与 AND、OR 不一样，它不是一个连接运算符，而是一个修饰逻辑运算符，加在查询条件前面，表示查询表中所有不满足该查询条件的记录。其语法格式如下：

```
NOT <布尔表达式>
```

NOT 运算符的运算规则如表 6.3 所示。

表 6.3 NOT 运算的各种结果

NOT 运算	运算结果
TRUE	FALSE
UNKNOWN	UNKNOWN
FALSE	TRUE

任务 6.2.5 查询出生年月在 2000 年 1 月 1 日到 2000 年 12 月 31 日之间的所有学生记录以及出生年月不在此区间之内的所有学生记录

步骤 1:新建查询文件。

步骤 2:输入查询语句。

```
USE Student
GO
SELECT Student_id,Student_name,Student_birthday
FROM Students
WHERE Student_birthday BETWEEN '2000-01-01' AND '2000-12-31'
GO
```

步骤 3:执行查询语句,结果如图 6.19 所示。

结果 消息

	Student_id	Student_name	Student_birthday
1	14001	安静	2000-03-23 00:00:00.000
2	15001	曹波	2000-05-06 00:00:00.000

图 6.19 使用 BETWEEN 逻辑运算符查询

步骤 4:修改查询语句,查询出生年月不在 2000 年 1 月 1 日到 2000 年 12 月 31 日之间的学生记录。

```
USE Student
GO
SELECT Student_id,Student_name,Student_birthday
FROM Students
WHERE Student_birthday NOT BETWEEN '2000-01-01' AND '2000-12-31'
GO
```

步骤 5:执行查询语句,结果如图 6.20 所示。

结果 消息

	Student_id	Student_name	Student_birthday
1	11001	叶海平	2002-01-23 00:00:00.000
2	11002	景风	2002-06-25 00:00:00.000
3	12001	华丽佳	2001-05-20 00:00:00.000
4	12002	范治华	2001-06-12 00:00:00.000
5	13001	李佳佳	2001-03-01 00:00:00.000
6	13002	史慧敏	2002-10-11 00:00:00.000
7	14002	尹强	2001-06-02 00:00:00.000
8	15002	杨世英	2001-12-01 00:00:00.000

图 6.20 使用 NOT BETWEEN 逻辑运算符查询

知识总结：

本任务使用了逻辑运算符 BETWEEN 和 NOT BETWEEN。

逻辑运算符 BETWEEN 用于测试一个值是否在一个连续的区间内，而 NOT BETWEEN 则恰好相反，其语法格式如下：

```
<测试表达式> [NOT] BETWEEN <起始值> AND <终止值>
```

其中：

- <测试表达式>、<起始值>和<终止值>的数据类型必须一致。
- BETWEEN 表示<测试表达式>的值大于或等于<起始值>且小于或等于<终止值>。

任务 6.2.6 查询学号为 11001、13001、14001 的三个学生的信息以及除了这三个学生以外的其他所有学生信息

步骤 1：新建查询文件。

步骤 2：输入查询语句。

```
USE Student
GO
SELECT * FROM Students
WHERE Student_id IN ('11001','13001','14001')
GO
```

步骤 3：执行查询语句，结果如图 6.21 所示。

结果 消息

	Student_id	Student_name	Student_sex	Student_birthday	Student_time	Student_classid	Student_home	Student_else	Student_nation
1	11001	叶海平	男	2002-01-23 00:00:00.000	2020-09-05 00:00:00.000	2020011	山西	NULL	NULL
2	13001	李佳佳	女	2001-03-01 00:00:00.000	2020-09-05 00:00:00.000	2020013	湖南	NULL	NULL
3	14001	安静	女	2000-03-23 00:00:00.000	2019-09-05 00:00:00.000	2019014	山西	班长	NULL

图 6.21 使用 IN 逻辑运算符查询

提示：

上述代码也可改写为用 OR 查询，语句如下所示。

```
USE Student
GO
SELECT * FROM Students
WHERE Student_id='11001' OR Student_id='13001' OR Student_id='14001'
GO
```

步骤 4：修改查询语句，查询除了学号为 11001、13001、14001 的三个学生以外的其他所有学生信息。

```
USE Student
GO
SELECT * FROM Students
WHERE Student_id NOT IN ('11001','13001','14001')
GO
```

步骤 5:执行查询语句,结果如图 6.22 所示。

结果　消息

	Student_id	Student_name	Student_sex	Student_birthday	Student_time	Student_classid	Student_home	Student_else	Student_nation
1	11002	景风	男	2002-06-25 00:00:00.000	2020-09-05 00:00:00.000	2020011	重庆	NULL	NULL
2	12001	华丽佳	女	2001-05-20 00:00:00.000	2020-09-05 00:00:00.000	2020012	大连	NULL	NULL
3	12002	范治华	男	2001-06-12 00:00:00.000	2020-09-05 00:00:00.000	2020012	山东	NULL	NULL
4	13002	史慧敏	女	2002-10-11 00:00:00.000	2020-09-05 00:00:00.000	2020013	湖北	NULL	NULL
5	14002	尹强	男	2001-06-02 00:00:00.000	2019-09-05 00:00:00.000	2019014	重庆	NULL	NULL
6	15001	曹波	男	2000-05-06 00:00:00.000	2019-09-05 00:00:00.000	2019015	大连	NULL	NULL
7	15002	杨世英	女	2001-12-01 00:00:00.000	2019-09-05 00:00:00.000	2019015	天津	NULL	NULL

图 6.22　使用 NOT IN 逻辑运算符查询

知识总结:

如果查询列的取值范围不是一个连续的区间,而是由某些离散值组成的值表集合,则不能用 BETWEEN,而要用另外两个逻辑运算符:IN 和 NOT IN。

IN 可以用于测试给定列的值是否在指定的值表集合中。值表集合可以用一个子查询或者列表表示,其语法形式如下:

```
<测试表达式> [NOT] IN (<子查询>|<列表>)
```

NOT IN 表示对 IN 运算的结果取反。

使用 IN 查询的语句可以看成是多个 OR 运算符连接的查询条件的一种简化形式。

任务 6.2.7　完成如下查询

- 查询所有姓叶的同学信息。
- 查询所有姓安且名字只有两个字的同学信息。
- 查询所有姓叶和姓安的同学信息。
- 查询姓华和姓杨之间所有学生的信息。
- 查询除了姓华和姓杨之外的所有学生信息。

步骤 1:新建查询文件。

步骤 2:输入查询语句,查询所有姓叶的同学信息。

```
USE Student
GO
SELECT * FROM Students
WHERE Student_name LIKE '叶%'
GO
```

提示：

该查询任务显然没有很明确的查询条件，需要用到 LIKE 来模糊查询。在学生表 Students 的姓名字段 Student_name 中，姓叶的同学可能很多，其名字到底有几个字也不清楚，所以需要用到表示任意长度的通配符：百分号（%）。%通配符可以匹配任意长度（包括 0）的字符串，通常用它来代替不确定长度的字符串。

步骤 3：执行查询语句，结果如图 6.23 所示。

结果 消息

	Student_id	Student_name	Student_sex	Student_birthday	Student_time	Student_classid	Student_home	Student_else	Student_nation
1	11001	叶海平	男	2002-01-23 00:00:00.000	2020-09-05 00:00:00.000	2020011	山西	NULL	NULL

图 6.23 使用通配符%查询

步骤 4：修改查询语句，查询所有姓安且名字只有两个字的同学信息。

```
USE Student
GO
SELECT * FROM Students
WHERE LTRIM(RTRIM(Student_name)) LIKE '安_'
GO
```

提示：

显然该查询要求也需要用到 LIKE 来模糊查询。因为明确说明了名字只有两个字，所以可以用代表一个字符的下划线（_）通配符。下划线通配符代表任意一个字符，一个汉字或者一个全角字符也算做一个字符。

LTRIM（RTRIM（Student_name））表示去除 Student_name 值左右两侧的空格，Student_name 是 nchar(10)类型的字符串，长度是 10，当姓名值不足 10 位时，系统自动在姓名后补空格。如姓名“安静”在表中存储的是“安静   ”（后有 8 位空格），而 LIKE '安_'匹配的是 2 位长度的字符，因此，只有去除姓名左右的空格才能比较真正的姓名值。

步骤 5：执行查询语句，结果如图 6.24 所示。

结果 消息

	Student_id	Student_name	Student_sex	Student_birthday	Student_time	Student_classid	Student_home	Student_else	Student_nation
1	14001	安静	女	2000-03-23 00:00:00.000	2019-09-05 00:00:00.000	2019014	山西	班长	NULL

图 6.24 使用通配符_查询

步骤 6：修改查询语句，查询所有姓叶和姓安的同学信息。

```
USE Student
GO
SELECT * FROM Students
WHERE Student_name LIKE '[叶,安]%'
GO
```

提示：

方括号（[ ]）通配符可以匹配一个字符列表的任一字符。

- 字符列表：应将各个字符写在方括号内，各字符之间可以用逗号分隔，也可不用。

该查询显然是一个字符列表，可以将“叶”和“安”作为一个列表放在方括号通配符里面。

步骤 7：执行查询语句，结果如图 6.25 所示。

结果　消息

	Student_id	Student_name	Student_sex	Student_birthday	Student_time	Student_classid	Student_home	Student_else	Student_nation
1	11001	叶海平	男	2002-01-23 00:00:00.000	2020-09-05 00:00:00.000	2020011	山西	NULL	NULL
2	14001	安静	女	2000-03-23 00:00:00.000	2019-09-05 00:00:00.000	2019014	山西	班长	NULL

图 6.25　使用通配符[ ]之字符列表查询

步骤 8：修改查询语句，查询姓华和姓杨之间所有学生的信息。

```
USE Student
GO
SELECT * FROM Students
WHERE Student_name LIKE '[华一杨]%'
GO
```

注意：

方括号（[ ]）通配符还可以匹配字符范围中的任一字符。

- 字符范围：将这个范围的起止字符写在方括号内，并用连字符（一，注意：是减号，不是下划线）将起止字符分开，起始字符写在左边，结束字符写在右边。

查询结果集包含含有起止字符的记录。在字符范围中比较中文字符时，实则比较其中文字符的拼音序列，例如安（an）不在华（hua）和杨（yang）之间。

姓“华”和姓“杨”之间实际上是一个查询范围，可以用方括号通配符的字符范围方式来查询。华（hua）和杨（yang）的拼音顺序，显然 hua 在前，yang 在后，所以用“华”做起始字符，“杨”做结束字符。

步骤 9：执行查询语句，结果如图 6.26 所示。

结果　消息

	Student_id	Student_name	Student_sex	Student_birthday	Student_time	Student_classid	Student_home	Student_else	Student_nation
1	11002	景风	男	2002-06-25 00:00:00.000	2020-09-05 00:00:00.000	2020011	重庆	NULL	NULL
2	12001	华丽佳	女	2001-05-20 00:00:00.000	2020-09-05 00:00:00.000	2020012	大连	NULL	NULL
3	13001	李佳佳	女	2001-03-01 00:00:00.000	2020-09-05 00:00:00.000	2020013	湖南	NULL	NULL
4	13002	史慧敏	女	2002-10-11 00:00:00.000	2020-09-05 00:00:00.000	2020013	湖北	NULL	NULL
5	15002	杨世英	女	2001-12-01 00:00:00.000	2019-09-05 00:00:00.000	2019015	天津	NULL	NULL

图 6.26　使用通配符[ ]之字符范围查询

步骤 10：修改查询语句，查询除了姓华和姓杨之外的所有学生信息。

```
USE Student
GO
SELECT * FROM Students
WHERE Student_name LIKE '[^华,杨]%'
GO
```

提示：

要将姓华和姓杨的同学排除在查询结果集之外，可以用[^]通配符的字符列表进行查询。[^]通配符的作用与[]通配符完全相反，表示将一个字符列表或字符范围排除在外的任一字符。

步骤 11：执行查询语句，结果如图 6.27 所示。

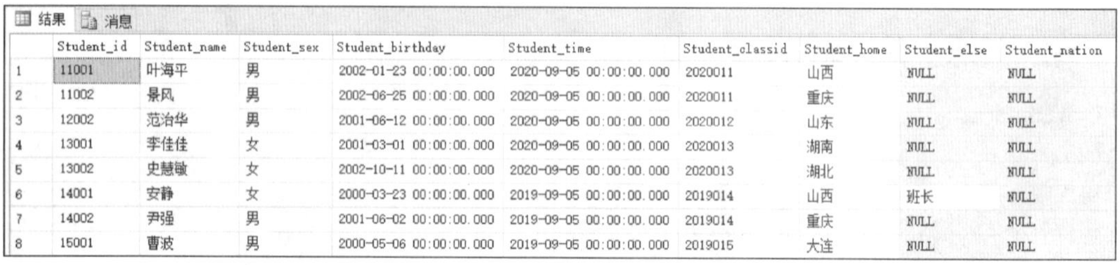
结果　消息

	Student_id	Student_name	Student_sex	Student_birthday	Student_time	Student_classid	Student_home	Student_else	Student_nation
1	11001	叶海平	男	2002-01-23 00:00:00.000	2020-09-05 00:00:00.000	2020011	山西	NULL	NULL
2	11002	景风	男	2002-06-25 00:00:00.000	2020-09-05 00:00:00.000	2020011	重庆	NULL	NULL
3	12002	范治华	男	2001-06-12 00:00:00.000	2020-09-05 00:00:00.000	2020012	山东	NULL	NULL
4	13001	李佳佳	女	2001-03-01 00:00:00.000	2020-09-05 00:00:00.000	2020013	湖南	NULL	NULL
5	13002	史慧敏	女	2002-10-11 00:00:00.000	2020-09-05 00:00:00.000	2020013	湖北	NULL	NULL
6	14001	安静	女	2000-03-23 00:00:00.000	2019-09-05 00:00:00.000	2019014	山西	班长	NULL
7	14002	尹强	男	2001-06-02 00:00:00.000	2019-09-05 00:00:00.000	2019014	重庆	NULL	NULL
8	15001	曹波	男	2000-05-06 00:00:00.000	2019-09-05 00:00:00.000	2019015	大连	NULL	NULL

图 6.27　使用通配符[^]查询

知识总结：

(1)本任务前面的查询任务都是精确查询，即知道查询的准确条件，但是有时候并不知道查询的准确条件，或者只知道要查询的部分条件，在这种情况下，就需要进行模糊查询。LIKE 运算符可以实现模糊查询。

(2)LIKE 运算符可以测试一个字符串是否与给定的模式相匹配。所谓给定的模式，就是在 LIKE 子句中给定的一个特殊字符串，其特殊之处在于它不仅可以包含普通字符串，还可以包含表示任意字符串的通配符。

LIKE 子句的语法格式如下：

```
<字符串表达式> [NOT] LIKE <模式>
```

LIKE 子句中常用的通配符及其含义如表 6.4 所示。

表 6.4　　常用通配符及其含义

通 配 符	含　义
%(百分号)	代表任意长度的字符串(也可以是 0 个字符)
_(下划线)	代表任意一个字符
[—]	表示在一个字符列表或字符范围中的任一字符
[^—]	表示排除在一个字符列表或字符范围中的任一字符

(3)不推荐在大型表上经常性使用模糊查询，因为模糊查询时间会比较长。

学习子情境 6.3　查询成绩信息

【情境描述】

小吴在教务处的日常管理工作中，涉及与成绩信息有关的查询工作最多的就是学生成绩的统计、分类以及排序等，例如查询某一学生的总成绩或者对所有学生总成绩进行排序，因此他需要经常编写相应的查询语句来完成对特定成绩信息的查询。

【技能目标】

- 掌握常用聚合函数的用法
- 掌握聚合函数中 ALL 和 DISTINCT 参数的用法
- 掌握简单分组查询的方法
- 掌握多列分组查询的方法
- 学会使用 WITH CUBE 和 WITH ROLLUP
- 学会使用 HAVING 子句

【工作任务】

熟悉成绩信息的查询，完成对学生成绩的各种统计、分类等要求。

【任务实施】

任务 6.3.1　完成如下查询

- 查询学号为 11001 的学生的总成绩。
- 查看成绩表中的所有学生成绩并排序。
- 求所有成绩的总和。
- 排除成绩中的所有重复值以后求和。

步骤 1：新建查询文件。

步骤 2：输入查询语句，查询学号为 11001 的学生的总成绩。

```
USE Student
GO
SELECT SUM(Student_grade) AS 总成绩
FROM Student_course
WHERE Student_id='11001'
GO
```

步骤 3：执行查询语句，结果如图 6.28 所示。

图 6.28　用 SUM 函数求总成绩

步骤 4：修改查询语句，查看成绩表中的所有学生成绩并排序。

```
USE Student
GO
SELECT Student_grade FROM Student_course ORDER BY Student_grade
```

步骤 5:执行查询语句,结果如图 6.29 所示(因为数据较多,所以只截取了部分数据)。

结果 消息

	Student_grade
1	68
2	69
3	70
4	71
5	71
6	73
7	75
8	76
9	76

图 6.29 查看所有成绩并对成绩排序

步骤 6:修改查询语句,查询所有成绩的总和以及排除成绩中重复值之后的成绩总和。

```
USE Student
GO
——求所有成绩的总和
SELECT SUM(ALL Student_grade) AS 所有成绩的总和 FROM Student_course
——排除成绩中的所有重复值以后求和
SELECT SUM(DISTINCT Student_grade) AS 消除重复成绩后成绩总和
FROM Student_course
GO
```

步骤 7:执行查询语句,结果如图 6.30 所示。

结果 消息

	所有成绩的总和
1	2081

	消除重复成绩后成绩总和
1	1256

图 6.30 比较 ALL 和 DISTINCT 参数的区别

从图 6.30 可以看出,由于成绩有重复值,因此使用 ALL 参数与使用 DISTINCT 参数的结果是不一样的,这是因为 ALL 参数是对所有数据求和,而 DISTINCT 参数是将待求和的数据消除重复值后再求和。

知识总结：

本任务中使用了聚合函数 SUM，聚合函数主要用于对基本结果集中的一组值进行某种统计计算，并返回一个单值。聚合函数的作用范围可以是基本结果集中的全部行，也可以是基本结果集的一个子集。

常用的聚合函数及其格式和功能如表 6.5 所示。

表 6.5　　常用聚合函数及功能

<table>
<tr><th>函数名称</th><th>函数格式</th><th>函数功能</th></tr>
<tr><td>SUM</td><td>SUM([ALL|DISTINCT] <表达式>)</td><td>返回表达式的和</td></tr>
<tr><td>AVG</td><td>AVG([ALL|DISTINCT] <表达式>)</td><td>返回表达式的平均值</td></tr>
<tr><td>MIN</td><td>MIN([ALL|DISTINCT] <表达式>)</td><td>返回表达式的最小值</td></tr>
<tr><td>MAX</td><td>MAX([ALL|DISTINCT] <表达式>)</td><td>返回表达式的最大值</td></tr>
<tr><td>COUNT</td><td>COUNT([ALL|DISTINCT] 列名| *)</td><td>返回统计的数据项个数</td></tr>
</table>

SUM 函数主要用于计算指定列的和，只能对数值型数据进行求和，NULL 值会被忽略。

SUM 函数的语法格式如下：

```
SUM ( [ ALL | DISTINCT ] <表达式>)
```

其中：

- ALL：默认值，表示对<表达式>的所有值求和，包括对重复的数据求和。
- DISTINCT：可选项，表示对<表达式>中的数据消除重复值后求和。

任务 6.3.2　查询并计算出学号为 11001 的学生的平均成绩

步骤 1：新建查询文件。

步骤 2：输入查询语句。

```
USE Student
GO
SELECT AVG(Student_grade) AS 平均成绩
FROM Student_course
WHERE Student_id='11001'
GO
```

步骤 3：执行查询语句，结果如图 6.31 所示。

图 6.31　用 AVG 函数求平均分

知识总结：

本任务中使用了 AVG 函数，AVG 函数主要用于计算指定列的平均值，它只能对数值型数据求平均值，NULL 值会被忽略。

AVG 函数的语法格式如下：

AVG([ALL | DISTINCT] <表达式>)

其中，ALL 和 DISTINCT 参数的作用与其在 SUM 函数中的作用一样。

任务 6.3.3 统计 Student_course 表中有多少个成绩

步骤 1：新建查询文件。

步骤 2：输入查询语句，在 COUNT 函数中使用 * 作参数实现查询。

```
USE Student
GO
--在 COUNT 函数中使用 * 作参数，返回值为表中的所有行数，包括含有 NULL 值的行
SELECT COUNT( * ) AS 成绩数量 FROM Student_course
GO
```

提示：

统计 Student_course 表中有多少个成绩其实就是统计表中的行数或者说是记录总数。

步骤 3：执行查询语句，结果如图 6.32 所示。

图 6.32 用 COUNT 函数求成绩总数

步骤 4：修改查询语句，在 COUNT 函数中使用列名作参数实现查询。

```
USE Student
GO
--在 COUNT 函数中使用列名时，返回值为该列中不含 NULL 值的行记录的个数
SELECT COUNT(Course_id) AS 成绩数量 FROM Student_course
GO
```

步骤 5：执行查询语句，结果同图 6.32。

注意：

步骤 2 和步骤 4 中使用两种方式的查询语句，其执行结果是相同的。原因是列 Course_id 不允许为空值，即该列肯定不含 NULL 值，因此使用列名与使用 * 的效果是一样的。若该列含有 NULL 值，则两种方式的查询结果不同。

知识总结：

本任务中使用了 COUNT 函数，COUNT 函数主要用来统计查询结果集中行的数量。

COUNT 函数的语法格式如下：

```
COUNT([ALL|DISTINCT] 列名|*)
```

其中：

- ALL 和 DISTINCT 参数的作用与 SUM 函数中这两个参数的功能一样。
- 在 COUNT 函数中使用列名时，返回值为查询记录集中该列不含 NULL 值的记录个数；若使用 * 作参数，返回值为查询记录集中的所有行数，包括含有 NULL 值的行。

任务 6.3.4　查询课程号为 1001 的课程的最高分和最低分

步骤 1：新建查询文件。
步骤 2：输入查询语句。

```
USE Student
GO
SELECT MAX(Student_grade) AS 最高分,MIN(Student_grade) AS 最低分
FROM Student_course
WHERE Course_id='1001'
GO
```

步骤 3：执行查询语句，结果如图 6.33 所示。

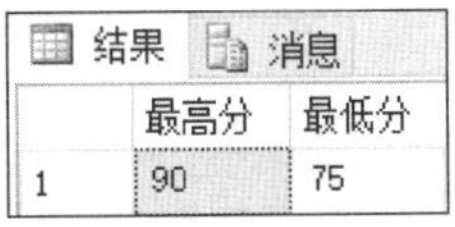

图 6.33　使用 MAX 函数和 MIN 函数求最高成绩和最低成绩

知识总结：

本任务中使用了 MAX 函数和 MIN 函数，MAX 函数主要用来统计指定列的最大值，MIN 函数主要用来统计指定列的最小值。

MAX 函数的语法格式如下：

```
MAX([ALL|DISTINCT] <表达式>)
```

MIN 函数的语法格式如下：

```
MIN([ALL|DISTINCT] <表达式>)
```

其中，ALL 和 DISTINCT 参数的作用与 SUM 函数中这两个参数的功能一样。

任务 6.3.5　查询每个同学的所有课程的总分，并按总分的升序排序

步骤 1：新建查询文件。
步骤 2：输入查询语句。

```
USE Student
GO
——使用 GROUP BY 子句将基本结果集中的学生按学号分组,然后统计总分
SELECT Student_id AS 学号,SUM(Student_grade) AS 总分
FROM Student_course
GROUP BY Student_id
ORDER BY SUM(Student_grade)
GO
```

步骤 3:执行查询语句,结果如图 6.34 所示。

结果　消息

	学号	总分
1	15002	71
2	14001	76
3	14002	80
4	15001	88
5	11001	243
6	11002	254
7	12002	297
8	13001	303
9	12001	323
10	13002	346

图 6.34　分组查询总分并排序

知识总结:

本任务中使用了 GROUP BY 子句进行分组查询,GROUP BY 子句将基本结果集中某个或某些列具有相同值的行分成一组,并在 SELECT 语句的选择列表中使用聚合函数,对该组的某列数据进行统计计算。基本结果集的分组列表字段中有多少个不同的值,就可分成多少个不同的组。

GROUP BY 子句的语法格式如下:

```
GROUP BY <分组列表> [,... n] [WITH {CUBE|ROLLUP}]
```

其中,分组列表通常是一个或者多个字段名(注意:不能是字段的别名),这些字段是分组的依据,将基本结果集中这些列具有相同值的行分成一组。

在此类查询语句的结果集中,只输出各组的统计信息。

任务 6.3.6　查询各学期每门课程参加考试的人数

步骤 1:新建查询文件。

步骤 2:输入查询语句。

```
USE Student
GO
/ * 对基本结果集使用 GROUP BY 子句按学期列和课程号列进行分组,然后统计人数 * /
SELECT Course_year AS '学期',Course_id AS '课程', COUNT( * ) AS '考试人数'
FROM Student_course
GROUP BY Course_year,Course_id
ORDER BY Course_year
GO
```

步骤 3:执行查询语句,结果如图 6.35 所示。

结果 消息

	学期	课程	考试人数
1	1	1001	6
2	1	2001	6
3	2	2002	6
4	2	4001	8

图 6.35 多列分组查询

知识总结:

使用 GROUP BY 子句时,要注意下面的规则:

- 在 GROUP BY 子句的分组列表中,不能含有 text、ntext、image 等数据类型的列。
- SELECT 语句的列表中指定的每一列也都必须出现在 GROUP BY 子句中,除非该列用于聚合函数中。
- 在 GROUP BY 子句的分组列表中,不能用列的别名,也就是说,GROUP BY 子句的分组列表中的所有字段必须是 FROM 子句中指定的表中的实际列名。
- 进行分组前可以使用 WHERE 子句消除不满足条件的行。
- 使用 GROUP BY 子句返回的组没有特定的顺序,可以使用 ORDER BY 子句指定想要的排序次序。

任务 6.3.7 统计每个学生的总考试次数及所有学生的总考试次数

步骤 1:新建查询文件。

步骤 2:输入查询语句。

```
USE Student
GO
/ * 对基本结果集按学号列分组,然后统计次数,使用 CUBE 对统计结果进行汇总 * /
SELECT Student_id AS '学号',COUNT(Student_id) AS '总考试次数'
FROM Student_course
GROUP BY Student_id
WITH CUBE
```

步骤 3:执行查询语句,结果如图 6.36 所示。

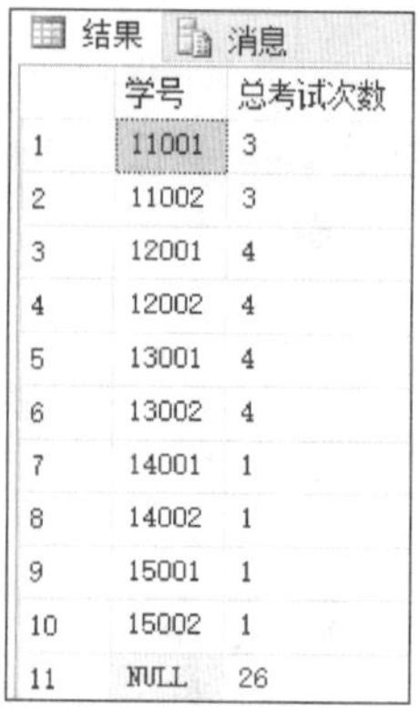

	学号	总考试次数
1	11001	3
2	11002	3
3	12001	4
4	12002	4
5	13001	4
6	13002	4
7	14001	1
8	14002	1
9	15001	1
10	15002	1
11	NULL	26

图 6.36　使用 CUBE 对统计结果进行汇总

步骤 4:输入查询语句。

```
USE Student
GO
/* 对基本结果集按学号列分组,然后统计次数,使用 ROLLUP 对统计结果进行汇总 */
SELECT Student_id AS '学号',COUNT(Student_id) AS '总考试次数'
FROM Student_course
GROUP BY Student_id
WITH ROLLUP
```

步骤 5:执行查询语句,结果同图 6.36。

> **注意:**
>
> 在 GROUP BY 分组列为单列的情况下,使用 CUBE 和 ROLLUP 都能对查询结果进行汇总,而且汇总结果一样。

任务 6.3.8　统计每个学生所有成绩中的最高分、最低分、总分和平均分,并汇总所有成绩中的最高分、最低分、总分和平均分

步骤 1:新建查询文件。

步骤 2:输入查询语句。

```
USE Student
GO
SELECT Student_id AS '学号',MAX(Student_grade) AS '最高分',MIN(Student_grade) AS '最低分',
SUM(Student_grade) AS '总分',AVG(Student_grade) AS '平均分'
FROM Student_course
GROUP BY Student_id
WITH ROLLUP   --也可以使用 WITH CUBE
```

步骤 3：执行查询语句，结果如图 6.37 所示。

	学号	最高分	最低分	总分	平均分
1	11001	88	77	243	81
2	11002	88	80	254	84
3	12001	90	68	323	80
4	12002	78	71	297	74
5	13001	88	69	303	75
6	13002	90	81	346	86
7	14001	76	76	76	76
8	14002	80	80	80	80
9	15001	88	88	88	88
10	15002	71	71	71	71
11	NULL	90	68	2081	80

图 6.37 汇总各种成绩

步骤 4：输入查询语句，给汇总行做标注。

```
USE Student
GO
SELECT CASE WHEN(Student_id IS NULL) THEN '汇总行'
            ELSE Student_id
            END,
            MAX(Student_grade) AS '最高分',
            MIN(Student_grade) AS '最低分',
            SUM(Student_grade) AS '总分',
            AVG(Student_grade) AS '平均分'
FROM Student_course
GROUP BY Student_id
WITH CUBE
```

步骤 5：执行查询语句，结果如图 6.38 所示。

CASE WHEN(Student_id IS NULL) THEN '汇总行' ELSE Student_id END 是 SELECT 子句的第一个输出列，它的功能是：若 Student_id IS NULL 成立，则(THEN)返回'汇总行'，否则(ELSE)返回 Student_id。在图 6.38 所示的输出结果中，第 1 行到第 10 行的 Student_id 均不为 NULL，因此输出 Student_id 的值，第 11 行是 CUBE 产生的汇总行，原本这里的 Student_id 输出为 NULL(参见图 6.37)，即 Student_id IS NULL 为真，因此，CASE 返回'汇总行'作为 SELECT 的输出。

	(无列名)	最高分	最低分	总分	平均分
1	11001	88	77	243	81
2	11002	88	80	254	84
3	12001	90	68	323	80
4	12002	78	71	297	74
5	13001	88	69	303	75
6	13002	90	81	346	86
7	14001	76	76	76	76
8	14002	80	80	80	80
9	15001	88	88	88	88
10	15002	71	71	71	71
11	汇总行	90	68	2081	80

图 6.38 给汇总行做标注

任务 6.3.9 统计每学期的考试人数、每门课程的考试人数和总考试人数

步骤 1:新建查询文件。

步骤 2:输入查询语句。

```
USE Student
GO
/*对基本结果集使用 GROUP BY 子句按课程号列和学期列进行分组,然后统计人数*/
SELECT Course_id AS '课程',Course_year AS '学期', COUNT(*) AS '考试人数'
FROM Student_course
GROUP BY Course_id,Course_year
GO
```

步骤 3:执行查询语句,结果如图 6.39 所示。

	课程	学期	考试人数
1	1001	1	6
2	2001	1	6
3	2002	2	6
4	4001	2	8

图 6.39 多列分组不含 CUBE 的查询

从图 6.39 可知,每门课程考试人数分别是:1001 课程为 6 人、2001 课程为 6 人、2002 课程为 6 人、4001 课程为 8 人。每学期考试人数分别是:第 1 学期为第 1 行和第 2 行的考试人数之和(6+6=12),第 2 学期为第 3 行和第 4 行的考试人数之和(6+8=14)。总考试人数为:6+6+6+8=26。但问题是,学期考试人数和总考试人数是我们人工计算得到的。

步骤 4:输入查询语句。

```
USE Student
GO
/* CUBE 子句生成的结果集中包含了所选分组列中值的所有组合的聚合结果 */
SELECT Course_id AS '课程',Course_year AS '学期', COUNT(*) AS '考试人数'
FROM Student_course
GROUP BY Course_id,Course_year
WITH CUBE
GO
```

步骤 5:执行查询语句,结果如图 6.40 所示。

结果 消息

	课程	学期	考试人数
1	1001	1	6
2	2001	1	6
3	NULL	1	12
4	2002	2	6
5	4001	2	8
6	NULL	2	14
7	NULL	NULL	26
8	1001	NULL	6
9	2001	NULL	6
10	2002	NULL	6
11	4001	NULL	8

图 6.40 多列分组含 CUBE 的查询

比较图 6.39 和图 6.40 的执行结果,可以看到后者的查询结果中增加了许多行。下面来一一分析:

首先来看新增的第 3 行和第 6 行。第 3 行是对第 1 行和第 2 行进行汇总的结果,表示第 1 学期所有课程考试人数是 12 人;第 6 行是对第 4 行和第 5 行进行汇总的结果,表示第 2 学期所有课程的考试人数是 14 人。

再来看第 7 行,此行是所有考试人数的统计结果,即总考试人数是 26 人。

最后 4 行是按照课程号进行分组的统计结果。第 8 行统计的是课程 1001 的考试人数,值为 6;第 9 行统计的是课程 2001 的考试人数,值为 6;第 10 行统计的是课程 2002 的考试人数,值为 6;第 11 行统计的是课程 4001 的考试人数,值为 8。

这样看来,CUBE 子句帮助我们实现了按课程汇总、按学期汇总和总汇总,节省了人力。

步骤 6:输入查询语句。

```
USE Student
GO
/* GROUPING()函数指明了输出结果集中哪些行是 CUBE 生成的聚合行 */
SELECT Course_id AS '课程',Course_year AS '学期', COUNT(*) AS '考试人数',
GROUPING(Course_id) AS '汇总行'
FROM Student_course
GROUP BY Course_id,Course_year
```

```
WITH CUBE
GO
```

步骤 7:执行查询语句,结果如图 6.41 所示。

结果　消息

	课程	学期	考试人数	汇总行
1	1001	1	6	0
2	2001	1	6	0
3	NULL	1	12	1
4	2002	2	6	0
5	4001	2	8	0
6	NULL	2	14	1
7	NULL	NULL	26	1
8	1001	NULL	6	0
9	2001	NULL	6	0
10	2002	NULL	6	0
11	4001	NULL	8	0

图 6.41　多列分组含 CUBE 和 GROUPING 的查询

注意步骤 6 代码中加粗的 GROUPING(Course_id) AS '汇总行'和图 6.41 中最右侧的"汇总行"列,此"汇总行"列就是由 GROUPING(Course_id) AS '汇总行'形成的一个输出列。GROUPING()函数用于指明输出的查询结果集中哪些行是由 CUBE 产生的汇总行。

CUBE 产生的汇总行是依据 GROUP BY 后的分组列进行的,GROUPING(Course_id)用于指出查询结果集中的哪些行是 CUBE 对 Course_id 列进行汇总的结果。若汇总行列值为 1,便是由 CUBE 汇总的行;反之,若汇总行列值为 0,便不是由 CUBE 汇总的行。

由图 6.41 可知,第 3、6、7 行都是 GN Course_id 列有关的汇总行,第 3 行是第 1 学期所有课程考试人数的汇总,第 6 行是第 2 学期所有课程考试人数的汇总,第 7 行是总汇总行,是所有学期所有课程考试人数的汇总。

知识总结:

- GROUPING()函数的参数要与 GROUP BY 子句中的分组列相匹配。
- WITH CUBE 可在 GROUP BY 的基础上对分组结果进行汇总,并在输出结果集中形成汇总行。
- CUBE 生成的结果集显示了所选列中值的所有组合的聚合。

任务 6.3.10　统计每门课程考试人数、总考试人数

步骤 1:新建查询文件。

步骤 2:输入查询语句。

```
USE Student
GO
/* ROLLUP 生成的结果集中包含依据 Course_id 列分组后的汇总结果行 */
SELECT Course_id AS '课程',Course_year AS '学期', COUNT( * ) AS '考试人数'
FROM Student_course
GROUP BY Course_id,Course_year
WITH ROLLUP
GO
```

步骤 3:执行查询语句,结果如图 6.42 所示。

	课程	学期	考试人数
1	1001	1	6
2	1001	NULL	6
3	2001	1	6
4	2001	NULL	6
5	2002	2	6
6	2002	NULL	6
7	4001	2	8
8	4001	NULL	8
9	NULL	NULL	26

图 6.42　统计每门课程考试人数、总考试人数(含 ROLLUP 的查询)

依据图 6.42 可知,ROLLUP 子句使生成的查询结果集中包含了依据 GROUP BY 子句中的 Course_id 列的值进行分组后的汇总结果行。这些行分别是第 2 行、第 4 行、第 6 行和第 8 行。第 2 行表示课程 1001 各学期的考试人数汇总,第 4 行表示课程 2001 各学期的考试人数汇总,第 6 行表示课程 2002 各学期的考试人数汇总,第 8 行表示课程 4001 各学期的考试人数汇总。最后一行第 9 行是总汇总行,表示所有考试人数是 26 人。

步骤 4:输入查询语句。

```
USE Student
GO
/* GROUPING( )函数指明哪些行是 ROLLUP 添加的汇总行 */
SELECT Course_id AS '课程',Course_year AS '学期', COUNT( * ) AS '考试人数',
GROUPING(Course_year) AS '汇总行'
FROM Student_course
GROUP BY Course_id,Course_year
WITH ROLLUP
GO
```

步骤 5:执行查询语句,结果如图 6.43 所示。

步骤 4 的代码用 GROUPING(Course_year) AS '汇总行'指出查询结果集中哪些行是由 ROLLUP 对 Course_year 列执行汇总的结果。"汇总行"值为 1 的记录是 ROLLUP 在 Course_id 列分组的基础上对所有学期的考试人数进行汇总的结果行。

	课程	学期	考试人数	汇总行
1	1001	1	6	0
2	1001	NULL	6	1
3	2001	1	6	0
4	2001	NULL	6	1
5	2002	2	6	0
6	2002	NULL	6	1
7	4001	2	8	0
8	4001	NULL	8	1
9	NULL	NULL	26	1

图 6.43　统计每门课程考试人数、总考试人数(含 GROUPING 的查询)

知识总结:

- WITH ROLLUP 可在 GROUP BY 的基础上对分组结果进行汇总,并在输出结果集中形成汇总行。
- ROLLUP 生成的结果集显示了所选列的值的某一层次结构的聚合。

任务 6.3.11　统计每学期考试人数、总考试人数

步骤 1:新建查询文件。

步骤 2:输入查询语句。

```
USE Student
GO
/* ROLLUP 生成的结果集中包含依据 Course_year 列分组后的汇总结果行 */
SELECT Course_year AS '学期',Course_id AS '课程', COUNT(*) AS '考试人数'
FROM Student_course
GROUP BY Course_year,Course_id
WITH ROLLUP
GO
```

步骤 3:执行查询语句,结果如图 6.44 所示。

	学期	课程	考试人数
1	1	1001	6
2	1	2001	6
3	1	NULL	12
4	2	2002	6
5	2	4001	8
6	2	NULL	14
7	NULL	NULL	26

图 6.44　统计每学期考试人数、总考试人数(含 ROLLUP 的查询)

依据图 6.44 可知，ROLLUP 子句使生成的查询结果集中包含了依据 GROUP BY 子句中的 Course_year 列的值进行分组后的汇总结果行。这些行分别是第 3 行、第 6 行和第 7 行。第 3 行表示第 1 学期各门课程的考试人数汇总，第 6 行表示第 2 学期各门课程的考试人数汇总，第 7 行是总汇总行，表示所有考试人数是 26 人。

步骤 4：输入查询语句。

```
USE Student
GO
/* ROLLUP 生成的结果集中包含依据 Course_year 列分组后的汇总结果行 */
SELECT Course_year AS '学期',Course_id AS '课程', COUNT( * ) AS '考试人数',
GROUPING(Course_id) AS '汇总行'
FROM Student_course
GROUP BY Course_year,Course_id
WITH ROLLUP
GO
```

步骤 5：执行查询语句，结果如图 6.45 所示。

结果　消息

	学期	课程	考试人数	汇总行
1	1	1001	6	0
2	1	2001	6	0
3	1	NULL	12	1
4	2	2002	6	0
5	2	4001	8	0
6	2	NULL	14	1
7	NULL	NULL	26	1

图 6.45　统计每学期考试人数、总考试人数(含 GROUPING 的查询)

步骤 4 的代码用 GROUPING(Course_id) AS '汇总行'指出查询结果集中哪些行是由 ROLLUP 针对 Course_id 列执行汇总的结果。“汇总行”值为 1 的记录表示 ROLLUP 在 Course_year 列分组的基础上对所有课程的考试人数进行汇总的结果行。

任务 6.3.12　求第 2 学期考试平均分高于 80 分的所有学生

步骤 1：新建查询文件。

步骤 2：输入查询语句。

```
USE Student
GO
SELECT Student_id AS 学号,AVG(Student_grade) AS 平均分
FROM Student_course
WHERE Course_year=2
GROUP BY Student_id
HAVING AVG(Student_grade)>80
GO
```

提示：

首先，需要求出每个学生的平均分，因此要按照学号分组；其次，求得平均分后要过滤出高于80分的学生，即分组查询后只输出满足指定条件的行，因此需要使用HAVING子句。

步骤3：执行查询语句，结果如图6.46所示。

结果　消息

	学号	平均分
1	11002	88
2	12001	82
3	13002	87
4	15001	88

图6.46　使用HAVING子句筛选分组结果

知识总结：

(1)如果分组以后还需要按一定的条件对结果集中的汇总数据进行筛选，即只输出满足指定条件的分组结果，那么可以使用HAVING子句。HAVING子句的格式为：

```
HAVING ＜查询条件＞
```

(2)在SELECT语句中，若HAVING子句不与GROUP BY子句一起使用，则其功能与WHERE子句一样。

(3)当WHERE和GROUP BY与HAVING子句同时在一个SELECT语句中被使用的时候，它们执行的先后顺序和作用都不一样，其区别如下：

- HAVING子句和WHERE子句在执行时的先后顺序不一致，WHERE子句先于HAVING子句执行：首先由WHERE子句筛选记录组成基本结果集，然后GROUP BY对基本结果集中的行分组，聚合函数再对各组进行统计计算，最后HAVING子句对汇总数据过滤。
- HAVING子句中可以包含聚合函数，但是WHERE子句中不可以包含聚合函数。

学习子情境6.4　查询综合信息

【情境描述】

在教务处的管理工作中，除了会遇到学生信息、成绩信息、课程信息等信息的查询要求外，还会碰到其他更为复杂的查询要求，这些查询不仅仅局限于单独的学生、成绩或者是课程信息，往往会同时涉及以上几部分内容的综合信息，这时就需要运用多表连接查询和嵌套查询等高级查询来完成相应的查询工作。

【技能目标】

- 学会使用内连接查询多个表的数据
- 学会使用外连接查询多个表的数据
- 学会使用IN子查询

- 学会使用比较子查询
- 学会使用 EXISTS 子查询

【工作任务】

熟悉多表连接查询和嵌套查询，并用其完成相应的综合信息的查询工作。

【任务实施】

任务 6.4.1 查询所有学生的学号、姓名、课程号和成绩

步骤 1：新建查询文件。

步骤 2：输入查询语句。

```
USE Student
GO
/* 因为学生的姓名在表 Students 里面，课程号和成绩在表 Student_course 里面，所以查询数据源有两个表，这两个表有一相同的字段 Student_id，可以将这两个表的 Student_id 字段数据相等作为查询连接条件，完成内连接查询 */
SELECT Students.Student_id, Students.Student_name,
        Student_course.Course_id, Student_course.Student_grade
FROM Students INNER JOIN Student_course
        ON  Students.Student_id= Student_course.Student_id
GO
```

注意：

当 FROM 后的数据源有多个表且这些表中有同名的字段时，若要在结果集中输出这些同名字段，则必须要在 SELECT 输出的列名前冠以表名，并用点号(.)将表名和列名分隔开，以指明该列属于哪个表，否则会出现“列名不明确”的错误。例如，步骤 2 中的 Students.Student_id，表示 Student_id 是表 Students 的字段。若无同名的字段则可以限定表名，也可以不限定表名。

步骤 3：执行查询语句，结果如图 6.47 所示(因为查询结果的数据较多，限于篇幅，这里仅截取部分结果)。

结果 消息

	Student_id	Student_name	Course_id	Student_grade
1	11001	叶海平	1001	88
2	11002	景风	1001	86
3	11001	叶海平	2001	78
4	11002	景风	2001	80
5	11001	叶海平	2002	77
6	11002	景风	2002	88
7	12001	华丽佳	1001	90
8	12002	范治华	1001	75
9	12001	华丽佳	2001	68

图 6.47 内连接查询

注意：

从查询结果可以看出，只有满足连接条件的记录出现在了结果集中，这种连接查询称为内连接。

步骤 4：修改查询语句，使用表的别名。

```
USE Student
GO
/* 如果 SELECT 语句的数据源名字比较长，可以为这些表名或视图名指定一个较短的别名；所谓别名，
就是为查询数据源在当前 SELECT 语句中起的一个简短的外号 */
SELECT S.Student_id,S.Student_name,SC.Course_id, SC.Student_grade
FROM Students AS S INNER JOIN Student_course AS SC
                        ON S.Student_id= SC.Student_id
GO
```

注意：

FROM 子句中 Students AS S 是为表 Students 指定一个别名 S，在本 SELECT 查询语句中，其他地方需要用到表名 Students 的时候，就可以用 S 代替 Students。Student_course AS SC 的含义和使用方法也是如此。

步骤 5：执行查询语句，结果同图 6.47。

知识总结：

(1)FROM 子句的主要功能是为 SELECT 语句指定查询数据源，也可以为数据源指定别名。其语法格式如下：

```
FROM {表名|视图名} [[AS] 别名][,...n]
```

FROM 子句指定的数据源可以是一个或多个表或视图。视图和表在做查询数据源时，其作用是一样的。

当有多个数据源时，各数据源名称之间可以用逗号(,)分隔。

(2)数据库中的多个表之间一般都存在某种内在的联系，这种联系一般表现为一个或多个字段提供共同的信息，例如学生表和成绩表中都有学号字段，它们都存储学生的学号信息。在实际应用中，常常需要从多个源表或视图中根据其内在联系查询数据，这种查询称为连接查询。

连接查询是关系数据库中最主要的查询。连接查询有很多种，如内连接、外连接、自连接、交叉连接等，其中外连接又包括左连接、右连接、全连接。

(3)本任务中使用了内连接查询。所谓内连接，是指多个数据源通过相关列的值满足连接条件进行的匹配连接，并从这些表中提取数据组合成新的行输出。

内连接的特点是，作为数据源的多个表输出的记录都必须满足查询连接条件，才会出现在结果集中，否则不会输出。

内连接是最常用的连接类型，可以通过在 FROM 子句中使用 INNER JOIN 来实现，其语法格式如下：

```
FROM <表 1> { [INNER] JOIN <表 2> ON <条件表达式>}[...n]
```

其中：

- <表 1>和<表 2>是要连接的表的名字。
- <条件表达式>是指定两个表连接的条件。

任务 6.4.2　查询所有课程的课程名和相关学生的成绩，包括没有登记过成绩的课程

步骤 1：新建查询文件。

步骤 2：输入查询语句，使用左连接完成查询。

```
/＊本查询涉及成绩表和课程表，因要查看所有课程（不论是否已经登记成绩），也就是说，需要显示课程表中所有记录，故可以使用外连接查询＊/
USE Student
GO
——使用左连接查询，保留左表中不匹配的行
SELECT C. Course_name, SC. Student_id, SC. Student_grade
FROM Courses AS C LEFT JOIN Student_course AS SC
        ON SC. Course_id = C. Course_id
        ORDER BY Student_grade
GO
```

步骤 3：执行查询语句，结果如图 6.48 所示（限于篇幅，仅截取部分查询结果）。在查询结果集中，除了查出所有课程的成绩以外，还发现网页设计与制作、电子商务安全与管理、网络营销课程还没有登记学生成绩。

结果　消息

	Course_name	Student_id	Student_grade
1	网页设计与制作	NULL	NULL
2	电子商务安全与管理	NULL	NULL
3	网络营销	NULL	NULL
4	英语1	12001	68
5	英语1	13001	69
6	英语2	13001	70
7	网络数据库	15002	71
8	网络数据库	12002	71

图 6.48　左连接查询

步骤 4：修改查询语句，使用右连接完成查询。

```
USE Student
GO
--使用右连接查询，保留右表中不匹配的行
SELECT C.Course_name, SC.Student_id, SC.Student_grade
FROM Student_course AS SC RIGHT JOIN Courses AS C
        ON SC.Course_id = C.Course_id
ORDER BY Student_grade
GO
```

步骤 5：执行查询语句，结果同图 6.48。

知识总结：

(1)本任务中使用了外连接查询，外连接查询与内连接查询不同，内连接查询返回的结果集只包含两表中都满足连接条件的记录，而外连接查询还会把某些不满足条件的记录输出来。

外连接根据对表的限制情况，可以分为左连接、右连接和全连接。

(2)左连接。左连接是指连接两表时，保留左表中不匹配的行。

左连接可以通过在 FROM 子句中使用 LEFT JOIN 来实现，其语法格式如下：

```
FROM <表 1> { LEFT [OUTER] JOIN <表 2> ON <条件表达式>}
```

其中<表 1>为左表，<表 2>为右表。

(3)右连接。右连接是指连接两表时，保留右表中不匹配的行。

右连接可以通过在 FROM 子句中使用 RIGHT JOIN 来实现，其语法格式如下：

```
FROM <表 1> {RIGHT [OUTER] JOIN <表 2> ON <条件表达式>}
```

(4)全连接。全连接是指连接两表时，结果集除了返回内连接的行以外，还在结果集中输出两个表中所有不符合连接条件的记录。

全连接可以通过在 FROM 子句中使用 FULL JOIN 来实现，其语法格式如下：

```
FROM <表 1> { FULL [OUTER] JOIN <表 2> ON <条件表达式>}
```

任务 6.4.3 查找 2020011 班全班同学的成绩单

步骤 1：新建查询文件。

步骤 2：输入查询语句。

```
USE Student
GO
SELECT *
FROM Student_course
WHERE Student_id IN
    (SELECT Student_id FROM Students WHERE Student_classid='2020011')
GO
```

提示：

若要查找2020011班全班同学的成绩单，必须先在学生表中查到2020011班的所有同学学号，然后根据查到的学号，在成绩表中查询这些同学的成绩单。

如果进行分步查询，则步骤如下：

(1)查找2020011班的所有同学学号。

```
USE Student
GO
SELECT Student_id FROM Students WHERE Student_classid='2020011'
GO
```

查询结果为11001和11002。

(2)根据查找到的学号11001和11002，在成绩表中查询这些学生的成绩单。

```
USE Student
GO
SELECT * FROM Student_course WHERE Student_id='11001' OR Student_id='11002'
GO
```

可以将上述两个语句合并成为嵌套查询：将查询2020011班的所有学生学号的语句作为子查询，使用学号继续查询成绩的语句做父查询。

步骤3：执行查询语句，结果如图6.49所示。

结果 消息

	SC_id	Student_id	Course_id	Student_grade	Course_year
1	1	11001	1001	88	1
2	2	11002	1001	86	1
3	3	11001	2001	78	1
4	4	11002	2001	80	1
5	5	11001	2002	77	2
6	6	11002	2002	88	2

图6.49 使用IN子查询

知识总结：

(1)本任务中使用了嵌套查询。所谓嵌套查询，是指在一个SELECT查询块内再嵌入一个SELECT查询。一个SELECT－FROM－WHERE语句称为一个查询块。被内嵌的查询称为子查询，处于外层的SELECT查询块称为父查询。

嵌套查询一般的处理方法是由内向外处理，即每个子查询在上一层查询处理之前执行，子查询的结果用于建立其父查询的查找条件。

通常情况下，嵌套查询都可以写成连接查询形式，但是有时候写成连接查询形式会比较复杂，不容易理解，因此将其写成嵌套子查询的形式，将复杂的查询分解成简单的、易理解的子查询。但是，子查询的执行需要增加一些附加的操作，如排序等，而连接查询不需要增加附加的操作，所以连接查询的执行速度比较快，从这一点来说，连接查询优于子查询。

(2)使用子查询的时候要注意以下几点：

①子查询需要用圆括号括起来。

②子查询内还可以再嵌套子查询。

③子查询的 SELECT 语句中不能使用 image、text、next 等数据类型。

④子查询返回的结果值的数据类型必须匹配新增列或 WHERE 子句中的数据类型。

⑤子查询中不能使用 INTO 子句。

⑥子查询中不能使用 ORDER BY 子句，ORDER BY 子句只能对最终查询结果进行排序。

(3)本任务中使用了 IN 子查询，IN 子查询用于判断一个给定值是否在子查询结果集中。在嵌套查询中，子查询的结果往往是一个集合，所以 IN 是嵌套查询中最常使用的谓词。

IN 子查询的语法格式如下：

```
<表达式> [NOT] IN (子查询)
```

IN 子查询的结果集只能返回一列数据。当表达式中的值与子查询结果集中的任何一个值相等的时候，返回 TRUE，否则返回 FALSE；若使用了 NOT，则恰好相反。

(4)本任务中的子查询条件不依赖父查询，这类子查询称为不相关子查询。不相关子查询是最简单的子查询。

任务 6.4.4 查询所有平均成绩超过全体学生平均成绩的学生清单

步骤 1：新建查询文件。

步骤 2：输入查询语句。

```
USE Student
GO
--查询全体学生平均分
SELECT AVG(Student_grade) AS '全体学生平均分' FROM Student_course
--查询所有平均成绩超过全体学生平均成绩的学生
SELECT Student_id,AVG(Student_grade) FROM Student_course
GROUP BY Student_id
HAVING AVG(Student_grade)>= ALL
      (SELECT AVG(Student_grade) FROM Student_course)
GO
```

提示：

所要求的学生的平均成绩需要与全体学生平均成绩做比较，而使用平均成绩进行比较要用到聚合函数，因此，不能使用 WHERE 子句进行筛选，只能使用 HAVING 子句来筛选。

步骤 3:执行查询语句,结果如图 6.50 所示。

结果 消息

	全体学生平均分
1	80

	Student_id	(无列名)
1	11001	81
2	11002	84
3	12001	80
4	13002	86
5	14002	80
6	15001	88

图 6.50 比较子查询

知识总结:

本任务中使用了比较子查询,比较子查询是指父查询与子查询之间用比较运算符进行关联。如果能够确切地知道子查询返回的是单个值时,就可以使用比较子查询。

这种子查询可以看成是 IN 子查询的扩展,它使表达式的值与子查询的结果进行比较运算,其格式为:

```
<表达式> {<|<=|=|>|>=|! =|<>|! <|! >} [ALL|SOME|ANY] (子查询)
```

其中:

- ALL 指定表达式要与子查询结果集中的每个值都进行比较,当表达式与每个值都满足比较关系的时候,才返回 TRUE,否则返回 FALSE。
- SOME 和 ANY 表示当表达式与子查询结果集中的某个值满足比较关系时,返回 TRUE,否则返回 FALSE。

任务 6.4.5 查出还没有在成绩表中登记成绩的所有课程信息

步骤 1:新建查询文件。

步骤 2:输入查询语句。

```
USE Student
GO
SELECT * FROM Courses
WHERE NOT EXISTS(SELECT *
                FROM Student_course
                WHERE Courses. Course_id =Student_course. Course_id)
GO
```

提示：

查询没有在成绩表中登记成绩的课程，换句话说，就是在成绩表中没有任何记录和信息的课程。此查询涉及两个表：课程表 Courses 和成绩表 Student_course。这两个表由 Course_id 字段关联。

步骤 3：执行查询语句，结果如图 6.51 所示。

结果 消息

	Course_id	Course_name	Course_period	Course_credit	Course_kind	Course_describe
1	3001	网页设计与制作	72	2	专业课	NULL
2	5001	电子商务安全与管理	64	3	专业课	NULL
3	6001	网络营销	72	2	专业课	NULL

图 6.51 EXISTS 子查询

知识总结：

（1）用 EXISTS 关键字引入一个子查询时，子查询的查询条件依赖父查询的某个列，这个依赖条件一般在子查询的查询条件（WHERE 子句）中体现出来，父查询的 WHERE 子句根据依赖条件，测试子查询结果集中的行是否存在：如果存在，返回 TRUE，否则返回 FALSE。若 EXISTS 关键字与 NOT 连用，则结果相反。

例如本任务中的实现代码，其处理过程就是这样的：

①取出课程表 Courses 中第一行的 Course_id 字段值。

②执行子查询：在成绩表 Student_course 的 Course_id 字段中查找是否有第一步取出的值。若有，返回 FALSE；若无，则返回 TRUE。

③根据第二步返回的布尔值决定是否输出该行的数据。

④重复前面三个步骤，直到对所有行的查询结束。

（2）当子查询的条件依赖于外层父查询的某个列的值时，这类查询称为相关子查询。带有 EXISTS 子查询的语句就是相关子查询。子查询实际上不产生任何结果集。查询结果集中只输出返回 TRUE 的记录。

EXISTS 子查询语法格式如下：

```
WHERE [NOT] EXISTS (子查询)
```

任务 6.4.6　将任务 6.4.3 的查询结果集保存到临时表中并查看

步骤 1：新建查询文件。

步骤 2：输入查询语句。

```
USE Student
GO
SELECT *
INTO #ABC
FROM Student_course
WHERE Student_id IN
    (SELECT Student_id FROM Students WHERE Student_classid='2020011')
GO
```

步骤 3:执行上述语句,将查询结果集保存至本地临时表#ABC。

步骤 4:在【对象资源管理器】中依次展开【数据库】|【系统数据库】|【tempdb】|【临时表】,在【临时表】上单击鼠标右键,在打开的快捷菜单中执行刷新命令,可以看到临时表被存放在系统数据库 tempdb 中,如图 6.52 所示。

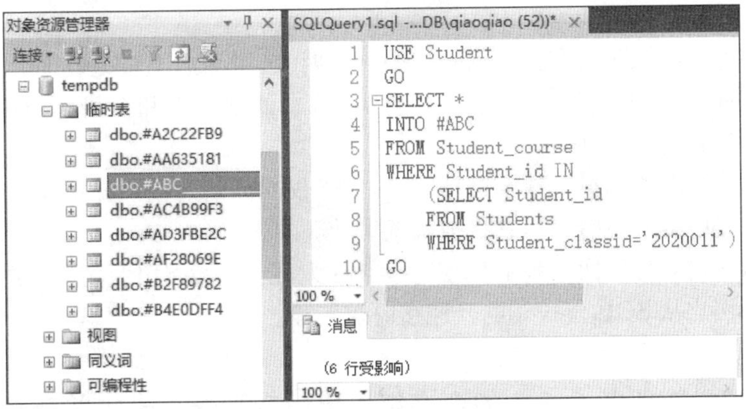

图 6.52 将查询结果集保存到临时表中

步骤 5:新建查询文件,执行下面的语句查询临时表#ABC,执行结果如图 6.53 所示。由图可见,查询结果集是存放在临时表中的。

```
SELECT * FROM #ABC
GO
```

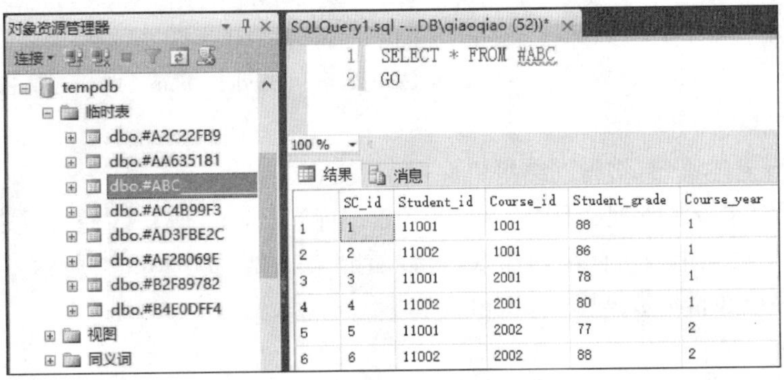

图 6.53 查询本地临时表#ABC

步骤 6:修改步骤 2 的查询语句,将查询结果集保存至全局临时表##ABC 中。

```
USE Student
GO
SELECT *
--只有此处与步骤 2 的语句不同,全局临时表以##开头
INTO ##ABC
FROM Student_course
WHERE Student_id IN
    (SELECT Student_id FROM Students WHERE Student_classid='2020011')
GO
```

步骤 7:执行语句并查看全局临时表##ABC,全局临时表的存放位置与本地临时表相同,在此不做赘述。

知识总结:

本任务将查询结果集保存到了临时表中。临时表,顾名思义就是临时存在的表,它存储在系统数据库 tempdb 中。临时表有两种类型:本地临时表和全局临时表。它们在名称、可见性以及可用性上有区别:

本地临时表的名称以单个数字符号(#)打头,仅对当前的用户连接是可见的,当用户从 SQL Server 实例断开连接时,它将被系统自动删除。

全局临时表的名称以两个数字符号(##)打头,创建后对任何用户都是可见的,当所有引用该表的用户从 SQL Server 断开连接时被删除。

任务 6.4.7 将任务 6.4.5 的查询结果集保存到永久表中并查看

步骤 1:新建查询文件。

步骤 2:输入查询语句。

```
USE Student
GO
SELECT *
INTO ABC
FROM Courses
WHERE NOT EXISTS(SELECT * FROM Student_course
                        WHERE Courses.Course_id =Student_course.Course_id)
GO
```

步骤 3:执行上述语句,将查询结果集保存至表 ABC。

步骤 4:在【对象资源管理器】中依次展开【数据库】|【Student】|【表】,在【表】上单击鼠标右键,在打开的快捷菜单中执行刷新命令,可以看到表 ABC,如图 6.54 所示。从图中可以看出,表 ABC 被存放在目标数据库 Student 中。

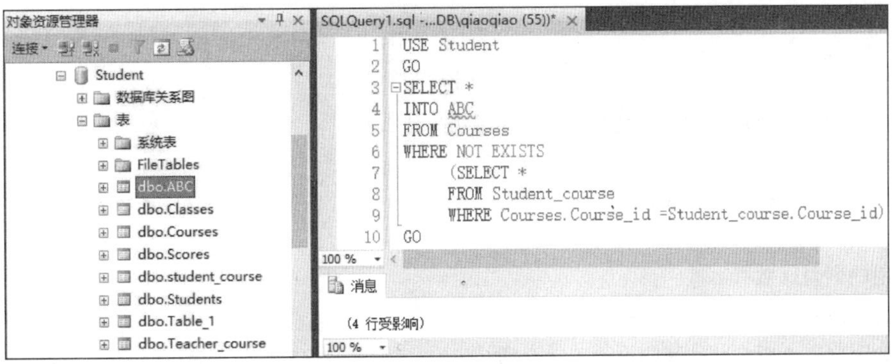

图 6.54　将查询结果集保存到永久表中

步骤 5:执行下面的语句查询表 ABC,执行结果如图 6.55 所示。

```
USE Student
GO
SELECT * FROM ABC
GO
```

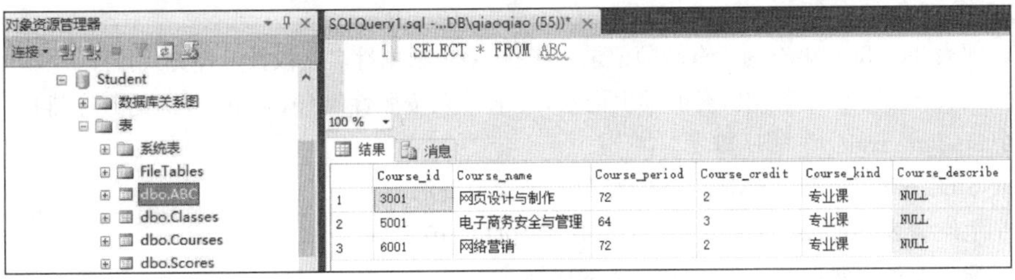

图 6.55　查询表 ABC

知识总结:

本任务将查询结果集存放在了永久表中,永久表被存放在目标数据库中,任何在数据库中有使用该表权限的用户都可以使用该表,除非它被删除。永久表不会与临时表一样被系统自动删除。

归纳总结

查询是数据库应用中最常用的操作,本学习情境通过查询课程信息、查询学生信息、查询成绩信息、查询综合信息四个子情境介绍了基本的、常用的 SQL 查询语句,向读者阐述了 SELECT 语句的基本语法和常用查询方法,包括查询的基本概念、控制结果集的行和列、对查询结果进行排序、条件查询、聚合函数、分组查询、嵌套查询、将查询结果集保存到表中等,这些知识是数据库其他操作的基础。

习 题

理论题

1. 什么是查询？查询分为哪几类？基本查询语句是什么？
2. 为查询结果集的列指定别名有哪几种方式？
3. 什么叫排序？排序的方式有哪几种？MS SQL Server 2012 的默认排序方式是什么？
4. 什么叫连接查询？连接查询有哪几种？
5. 常用的聚合函数有哪些？
6. 什么叫嵌套查询？
7. 什么叫相关子查询？什么叫不相关子查询？
8. 什么是临时表？什么是永久表？它们之间的区别是什么？

操作题

1. 在 Student 数据库中完成下面的查询任务：

(1)查询教师表 Teachers 中的所有教师的全部信息。

(2)查询教师表 Teachers 中的所有教师的教师号和姓名。

(3)在成绩表 Student_course 中查询学生的学号、课程号、成绩和新成绩(在原始成绩分数的基础上加 10 分)。

(4)查询班级表 Classes 中的所有班级的班级号和班级名称，并为结果集中的列分别指定中文别名：班级编号，班级名称。

(5)在教师表 Teachers 中查询所有教师记录，并使结果集根据姓名字段按升序方式排序。

(6)在学生表 Students 中查询所有的学生记录，要求首先按照性别(Student_sex)的升序排序，性别相同的按照姓名(Student_name)的降序排序。

(7)在表 Students 中查询所有学生的班级，要求消除重复的行。

(8)在学生成绩表 Student_course 中查询所有成绩的前 10 名。

(9)在成绩表中查询课程号为 2001 的课程的成绩。

(10)查询课程号为 2001 的课程且成绩在 70 分以上的所有学生的成绩。

(11)在成绩表中查询成绩在 70～75 分(含 70 和 75)的所有学生的成绩。

(12)查询除了学号为 12001、12002 的学生以外的其他所有学生信息。

(13)查询所有姓李的同学。

(14)查询学生的学号、姓名、课程号和成绩。

(15)查询并计算出学号为 15001 的学生的总成绩。

(16)查询并计算出学号为 15001 的学生的各科平均成绩。

(17)统计所有学生人数。

(18)查询所有课程的最高分。

(19)查询所有课程的最低分。

(20)查询每个同学的所有课程的总分，并按总分的升序排序。

(21)统计每个班的男生和女生人数。

(22)统计各班男女生人数、各班人数、男女生人数和全部学生人数。

(23)求平均分高于 70 分的所有学生。

(24)查询所有成绩，并求其平均分、最高分、最低分。

(25)查询所有平均成绩超过全体学生平均成绩的清单。

(26)查询所有班级的课程及其授课教师，将结果集存到本地临时表＃ABCD 中。

2. 在 MyLibrary 数据库中完成下面的查询任务：

(1)查询 Book 表中价格大于 50 元的所有书籍。

(2)查询书籍名称、作者、价格、出版社、出版社联系电话等信息。

(3)查询借出但未归还的图书。

(4)查询哪些读者(读者名)被罚款及罚款的相关信息。

(5)查询读者名和读者的身份类型信息。

(6)查询需要修复的书籍名及破损情况。

(7)查询哪些书籍超期未还(假设当前日期是 2021 年 1 月 1 日)。

(8)查询 Book 表中的 Bname、Author 列,并分别起列别名为"书籍名""作者"。

(9)请你自己设计一些查询要求,并写出查询代码。

注意:

可使用本书提供的 MyLibrary 数据库完成此题的查询任务。在编写代码之前,要先了解各表的列的含义,方法如下:

在【对象资源管理器】的 MyLibrary 数据库中,展开【表】节点,右键单击某表名,从打开的快捷菜单中选择【设计】,打开表设计器,选中某列,在该列的【列属性】中查看【说明】,即可看到该列的文字描述。如图 6.56 所示是查看 Book 表的 BID 列的说明。

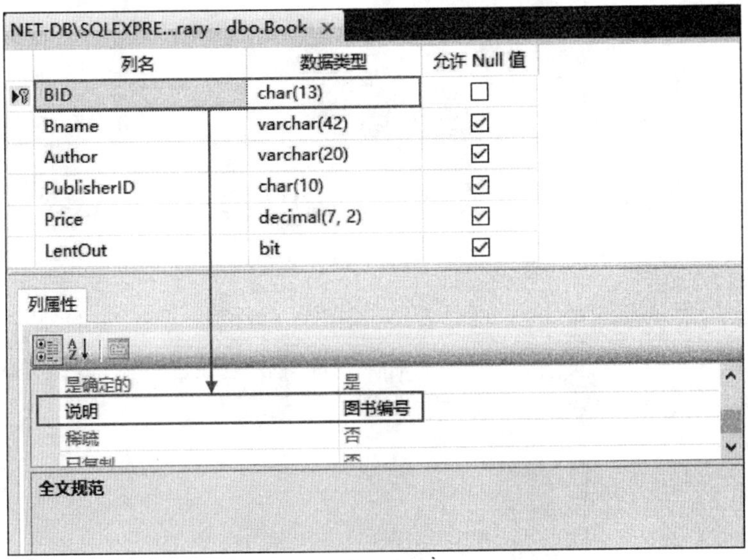

图 6.56　查看 Book 表的 BID 列的说明

学习情境 7　使用索引

【情境描述】

当学生信息管理系统的数据库设计好之后，用户就可以通过该数据库查询学生的相关信息，但在使用过程中小杨发现随着数据量的不断增大，数据查询的速度在逐渐地降低，因此小杨为数据库创建索引，以提高数据查询的速度。

【技能目标】

- 掌握索引的用途
- 学会熟练地为数据库创建和管理索引

学习子情境 7.1　创建、管理和使用学生信息表索引

【情境描述】

学校每学年都有大量新生入学，这些新生的相关信息都会被保存到学生信息表中。当一个表的数据容量达到一定数量时，如何保证对该表准确快速地进行查询，就是一个很重要的问题。为此，小杨决定为学生信息表建立索引。

【技能目标】

- 掌握索引的基本概念
- 熟练使用 Management Studio 创建索引、删除索引
- 学会使用 T-SQL 语句创建索引、删除索引
- 理解唯一索引

【工作任务】

为数据库中的学生信息表创建索引。

【任务实施】

任务 7.1.1　使用 Management Studio 为 Students 表的 Student_sex 列创建索引 IX_Student_sex

任务7.1.1视频

步骤 1：在【对象资源管理器】中展开 Student 数据库，再展开其下的【表】节点。右键单击 Students 表，在弹出的快捷菜单中选择【设计】选项。

步骤 2：单击工具栏上的（管理索引和键）按钮，打开【索引/键】对话框，如

图 7.1 所示。

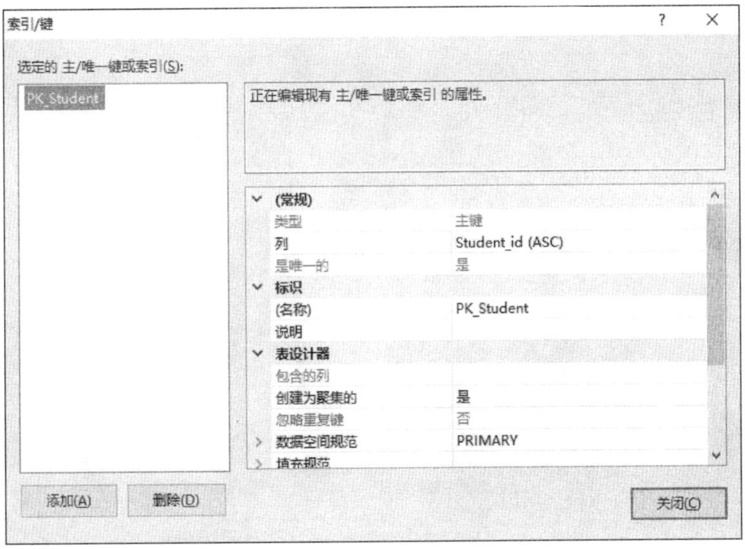

图 7.1　【索引/键】对话框

注意：

在表中创建主键约束或唯一约束时，SQL Server 将自动在建有这些约束的列上创建唯一索引。删除主键约束或唯一约束时，创建在这些列上的唯一索引也会被自动删除。在前面的章节中已经为 Students 表创建了一个基于 Student_id 列的主键约束 PK_Student，因此在图 7.1 中的【选定的 主/唯一键或索引】列表中出现了索引名称 PK_Student。

步骤 3：单击【添加】按钮，在【标识】|【(名称)】框中输入索引名“IX_Student_sex”，再单击【(常规)】|【列】编辑框右侧的按钮，如图 7.2 所示。

注意：

可在【(常规)】|【是唯一的】选项的下拉列表中选择是否创建唯一索引，默认值为“否”，表示不创建唯一索引，即索引列的值不要求唯一；若选择“是”，则要求建立索引的列的值必须唯一。这里要为性别列建立索引，性别值在表中是不唯一的，因此，这里选择不建立唯一索引。

步骤 4：打开如图 7.3 所示的【索引列】对话框，在【列名】下拉列表中选择 Student_sex 列，在【排序顺序】下拉列表中选择索引排序规则为降序。设置完成后，单击【确定】按钮返回上一级对话框。

步骤 5：单击【关闭】按钮，关闭【索引/键】对话框。再单击标准工具栏上的按钮，保存新创建的索引。

注意：

同一个表中的索引名不允许重复，并且索引名应该遵循 SQL Server 的命名规则。

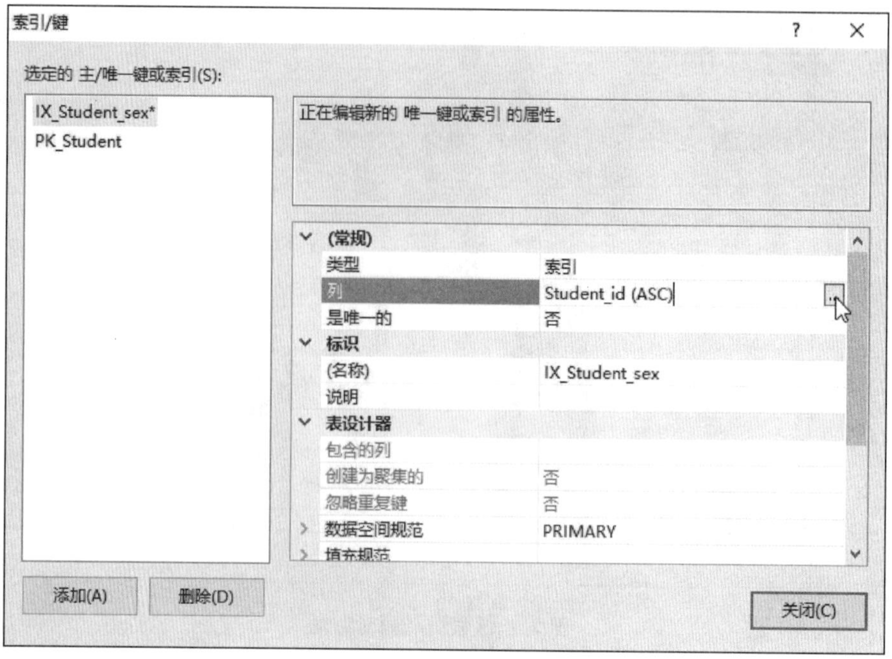

图 7.2　添加新索引

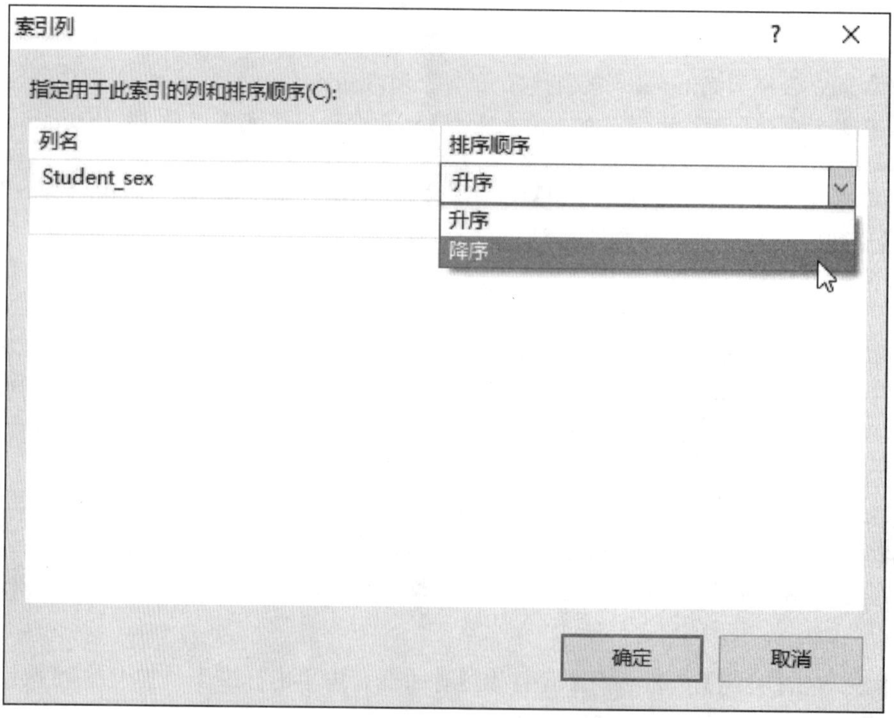

图 7.3　设置索引列及索引顺序

知识总结：

索引是对数据库表中一列或多列的值进行排序的一种结构，使用索引可快速访问数据库表中的指定信息。

数据库的索引与书籍目录类似，如果不想逐页查找指定的内容而是想快速查找指定内容，那么最好的办法就是通过书籍目录中给定的对应页码快速找到指定的内容。类似地，索引也是通过数据库表中的索引关键值来指向表中的数据行，这样在查找数据时数据库引擎不用扫描整个表就能快速定位到所需要的数据行。不过，一本书一般只有一个目录，而一张表却可以在不同的列上创建多个索引。

本任务为 Students 表的 Student_sex 列创建了索引 IX_Student_sex，在查询性别的时候，数据库引擎就可以通过使用该索引快速找到所查数据在表中的位置。

任务 7.1.2　使用 T-SQL 语句为 Students 表的 Student_name 列创建索引，以后按学生姓名查询信息时就能够提高查询速度

步骤 1：新建查询文件。

步骤 2：输入如下 T-SQL 语句创建索引。

```
USE Student
GO
CREATE UNIQUE NONCLUSTERED INDEX IX_student_name
    ON Students (student_name)
GO
```

步骤 3：执行语句。

步骤 4：在【对象资源管理器】中展开表 Students 的【索引】节点，查看任务 7.1.1 和任务 7.1.2 创建的索引，如图 7.4 所示。

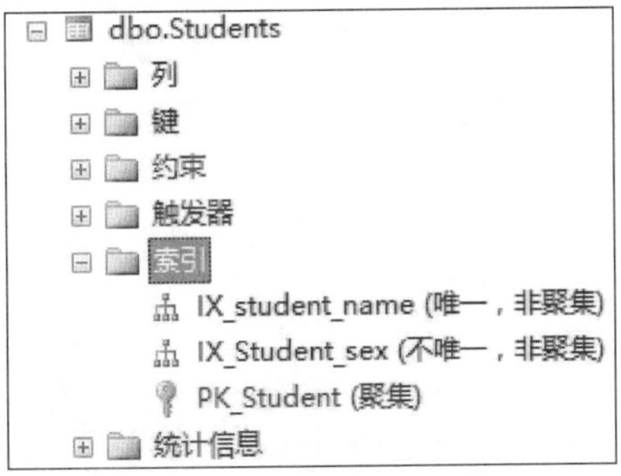

图 7.4　在【对象资源管理器】中查看索引对象

提示：

本步骤创建的索引 IX_student_name 称为唯一索引。设置唯一索引的列，其值在表中不允许有相同的值。

知识总结：

使用 CREATE... INDEX 语句可以创建各种类型的索引，其语法格式如下：

```
CREATE [UNIQUE] [CLUSTERED|NONCLUSTERED] INDEX index_name
      ON < table_name | view_name > (column [ ASC | DESC ] [ ,... n ] )
```

其中各参数说明如下：

UNIQUE：为表或视图创建唯一索引。

CLUSTERED：为表或视图创建聚集索引。

NONCLUSTERED：为表或视图创建非聚集索引。

index_name：索引的名称。索引名称在表或视图中必须唯一，但在数据库中不必唯一。索引名称的命名必须遵循标识符命名规则。

table_name：为其建立索引的基本表的名称。

view_ name：为其建立索引的视图的名称。索引既可以建立在基本表上，也可以建立在视图上。为视图创建索引时，必须使用 SCHEMABINDING 定义视图，才能为其创建索引。

column：创建索引时所基于的列名。

ASC | DESC：确定特定索引列的排序方向为升序(ASC)或降序(DESC)。默认值为 ASC。

任务 7.1.3　使用 Management Studio 删除 Students 表中的索引 IX_student_name

任务7.1.3视频

步骤 1：在【对象资源管理器】中展开 Student 数据库，再展开其下的【表】节点。右键单击 Students 表，在弹出的快捷菜单中选择【设计】。

步骤 2：单击工具栏上的（管理索引和键）按钮，打开【索引/键】对话框。

步骤 3：在【选定的 主/唯一键或索引】列表框中选择要删除的索引 IX_student_name。

步骤 4：单击【删除】按钮删除该索引。

步骤 5：单击【关闭】按钮，关闭【索引/键】对话框。

步骤 6：单击标准工具栏上的按钮，保存修改的结果。

注意：

为了保证后面任务 7.1.4 的实施，删除该索引后请再按原来的要求创建。

任务 7.1.4　使用 T-SQL 语句删除 Students 表中的索引 IX_student_name

步骤 1：新建查询文件。

步骤 2：输入如下语句，删除索引 IX_student_name。

```
USE Student
GO
DROP INDEX Students. IX_student_name
GO
```

步骤 3:执行语句。

> **注意:**
> 为了保证本书任务的连贯性,删除该索引后请再按原来的要求创建。

> **知识总结:**
> 当一个索引不再使用时,可以将其从数据库中删除,系统可以回收其所使用的磁盘空间,供数据库中的其他对象使用。
> 使用 T-SQL 语句删除索引的语法格式如下:
>
> ```
> DROP INDEX  'table. index | view. index' [,... n]
> ```

学习子情境 7.2　创建、管理和使用课程表索引

【情境描述】

学生信息管理系统中一项重要的功能就是支持学生在线选课,学生查阅可选课程时可以按照相关的规则来查阅。在学校开设的课程比较多时,查找符合条件的课程就需要花费一定的时间,为了能够有效地缩短查询时间,小杨给课程表建立了相关的索引。

【技能目标】

- 熟练掌握使用 T-SQL 语句创建索引
- 理解聚集索引和非聚集索引
- 掌握使用 Management Studio 重新命名索引
- 掌握使用 T-SQL 语句重新命名索引
- 掌握查看显示索引信息的方法

【工作任务】

为 Student 数据库中 Courses 表创建和管理索引。

【任务实施】

任务 7.2.1　为 Courses 表的 Course_name 列创建唯一、聚集索引

步骤 1:打开 Courses 表的【索引/键】对话框。

步骤 2:单击【添加】按钮,设置创建索引的列以及索引名称。

步骤 3:在编辑框【是唯一的】中选择“是”,将该索引设置为唯一索引。

步骤 4:注意查看【表设计器】|【创建为聚集的】编辑框,会发现该编辑框为灰色,表示不可编辑,如图 7.5 所示。

任务7.2.1视频

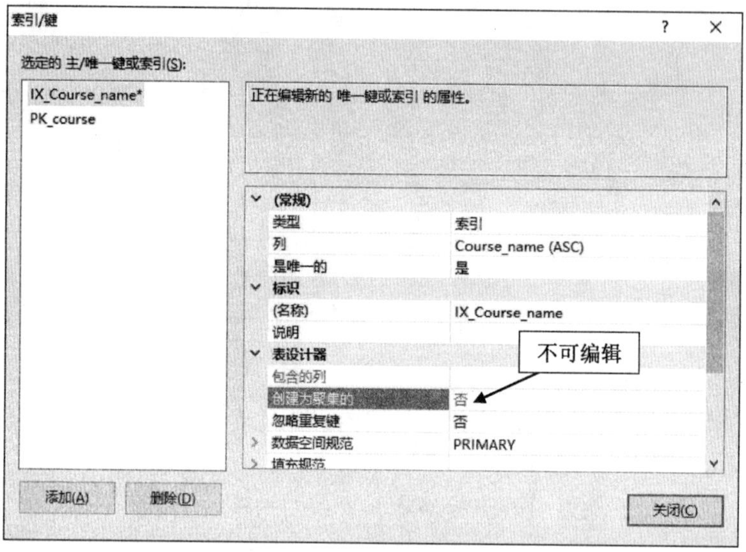

图 7.5　创建聚集索引

步骤 5：在左边的【选定的 主/唯一键或索引】列表中，选中名为 PK_course 的索引，查看【表设计器】|【创建为聚集的】编辑框，会发现该编辑框为黑色，表示可以编辑，其当前值为“是”，表示此索引是聚集索引，如图 7.6 所示。

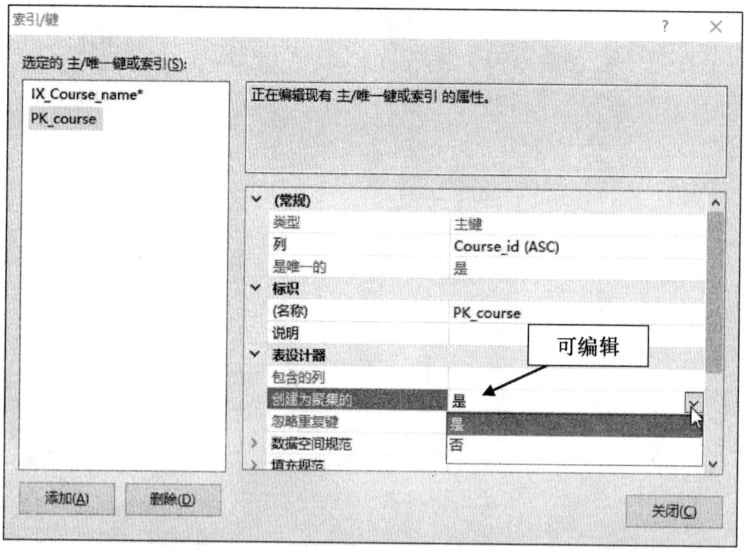

图 7.6　查看 PK_course 约束

步骤 6：可以修改 PK_course 索引的【创建为聚集的】值为“否”，然后重新选中 IX_Course_name 索引，再将其【创建为聚集的】值修改为“是”。

注意：

本任务仅作为示例，不需要实现，关闭【索引/键】对话框，再关闭【表设计器】，放弃此任务的修改。

知识总结：

聚集索引是数据库的一种索引类型，这种索引的特点是表中各数据行的物理顺序与索引键值的逻辑顺序相同。如果表中的某一列创建了聚集索引，该列的值就会根据索引的键值重新排序，一个表只能有一种排序规则，所以一个表只能包含一个聚集索引。

本任务的步骤 4 不能直接设置 IX_Course_name 索引为聚集索引，是因为 Courses 表的 Course_id 列已经被设置为主键，而当用户在表中创建主键约束或唯一约束时，SQL Server 将自动在建有这些约束的列上创建唯一聚集索引，这里为 PK_course，查看 PK_course 可以看到它的属性为唯一的、聚集的。由于该表中已经存在了聚集索引，所以就不可以再创建其他的聚集索引了。

若要修改其他的索引为聚集索引，可以先将已有的聚集索引修改为非聚集索引，当表中不存在聚集索引时，便可以重新设置聚集索引。

任务 7.2.2　使用 T-SQL 语句在 Courses 表的 Course_name 列上创建唯一、非聚集索引

步骤 1：新建查询文件。

步骤 2：输入如下 T-SQL 语句创建索引。

```
USE Student
GO
--为 Courses 表创建唯一索引
CREATE UNIQUE NONCLUSTERED INDEX IX_Course_name
ON Courses (Course_name)
GO
```

步骤 3：执行语句。

知识总结：

非聚集索引是数据库中又一种类型的索引，与聚集索引相比，非聚集索引不会对表中数据进行物理排序。如果一个表中不存在聚集索引，则表中数据是无序的，只是按照数据输入的先后顺序排列存放。

非聚集索引更像是书籍的目录，它按照索引的字段对数据进行逻辑排列，将排序的结果以数据的键值信息和地址信息为内容存储于索引页中。索引页的叶节点中存储了索引键值信息和行定位器。

由于非聚集索引使用索引页存储，因此比聚集索引需要较少的存储空间。与聚集索引相比，非聚集索引是先在索引页中检索信息，然后根据行定位器再从数据页中检索物理数据，所以查询效率较低。

由于一个表或视图中只能有一个聚集索引，当用户需要建立多个索引时，就需要考虑非聚集索引了。

当使用 T-SQL 语句创建非聚集索引时，关键字 NONCLUSTERED 可以省略，系统默认创建非聚集索引，因此本任务中 T-SQL 语句也可以如下：

```
USE Student
GO
CREATE UNIQUE INDEX IX_Course_name
    ON Courses (Course_name)
GO
```

任务 7.2.3 使用 Management Studio 将 Courses 表的索引对象 IX_Course_name 重命名为 UQ_Course_name

步骤 1：在【对象资源管理器】中依次展开【Student】|【表】节点。

步骤 2：展开【Courses】|【索引】节点，可以看到 Courses 表上所有的索引对象，右键单击 IX_Course_name 索引，在弹出的快捷菜单中选择【重命名】，如图 7.7 所示。

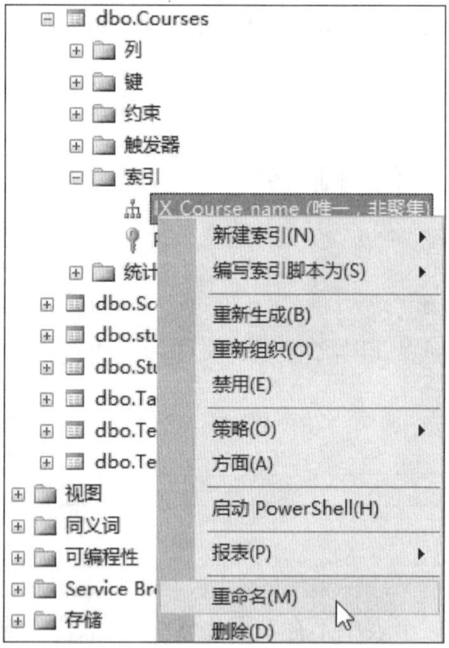

图 7.7 索引对象的重命名操作

步骤 3：输入索引对象的新名称 UQ_Course_name，按回车即可。

注意：

为了保证后续任务 7.2.4 的正常实施，此处更改索引名称后请再改回原名。

任务 7.2.4　使用 T-SQL 语句将 Courses 表的索引对象 IX_Course_name 重命名为 UQ_Course_name

步骤 1:新建查询文件。

步骤 2:输入如下 T-SQL 语句,将索引 IX_Course_name 重命名为 UQ_Course_name。

```
USE Student
GO
EXEC sp_rename 'Courses. IX_Course_name',UQ_Course_name
GO
```

其中,sp_rename 是系统存储过程,其功能是为对象重命名,此处通过调用该系统存储过程对索引对象重命名。

步骤 3:执行语句。执行后返回结果如图 7.8 所示。

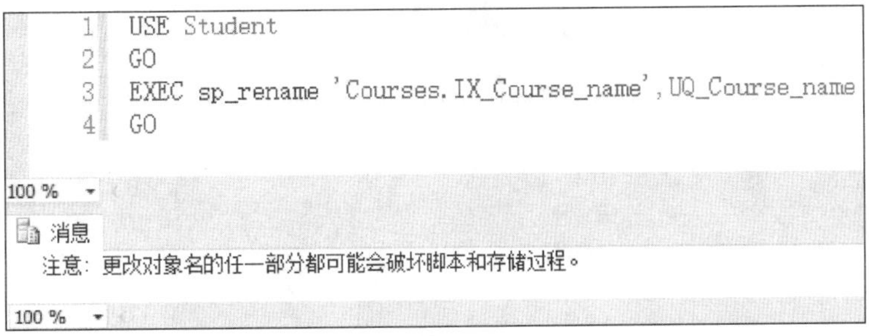

图 7.8　使用 T-SQL 语句更改索引名称

知识总结:

重命名索引就是用提供的新名称替换当前的索引名称。指定的新名称在表或视图中必须是唯一的。重命名索引不会重新生成索引。

通过 T-SQL 语句来实现重命名索引的语法格式如下:

```
EXEC sp_rename  'table_name. old_index_name', 'new_ index_name'
```

其中:

- table_name:索引所在表的名称。
- old_index_name:索引对象的旧名称。
- new_index_name:索引对象的新名称。

任务 7.2.5　使用 Management Studio 查看 Student 数据库中 Courses 表的索引信息

方法一:

步骤 1:在【对象资源管理器】中,使用与创建索引相同的方法打开【索引/键】对话框。

步骤 2:在【选定的 主/唯一键或索引】列表中选择要查看的索引,即可查看该索引的相关信息。

方法二：

步骤 1：在【对象资源管理器】中，展开【Courses】|【索引】节点。

步骤 2：右键单击某索引对象名，在展开的快捷菜单中单击【属性】，如图 7.9 所示。

步骤 3：打开【索引属性】对话框，可以查看该索引对象的相关信息，如图 7.10 所示。

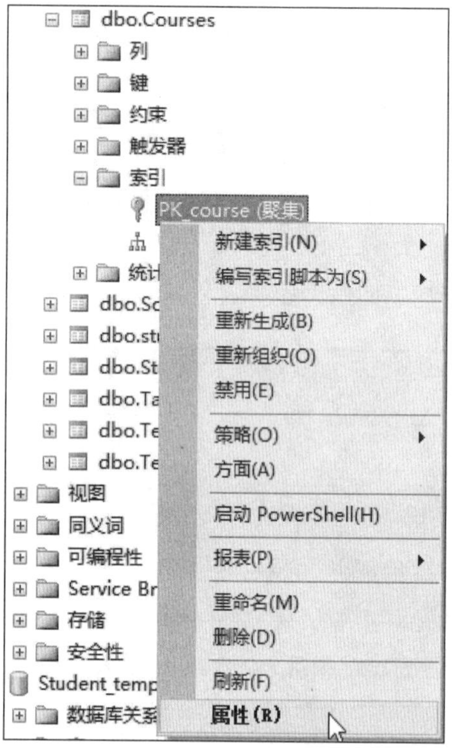

图 7.9 打开索引属性

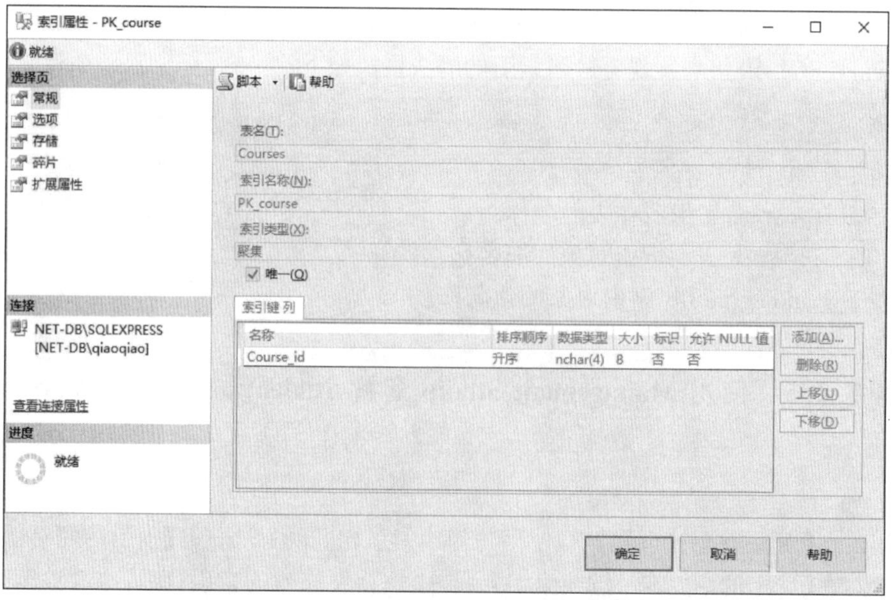

图 7.10 查看索引属性

任务 7.2.6　使用 T-SQL 语句查看 Student 数据库中 Courses 表的索引信息

步骤 1:新建查询文件。

步骤 2:输入如下 T-SQL 语句查看 Student 数据库中 Courses 表的索引信息。

```
USE Student
GO
EXEC sp_helpindex Courses
GO
```

其中,sp_helpindex 是系统存储过程,功能是实现索引信息查询。

步骤 3:执行语句,显示 Courses 表上所有索引对象的名称、描述以及创建索引的列名,如图 7.11 所示。

结果　消息

	index_name	index_description	index_keys
1	PK_course	clustered, unique, primary key located on PRIMARY	Course_id
2	UQ_Course_name	nonclustered, unique located on PRIMARY	Course_name

图 7.11　使用 T-SQL 语句查看索引信息

学习子情境 7.3　创建、管理和使用成绩表索引

【情境描述】

学生在校就读的几年中会选修并参加大量课程的学习和考试,学生信息管理系统中的成绩表详细地记录了每位学生每门课程的考核结果。成绩表数据量大而且期末更新比较频繁。因此,为成绩表创建索引是必不可少的工作。而且,此表中的数据会根据实际情况不断地更新,比如插入新的数据、更改旧的数据、删除无效的数据等,这些操作都会导致该数据表中的索引失效,为了更好地维护系统的查询性能,小杨还应该为该数据库中的索引做定时的维护。

【技能目标】

- 学会创建复合索引
- 学会如何分析与维护索引
- 了解创建索引的原则

【工作任务】

创建和维护学生成绩表中的索引。

【任务实施】

任务 7.3.1　在 Student_course 表的 Student_id 和 Course_id 列上创建复合索引

步骤 1:新建查询文件。

步骤 2:输入如下 T-SQL 语句创建索引。

```
USE Student
GO
CREATE UNIQUE NONCLUSTERED INDEX IX_Student_course
    ON Student_course (Course_id ASC, Student_id ASC)
GO
```

步骤 3:执行语句。

> **知识总结:**
>
> 索引可以创建在表的单列上,也可以创建在表的两列或多列上。如果创建的索引是基于两列或多列的,则称为复合索引。

任务 7.3.2 在 Student 数据库中查询杨世英同学所有选修课程的课程名称以及成绩,并查看该查询过程中系统使用索引的情况

步骤 1:新建查询文件。

步骤 2:输入如下 T-SQL 语句,查看查询计划中索引的使用情况。

```
USE Student
GO
/*命令 SHOWPLAN_ALL 可以显示数据查询时所使用的索引名称以及在执行查询过程中连接各个查询表的每一个步骤。SET SHOWPLAN_ALL ON 将 SHOWPLAN_ALL 设置为打开状态*/
SET SHOWPLAN_ALL ON
GO
SELECT Student_grade,Course_name,Student_name
FROM Student_course INNER JOIN Courses
  ON Student_course. Course_id=Courses. Course_id
  INNER JOIN Students
  ON Student_course. Student_id=Students. Student_id
WHERE   Student_name='杨世英'
GO
--关闭命令 SHOWPLAN_ALL
SET SHOWPLAN_ALL OFF
GO
```

步骤 3:执行语句,结果如图 7.12 所示,可以看出本次查询使用了 IX_Student_name 索引。

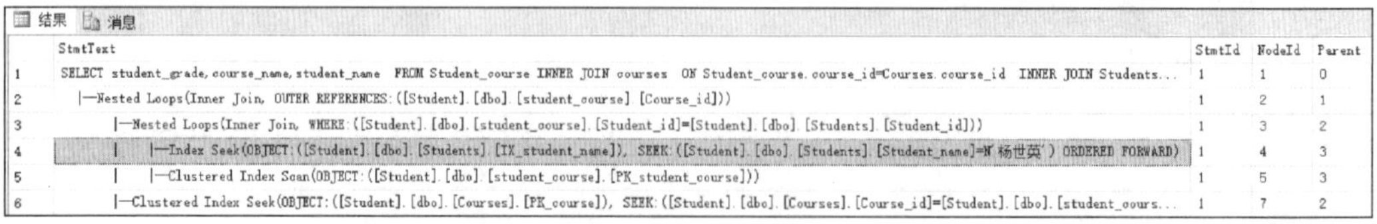
结果 消息
<table>
<tr><th></th><th>StmtText</th><th>StmtId</th><th>NodeId</th><th>Parent</th></tr>
<tr><td>1</td><td>SELECT student_grade, course_name, student_name FROM Student_course INNER JOIN courses ON Student_course. course_id=Courses. course_id INNER JOIN Students...</td><td>1</td><td>1</td><td>0</td></tr>
<tr><td>2</td><td>|--Nested Loops(Inner Join, OUTER REFERENCES:([Student]. [dbo]. [student_course]. [Course_id]))</td><td>1</td><td>2</td><td>1</td></tr>
<tr><td>3</td><td>|--Nested Loops(Inner Join, WHERE:([Student]. [dbo]. [student_course]. [Student_id]=[Student]. [dbo]. [Students]. [Student_id]))</td><td>1</td><td>3</td><td>2</td></tr>
<tr><td>4</td><td>| |--Index Seek(OBJECT:([Student]. [dbo]. [Students]. [IX_student_name]), SEEK:([Student]. [dbo]. [Students]. [Student_name]=N'杨世英') ORDERED FORWARD)</td><td>1</td><td>4</td><td>3</td></tr>
<tr><td>5</td><td>| |--Clustered Index Scan(OBJECT:([Student]. [dbo]. [student_course]. [PK_student_course]))</td><td>1</td><td>5</td><td>3</td></tr>
<tr><td>6</td><td>|--Clustered Index Seek(OBJECT:([Student]. [dbo]. [Courses]. [PK_course]), SEEK:([Student]. [dbo]. [Courses]. [Course_id]=[Student]. [dbo]. [student_cours...</td><td>1</td><td>7</td><td>2</td></tr>
</table>

图 7.12 显示查询计划中索引的使用

任务 7.3.3　分析执行任务 7.3.2 时,使用索引 IX_Student_name 和不使用索引 IX_Student_name 查询的时间对比

步骤 1:新建查询文件。

步骤 2:输入如下 T-SQL 语句。

```
USE Student
GO
/ * GETDATE()是 SQL Server 中的系统函数,调用该函数可以返回服务器的当前系统日期和时间 * /
SELECT GETDATE()
GO
SELECT Student_grade,Course_name,Student_name
FROM Student_course INNER JOIN Courses
  ON Student_course. Course_id=Courses. Course_id
  INNER JOIN Students
  ON Student_course. Student_id=Students. Student_id
WHERE Student_name='杨世英'
GO
SELECT GETDATE()
GO
```

> **提示:**
> 在查询开始时通过调用日期函数 GETDATE()显示当前系统时间,然后在查询结束时再次调用该函数显示当前系统时间,将两次的时间相减就可计算出查询语句执行时所使用的时间。

步骤 3:执行语句。语句执行结果如图 7.13 所示。

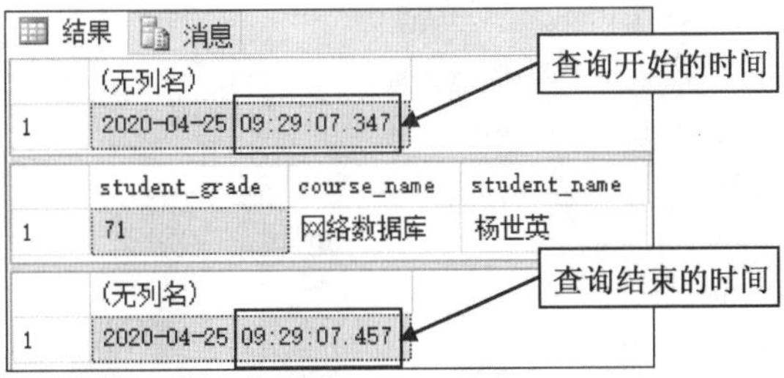

图 7.13　使用索引后查询使用时间情况

根据两次显示的时间可以看出,在使用索引的情况下该查询所需时间为 110 毫秒(09:29:07.457—09:29:07.347)。

步骤 4:删除索引 IX_Student_name。

步骤 5:输入如下语句,查看查询计划中索引的使用情况。执行语句后的结果如图 7.14 所示,可以看出本次查询使用了索引 PK_Student。

```
USE Student
GO
SET SHOWPLAN_ALL ON
GO
SELECT Student_grade,Course_name,Student_name
FROM Student_course INNER JOIN Courses
  ON Student_course. Course_id=Courses. Course_id
  INNER JOIN Students
  ON Student_course. Student_id=Students. Student_id
WHERE   Student_name='杨世英'
GO
SET SHOWPLAN_ALL OFF
GO
```

结果　消息

<table>
<tr><th></th><th>StmtText</th><th>StmtId</th><th>NodeId</th><th>Parent</th><th>PhysicalOp</th></tr>
<tr><td>1</td><td>SELECT student_grade, course_name, student_name FROM Student_course INNER JOIN courses O...</td><td>1</td><td>1</td><td>0</td><td>NULL</td></tr>
<tr><td>2</td><td>|—Nested Loops(Inner Join, OUTER REFERENCES:([Student].[dbo].[student_course].[Course_...</td><td>1</td><td>2</td><td>1</td><td>Nested Loops</td></tr>
<tr><td>3</td><td>|—Nested Loops(Inner Join, OUTER REFERENCES:([Student].[dbo].[student_course].[St...</td><td>1</td><td>3</td><td>2</td><td>Nested Loops</td></tr>
<tr><td>4</td><td>| |—Clustered Index Scan(OBJECT:([Student].[dbo].[student_course].[PK_student_...</td><td>1</td><td>4</td><td>3</td><td>Clustered Index Scan</td></tr>
<tr><td>5</td><td>| |—Clustered Index Seek(OBJECT:([Student].[dbo].[Students].[PK_Student]), SEE...</td><td>1</td><td>5</td><td>3</td><td>Clustered Index Seek</td></tr>
<tr><td>6</td><td>|—Clustered Index Seek(OBJECT:([Student].[dbo].[Courses].[PK_course]), SEEK:([Stu...</td><td>1</td><td>6</td><td>2</td><td>Clustered Index Seek</td></tr>
</table>

图 7.14　删除索引 IX_Student_name 后的查询计划

步骤 6:输入如下 T-SQL 语句,查看查询所需要的时间。

```
USE Student
GO
SELECT GETDATE()
GO
SELECT Student_grade,Course_name,Student_name
FROM Student_course INNER JOIN Courses
    ON Student_course. Course_id=Courses. Course_id
    INNER JOIN Students
    ON Student_course. Student_id=Students. Student_id
WHERE Student_name='杨世英'
GO
SELECT GETDATE()
GO
```

步骤 7:执行语句。执行结果如图 7.15 所示。

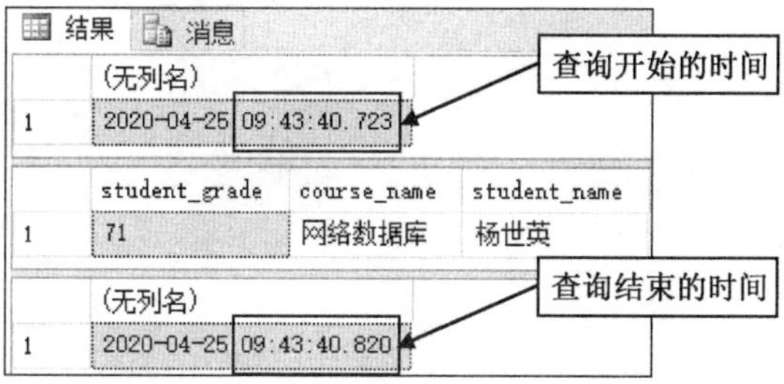

图 7.15　未使用索引 IX_Student_name 的查询时间

知识总结：

创建索引的目的是加速数据的查询，所以用户在创建索引时应遵循以下几个原则：

(1)对于查询中很少涉及的列或重复值比较多的列，不要建立索引。

(2)对于按范围查询的列，最好建立索引。

(3)表中若有主键或者外键，一定要为其建立索引。

(4)对于一些特殊的数据类型，不要建立索引。

任务 7.3.4　在 Management Studio 中对 Students 表的索引进行维护

步骤 1：在【对象资源管理器】中展开 Student 数据库下的 Students 表节点。

步骤 2：右键单击【索引】节点，在弹出的快捷菜单中选择【全部重新组织】选项，如图 7.16 所示。

任务7.3.4视频

步骤 3：打开【重新组织索引】对话框，单击其中的【确定】按钮，如图 7.17 所示。

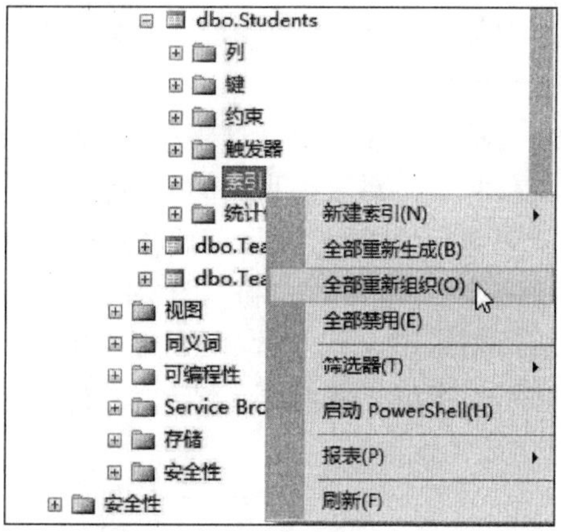

图 7.16　对索引进行维护

步骤 4：再次右键单击【索引】，在弹出的快捷菜单中选择【全部重新生成】选项，在打开的【重新生成索引】对话框中，单击【确定】按钮。

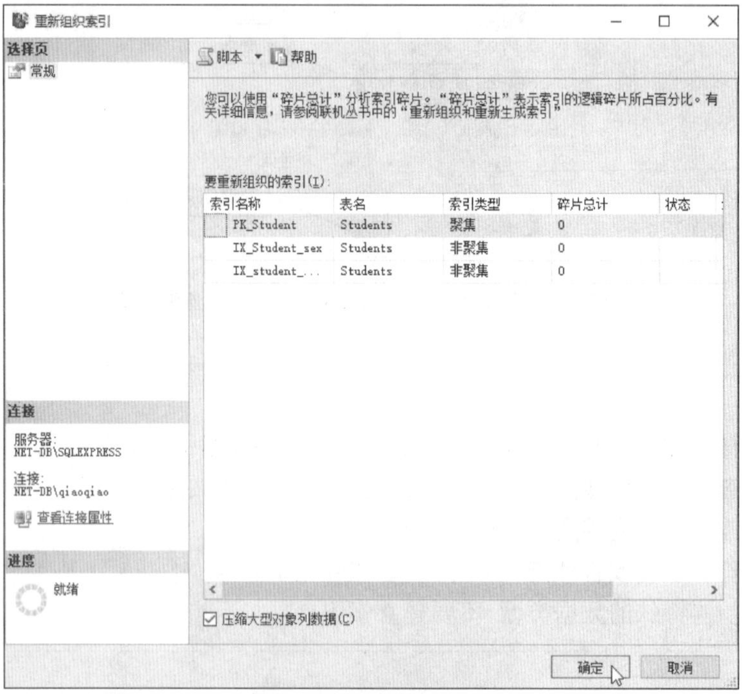

图 7.17　重新组织索引

知识总结：

无论何时对基础数据执行插入、更新或删除操作，SQL Server 数据库引擎都会自动维护索引。随着时间的推移，这些修改可能会导致索引中的信息分散在数据库中（含有碎片）。当索引页中的逻辑排序（基于键值）与数据文件中的物理排序不匹配时，就会存在碎片。碎片非常多的索引可能会降低查询性能，导致应用程序响应缓慢。此时，可以通过重新组织或重新生成索引来修复索引碎片。

重新生成索引将会删除并重新创建索引。这将根据指定的或现有的填充因子设置压缩页来删除碎片，回收磁盘空间，然后对连续页中的索引行重新排序。

可以使用最少系统资源重新组织索引。通过对叶级页以物理方式重新排序，使之与叶节点的从左到右的逻辑顺序相匹配，进而对表和视图中的聚集索引和非聚集索引的叶级进行碎片整理。重新组织还会压缩索引页。压缩基于现有的填充因子值。

可以对单个索引对象进行重新组织和重新生成，展开【索引】节点后，右键单击某个索引对象选择【重新组织】或【重新生成】。

归纳总结

本学习情景主要介绍了数据库中索引的创建、管理和维护。创建索引的主要目的就是优化系统查询数据的速度。但是，随意大量地创建索引就会给系统带来很多负面影响。首先，创建索引和维护索引都需要花费时间与精力。特别是在数据库设计的时候，数据库管理员需要为表中的哪些字段建立索引，要调研、要协调。在数据库使用过程中，对表中的数据进行增加、删除和修改操作时，就要对索引进行维护，否则索引的作用就会下降。其次，每个索引都是数据库中实际存在的对象，所以，每个索引都会占用一定的物理空间。若索引多了，不但会占用大量的物理空间，而且也会影响到整个数据库的运行性能。所以，在创建数据库的过程中要谨慎、合理地使用索引。

习　题

理论题

1. 什么是索引？
2. 索引有哪些优点和缺点？
3. 什么是复合索引？
4. 简述聚集索引和非聚集索引的特征。

操作题

1. 操作 Student 数据库中的索引。

(1)按照下面的要求为 Student 数据库创建索引。

表 7.1

索引对象名	索引所在的表	索引列	索引要求
IX_Classes_Class_department	Classes	Classe_department	不唯一 非聚集
IXUQ_Teacher_id_Course_id_Class_id	Teacher_course	Teacher_id Course_id Class_id	唯一 非聚集 复合索引

(2)将 Teacher_course 表的索引 IXUQ_Teacher_id_Course_id_Class_id 重新命名为 UQ_Teacher_course。

(3)查询 Teachers 表的索引信息。

2. 操作 MyLibrary 数据库中的索引。

(1)按照下面的要求为 MyLibrary 数据库创建索引。

表 7.2

索引对象名	索引所在的表	索引列	索引要求
IX_Book_Bname	Book	Bname	不唯一 非聚集
IX_Borrow_LendDate	Borrow	LendDate	不唯一 非聚集
IX_Fine_FineDate	Fine	FineDate	不唯一 非聚集
IX_Publisher_PublisherName	Publisher	PublisherName	不唯一 非聚集
IX_Reader_Rname	Reader	Rname	不唯一 非聚集

(2)查询 Book 表和 Borrow 表的索引信息。

学习情境 8　使用视图

【情境描述】

学校的日常工作，例如核对学生及其所在班级的信息是否正确，需要查询学生表中的学号、姓名和所属班级；打印成绩单，需要查询学生姓名、课程名和成绩等多表中的数据。这些操作都要通过访问表来实现，如果表中有一些数据不希望别人看到，怎么办呢？小吴决定为表建立多种视图，让用户通过视图实现对表的操作，这样可以隐藏表中的敏感数据，提高数据的安全性，而且用户每次对该数据执行查询操作时不需要一遍又一遍地重写复杂的查询语句，直接引用视图即可。

【技能目标】

- 掌握使用 Management Studio 创建、管理视图的方法
- 掌握使用 T-SQL 语句创建、管理视图的方法
- 掌握通过视图对基本表增加、删除、修改数据的方法

学习子情境 8.1　创建与学生信息有关的视图

【情境描述】

近日，教务处要对各班学生的信息做整理，核对学生表中学生与其班级信息是否对应。学生表中记录的是学生的详细资料，不仅包括学生的学号、姓名等信息，还包括家庭所在地、出生日期等信息。小吴的这项工作只需用到学生表的部分信息列，为了保护其他不需要的学生信息列以及简化后续工作，小吴计划根据工作要求为表中的学号、姓名和所在班级号建立视图，引用视图既能够查询到所需数据，简化工作人员操作，也能够保护其他数据的安全。

【技能目标】

- 掌握使用 Management Studio 创建视图的方法
- 学会使用视图进行查询的方法
- 掌握使用 Management Studio 管理视图的方法

【工作任务】

为学生表创建、管理视图，在视图中显示学号、学生姓名和所在班级号。

【任务实施】

任务 8.1.1　使用 Management Studio 创建视图 View_student 来查询学生的学号、姓名和班级号

任务8.1.1视频

步骤 1:打开【SQL Server Management Studio】,在【对象资源管理器】中,双击 Student 数据库,展开数据库节点。

步骤 2:右键单击【视图】节点,然后从快捷菜单中选择【新建视图】。

步骤 3:在如图 8.1 所示的【添加表】对话框中选中 Students 表,单击【添加】按钮添加此表到视图中。

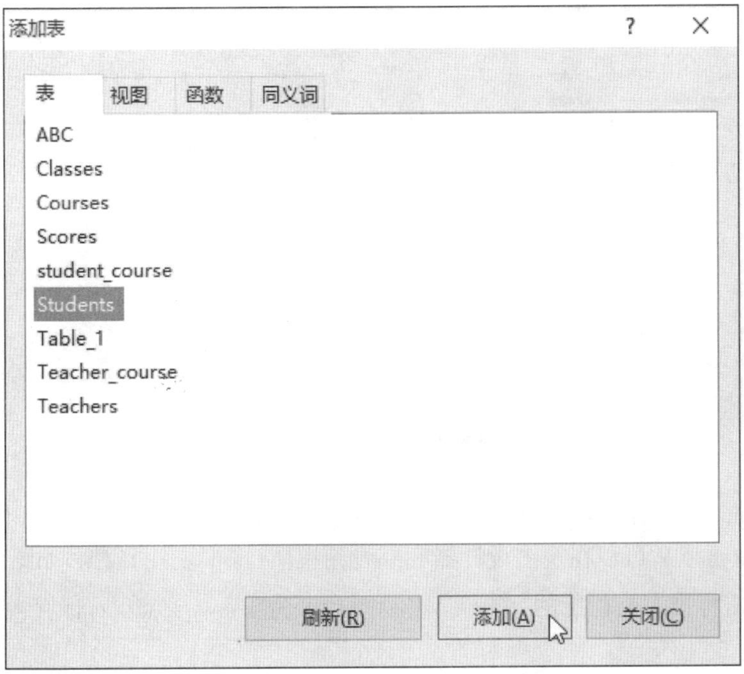

图 8.1　【添加表】对话框

步骤 4:关闭【添加表】对话框,返回视图设计器窗口。在 Students 表中选择需要在视图中出现的数据列,以及虽然不需要在视图中出现但需用于条件设计的列。如图 8.2 所示,选中 Student_id、Student_name、Student_classid 列,分别设置这些列的别名为学号、姓名、班级号。

> **提示:**
>
> 【别名】实际上是显式的为视图的各列命名,以后在使用视图时只能通过该别名去引用视图的相应列。视图中的列如果由表达式、内置函数或常量计算得到时,必须为列命名。如果视图由多表(视图)连接生成,且被连接的列具有相同名字时,也必须为视图的列命名。如果没有为视图中的列命名,将使用基本表中的列名。
>
> 【输出】选项用于设置选定的基本表字段是否显示在视图中,默认为显示。
>
> 【排序类型】选项用于设定视图中数据的排序依据和排序方式;如果有多列用于排序,则可以通过【排序顺序】选项决定先依照哪一列排序,在该列值相同时再依照哪一列排序,

【排序顺序】号决定其先后，序号小的优先。

【筛选器】用于设置视图数据的来源条件。

视图设计器中还显示了生成视图的 SELECT 语句，初学者应该仔细研究这些由系统自动生成的查询语句，以作学习参考。

图 8.2　视图设计器窗口

步骤 5：单击视图设计器工具栏上的【执行 SQL】命令，执行视图（即执行生成视图的 SELECT 查询），执行以后可以在视图设计器底部看到视图（虚拟表）的数据，如图 8.2 所示。

步骤 6：单击标准工具栏上的按钮，将视图命名为 View_student，保存视图。

知识总结：

视图是一个虚拟表，其内容由查询定义。同真实的表一样，视图包含一系列带有名称的列和行数据。视图在数据库中并不是以数据值存储集形式存在的，而是以 SELECT 语句形式存在的。行和列数据来自定义视图的查询所引用的表，在引用视图时执行定义视图的 SELECT 语句动态生成。

视图可以引用当前或其他数据库的一个或多个表，或者其他视图。被视图引用的表称为基本表；被视图引用的视图称为基本视图。

任务 8.1.2　查询视图 View_student 中学号为 12002 的学生信息，由于创建视图时为视图的列起了别名，在查询视图时必须使用该别名

步骤 1：新建查询文件。

步骤 2：输入查询语句。

```
USE Student
GO
SELECT * FROM View_student WHERE 学号='12002'
GO
```

步骤 3:分析语法并执行语句,结果如图 8.3 所示。

结果　消息

	学号	姓名	班级号
1	12002	范治华	2020012

图 8.3　视图 View_student 查询结果

知识总结:

可以像使用普通基本表一样使用视图。操作视图时,Microsoft SQL Server 2012 Database Engine 会执行检查,从而确定命令中引用的数据库对象是否存在、这些对象在命令的上下文中是否有效,以及通过视图修改源表数据时是否违反数据完整性规则。如果检查失败,将返回错误消息;如果检查成功,则将操作转换为对基本表的操作。

任务 8.1.3　查看视图 View_student 的依赖关系、属性等

步骤 1:在【对象资源管理器】中展开 Student 数据库下的【视图】节点,右键单击视图 View_student,在打开的快捷菜单中选择【编辑前 200 行】,结果如图 8.4 所示。在此页面中可以像编辑基本表一样编辑视图,但要注意的是,视图本质上是查询基本表中的数据,在视图中增加、修改或删除数据均会反映到基本表中。

任务8.1.3视频

NET-DB\SQLEXPRE...bo.View_student

	学号	姓名	班级号
▶	11001	叶海平	2020011
	11002	景风	2020011
	12001	华丽佳	2020012
	12002	范治华	2020012
	13001	李佳佳	2020013
	13002	史慧敏	2020013
	14001	安静	2019014
	14002	尹强	2019014
	15001	曹波	2019015
	15002	杨世英	2019015
*	NULL	NULL	NULL

图 8.4　View_student 视图

步骤 2:若在步骤 1 的视图 View_student 的快捷菜单中单击【查看依赖关系】,则可以查看此视图依赖的基本表(或视图)及依赖的列,也可以查看依赖此视图的其他对象,如图 8.5 所示。可以看出,视图 View_student 依赖 Students 表,而 Students 表又依赖 Classes 表,Classes 表又依赖 Teachers 表。

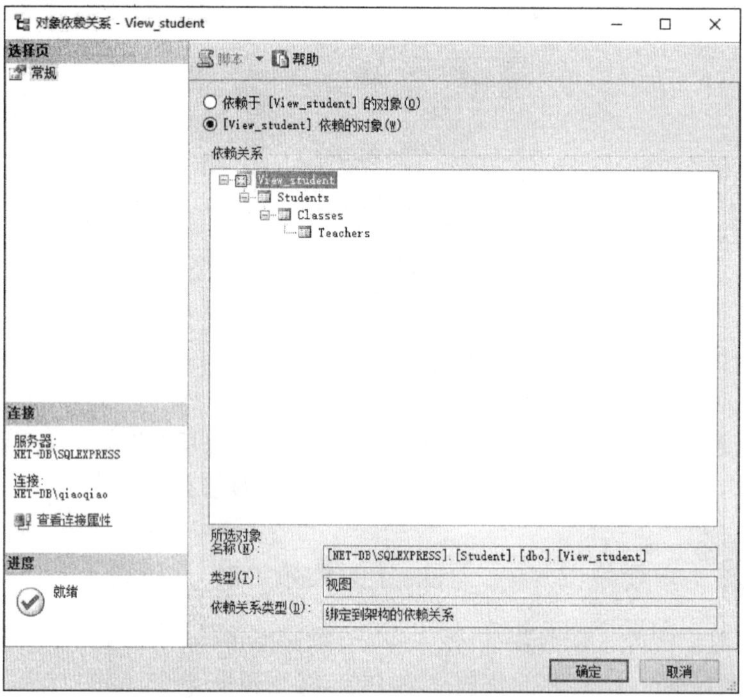

图 8.5 查看依赖关系

步骤 3:若在步骤 1 的视图 View_student 的快捷菜单中选择【属性】,则可以查看该视图的属性。视图属性可以分为 3 组:常规、权限和扩展属性。

步骤 4:若在步骤 1 的视图 View_student 的快捷菜单中选择【重命名】,则可以修改视图对象名。

步骤 5:若在步骤 1 的视图 View_student 的快捷菜单中选择【删除】命令,则可以将视图对象删除。

学习子情境 8.2 创建与课程信息有关的视图

【情境描述】

学校课程改革要对课程的相关信息如学分、课程类型等进行调整。为使这项工作能够高效地进行,小吴为课程表建立了视图,视图中只出现课程名和学分等数据。小吴不希望其他用户能查看该视图的定义,因此在创建(或修改)视图时使用了 WITH ENCRYPTION 对视图的定义语句文本进行加密,这还可以防止在 SQL Server 复制过程中发布视图。

【技能目标】

- 掌握使用 T-SQL 语句创建视图的方法

- 掌握使用 T-SQL 语句修改视图的方法
- 掌握通过视图更新基本表中数据的方法
- 掌握使用 T-SQL 语句删除视图的方法

【工作任务】

为课程表创建视图，并根据实际需求对视图进行修改。

【任务实施】

任务 8.2.1　使用 T-SQL 语句创建视图 View_course，用来查询所有大于等于 2 学分的课程的课程名

步骤 1：新建查询文件。

步骤 2：输入以下语句。

```
CREATE VIEW View_course
AS
SELECT Course_name AS 课程名, Course_credit AS 学分
FROM   Courses
WHERE Course_credit> =2
WITH CHECK OPTION
```

步骤 3：分析语法并执行语句，完成视图 View_course 的创建。

知识总结：

创建视图的命令语法如下：

```
CREATE VIEW view_name [ (column [ ,... n ] ) ]
[ WITH ENCRYPTION ]
AS
select_statement [ ; ]
[ WITH CHECK OPTION ]
```

其中，view_name 为视图的名称，column 为视图中的列名，select_statement 为定义视图的 SELECT 语句。

任务 8.2.2　使用 View_course 视图查询学分大于 2 的课程信息，并通过该视图将学分大于 2 的课程学分先修改为 4，再修改为 1

步骤 1：新建查询文件。

步骤 2：输入查询语句。

```
USE Student
GO
SELECT * FROM View_course WHERE 学分>2
GO
```

步骤 3：分析语法并执行语句，查询结果如图 8.6 所示。

	课程名	学分
1	英语1	3
2	英语2	3
3	网络数据库	3
4	电子商务安全与管理	3

图 8.6　查询视图 View_course

步骤 4：输入以下语句，修改这些课程的学分为 4。

```
UPDATE View_course
SET 学分=4
WHERE 学分>2
GO
```

执行代码后，显示有 4 行数据受影响，即图 8.6 中的 4 行数据的学分列数值被修改为 4。

步骤 5：再输入以下语句，修改这些课程的学分为 1。

```
UPDATE View_course
SET 学分=1
        WHERE 学分>2
GO
```

执行结果如图 8.7 所示。

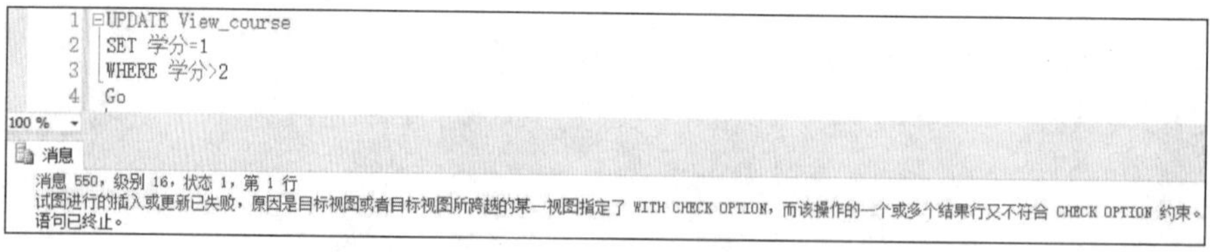

图 8.7　通过视图修改数据

知识总结：

可以通过视图修改基本表中的数据，但任何修改都只能影响一个基本表。视图中被修改的列必须直接引用基本表列中的基础数据，而不能是派生数据。例如，不能修改各种聚合函数的值，也不能修改其他计算结果。

如果在视图定义中指定了 WITH CHECK OPTION 选项，将对修改的数据进行验证。WITH CHECK OPTION 选项强制所有在视图中执行的数据修改应该使得修改以后的数据仍然满足视图定义的筛选条件，即修改后的数据仍然能够出现在视图中。如果修改后的数据超出了视图定义的范围，SQL Server 将拒绝修改。

任务 8.2.3 使用 T-SQL 语句修改视图 View_course，使其用于查询所有课程的课程名和学分

步骤 1：新建查询文件。

步骤 2：输入以下语句。

```
ALTER VIEW View_course
AS
SELECT Course_name AS 课程名, Course_credit AS 学分
FROM Courses
WITH CHECK OPTION
GO
```

步骤 3：分析语法并执行语句，结果显示命令已成功完成。

步骤 4：输入以下查询语句。

```
SELECT * FROM View_course
GO
```

执行结果如图 8.8 所示。

结果 消息

	课程名	学分
1	电子商务基础	2
2	英语1	4
3	英语2	4
4	网页设计与制作	2
5	网络数据库	4
6	电子商务安全与管理	4
7	网络营销	2

图 8.8 查询视图 View_course

知识总结：

修改视图实际上会完全改变视图的定义，以前定义的选项会全部丢失。所以，修改以后的视图并不是原来的定义选项加上或者减去修改的选项，而是用修改时的设定完全取代以前的设定。

可以通过 ALTER VIEW 语句对视图进行修改，修改视图的命令语法如下：

```
ALTER VIEW view_name [ (column [ ,... n ] ) ]
AS
select_statement [ ; ]
[ WITH CHECK OPTION ]
```

任务 8.2.4　执行系统存储过程 sp_helptext 查看视图 View_course 的定义信息，之后修改视图 View_course，使其用于查询课程类型及其对应的学分，并对其创建文本进行加密，最后再执行系统存储过程 sp_helptext 查看视图 View_course 的定义信息

步骤 1：新建查询文件。

步骤 2：输入下面的语句，执行系统存储过程 sp_helptext 查看视图 View_course 的定义信息。

```
EXEC sp_helptext View_course
GO
```

步骤 3：分析语法并执行语句，结果如图 8.9 所示。

结果　消息

	Text
1	CREATE VIEW View_course
2	AS
3	SELECT Course_name AS 课程名, Course_credit AS 学分
4	FROM Courses
5	WITH CHECK OPTION

图 8.9　查看未加密的视图定义

步骤 4：输入下面的语句，修改视图 View_course 的定义。

```
ALTER VIEW View_course
WITH ENCRYPTION
AS
SELECT Course_kind AS 课程类型,SUM(Course_credit)AS 学分
FROM Courses
GROUP BY Course_kind
GO
```

步骤 5：分析语法并执行语句，结果显示命令已成功完成。

步骤 6：输入以下查询语句查询该视图，结果如图 8.10 所示。

```
SELECT * FROM View_course
GO
```

结果　消息

	课程类型	学分
1	公共课	8
2	专业课	14

图 8.10　查看修改后的 View_course 视图

步骤 7：输入下面的语句，执行系统存储过程 sp_helptext 查看视图 View_course 的定义

信息。

```
EXEC sp_helptext View_course
GO
```

步骤 8：分析语法并执行语句，结果如图 8.11 所示。

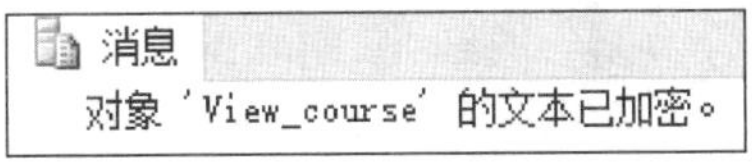

图 8.11　查看加密后的视图定义

> **知识总结：**
> 有时并不希望其他用户能查看视图的定义文本，这时可以在创建或修改视图时使用 WITH ENCRYPTION 对保存在系统表中的视图定义文本进行加密，还可以防止在 SQL Server 复制过程中发布视图。

任务 8.2.5　使用 T-SQL 语句，删除视图 View_course

步骤 1：新建查询文件。

步骤 2：输入查询语句。

```
USE Student
GO
DROP VIEW View_course
GO
```

步骤 3：分析语法并执行语句。

> **知识总结：**
> 删除视图的语法如下：
>
> ```
> DROP VIEW view_name [ ... ,n ] [ ; ]
> ```
>
> 修改视图与删除视图后重新定义视图有相同之处，也有不同之处。就内容而言，修改与重新定义是相同的。其不同之处在于：修改视图后，可以继承其他对象对该视图的依赖关系以及该视图上的权限定义；删除视图后，上述特征会丢失，即便再创建一个同名的视图也不会继承上述特征。

学习子情境 8.3　创建综合视图

【情境描述】

新学期开始，教务处要为学生打印成绩单，其中需要显示学生的姓名、学号，以及课程名和成绩等信息。如果直接通过基本表查询，查询要求中涉及的数据来自三张表 Students、Courses、Student_course，需要做三表连接查询。小吴在这三个表上创建了综合视图，就可以将这些数据都放在一个“表”中，把复杂的多表查询转换为简单的单“表”查询，最重要的是，提高了数据的安全性。

【技能目标】

- 掌握使用 Management Studio 和 T-SQL 语句管理多表视图的方法

【工作任务】

创建学生成绩视图，提供学号、姓名、成绩、学期和课程名，并根据需要对其进行修改、查询。

【任务实施】

任务 8.3.1　创建学生成绩视图 View_score，从中可以查询学号、姓名、成绩、学期、课程名

步骤 1：在【对象资源管理器】中，双击 Student 数据库，展开数据库节点。

步骤 2：右键单击【视图】节点，然后从快捷菜单中选择【新建视图】。

步骤 3：在【添加表】对话框中，分别选中并添加 Students、Courses、Student_course 表。

任务8.3.1视频

步骤 4：在视图设计器窗口顶部的关系图窗格中，选择需要在视图中出现的数据列和用于条件设计的列。如图 8.12 所示，选中 Students. Student_id、Students. Student_name、Courses. Course_name、Student_course. Student_grade、Student_course. Course_year 等列。

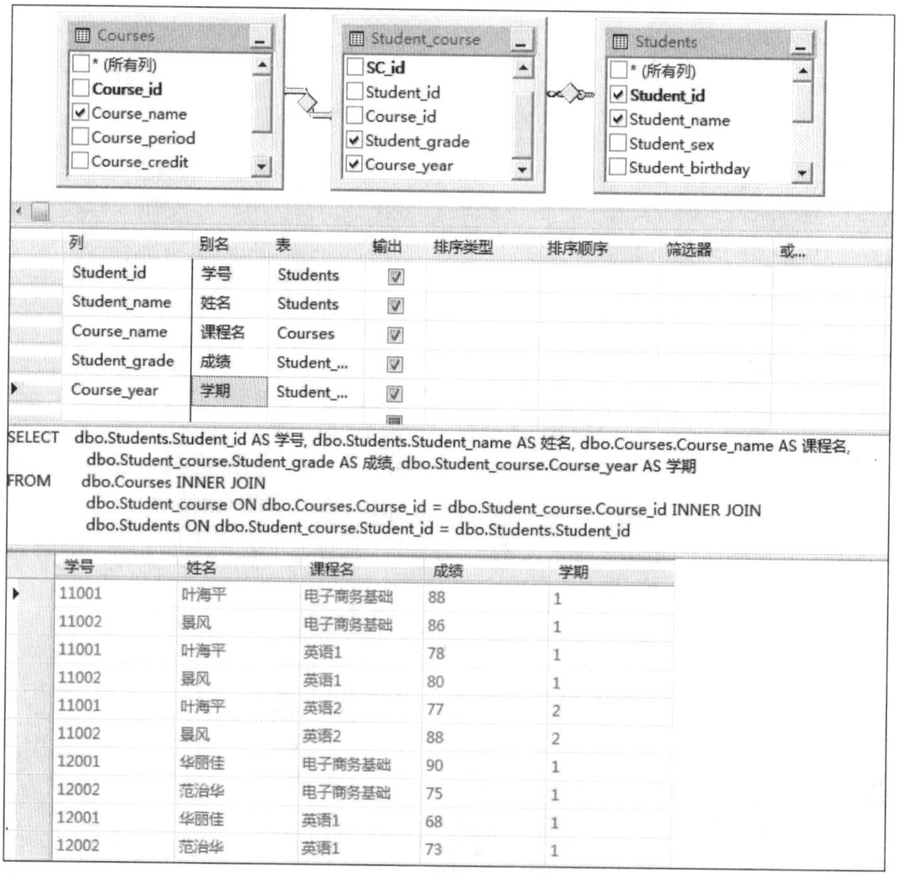

图 8.12　视图设计器窗口

步骤 5：为视图的这些列分别设置别名：学号、姓名、课程名、成绩、学期。

步骤 6：单击视图设计器工具栏上的【执行 SQL】命令，查看视图的显示结果。

步骤 7：单击标准工具栏上的按钮，将视图命名为 View_score 后保存。

任务 8.3.2　修改视图 View_score，使其只包含班级号为 2020011 的学生的第 1 或第 2 学期的成绩

任务8.3.2视频

步骤 1：在【对象资源管理器】中，双击 Student 数据库，展开数据库节点。

步骤 2：展开【视图】节点，右键单击视图 dbo. View_score，在快捷菜单中选择【设计】，打开视图设计器。

步骤 3：在关系图窗格中，将 Students 表的 Student_classid 列选中。

步骤 4：在条件窗格的【筛选器】列，为 Student_classid 输入筛选条件 2020011，系统会自动将其设置为“='2020011'”，表示依照“Student_classid='2020011'”条件筛选出 2020011 班学生的成绩。

步骤 5：多重条件的设置。

如果需要设置多重筛选条件，可以在【筛选器】列以及【或…】列设置。在同一列设置的是并列(AND)条件，在不同列设置的是或(OR)条件。图 8.13 中设置的条件是 2020011 班第 2 学期或者第 1 学期。其对应的条件语句是：

```
WHERE  (dbo. Student_course. Course_year = 1) AND
       (dbo. Students. Student_classid = N'2020011') OR
       (dbo. Student_course. Course_year = 2) AND
       (dbo. Students. Student_classid = N'2020011')
```

列	别名	表	输出	排序类型	排序顺序	筛选器	或...
Student_id	学号	Students	☑				
Student_name	姓名	Students	☑				
Course_name	课程名	Courses	☑				
Student_grade	成绩	student_course	☑				
Course_year	学期	student_course	☑			= 1	= 2
Student_classid		Students	☑			= N'2020011'	= N'2020011'

图 8.13　修改视图

步骤 6：修改视图时，也可以直接在 SQL 窗格中修改代码。修改代码后执行查询，此修改会更新到条件窗格中。

为了达到题目要求的筛选目的，可以将条件子句修改为：

```
WHERE  (dbo. Students. Student_classid = '2020011') AND
       (dbo. Student_course. Course_year = 1 OR
       dbo. Student_course. Course_year = 2)
```

执行查询以后，条件窗格更新为如图 8.14 所示的状况。

	列	别名	表	输出	排序类型	排序顺序	筛选器
	Student_id	学号	Students	☑			
	Student_name	姓名	Students	☑			
	Course_name	课程名	Courses	☑			
	Student_grade	成绩	student_course	☑			
▶	Course_year	学期	student_course	☑			= 1 OR = 2
	Student_classid		Students	☑			= '2020011'

图 8.14　修改筛选条件

步骤 7:取消选中 Student_classid 的【输出】列的复选框,可以在视图中取消输出 Student_classid 列,但是该列仍然可以作为条件列出现在条件子句中。

步骤 8:单击标准工具栏上的💾按钮,保存对视图的修改。

任务 8.3.3　通过视图 View_score 查询班级号为 2020011 的学生第 2 学期各门课程的成绩,要求输出学号、姓名、课程名、成绩以及学期

步骤 1:新建查询文件。

步骤 2:输入查询语句。

```
USE Student
GO
SELECT 学号,姓名,课程名,成绩,学期 FROM View_score WHERE 学期=2
GO
```

步骤 3:分析语法并执行语句,结果如图 8.15 所示。

结果　消息

	学号	姓名	课程名	成绩	学期
1	11001	叶海平	英语2	77	2
2	11002	景风	英语2	88	2

图 8.15　查询视图 View_score

任务 8.3.4　通过视图 View_score 将学号为 11001 的同学的电子商务基础课程的成绩改为 90 分

步骤 1:新建查询文件。

步骤 2:输入查询语句。

```
USE Student
GO
UPDATE View_score
SET 成绩=90
WHERE 学号='11001' AND 课程名='电子商务基础'
GO
```

步骤 3：分析语法并执行语句，执行后系统提示 1 行受影响。

步骤 4：输入查询语句，查询修改后的结果，如图 8.16 所示。

```
USE Student
GO
SELECT *
FROM View_score
WHERE 学号='11001' AND 课程名='电子商务基础'
GO
```

结果　消息

	学号	姓名	课程名	成绩	学期
1	11001	叶海平	电子商务基础	90	1

图 8.16　查询修改后的成绩

归纳总结

视图是查看数据库表中数据的一种方式，它是虚拟表，实际存储的是相应的查询语句。视图提高了数据的安全性、易用性和独立性。通过对本学习情境的学习，要能够学会使用 Management Studio 和 T-SQL 语句来创建和管理视图，真正地为实际工作带来便利。

习　题

理论题

1. 填空题

(1)视图可以引用当前或其他数据库的一个或多个表，或者引用其他视图。被视图引用的表称为__________；被视图引用的视图称为__________。

(2)创建视图时，使用__________选项可以加密视图定义文本。

(3)当通过视图更新数据时，一次只能更新__________中的数据。

2. 思考题

(1)什么是视图？

(2)修改视图与删除后创建同名的视图之间有何异同？

(3)通过视图更新数据有哪些限制？

(4)什么情况下必须在视图定义中指定列的名称？

操作题

1. 在 Management Studio 的视图设计器中完成如下操作：

(1)在 Student 数据库中创建教师任课情况视图 View_Teacher_Course，要求其中包含教师编号、教师姓名、教师系部、教师所授课程名称、学期、学分以及班级。

(2)查看该视图的属性。

(3)修改该视图，添加筛选条件，使视图仅包括经济信息系教师的授课信息。

2. 使用 T-SQL 语句在 MyLibrary 数据库中完成如下操作：

(1)创建视图 View_Book_Borrow，要求其中包含图书名称、作者、出版社名称、读者姓名、借阅日期、还书日期。

(2)查看该视图的定义文本信息。

(3)修改该视图，添加筛选条件，使视图仅包括借出未还的图书借阅信息。

编程篇

学习情境 9　T-SQL 编程基础

【情境描述】

在学生管理数据库的使用过程中，经常会遇到需要把若干条命令组织起来完成复杂应用的情况，即需要进行结构化编程。SQL Server 2012 中的 T-SQL 语言支持结构化的编程方法，使用顺序、选择、循环三种结构的流程控制语句，可以控制语句的执行顺序，编写出满足复杂管理需求的程序，这时就需要工作人员具备必要的 T-SQL 编程基础知识。

【技能目标】

- 掌握使用 T-SQL 语言编程的基本方法

学习子情境 9.1　编写顺序结构 T-SQL 程序

【情境描述】

顺序结构的程序设计是最简单的，只要按照解决问题的顺序写出相应的语句即可，它的执行顺序是自上而下，依次执行。小杨计划编写顺序结构的程序用以完成日常管理工作中较为简单的工作任务。

【技能目标】

- 掌握注释语句和批处理的用法
- 掌握局部变量的声明、赋值和输出
- 学会使用全局变量
- 熟练使用运算符
- 学会使用 T-SQL 中的内置函数
- 能够熟练地编写用户自定义函数并调用

【工作任务】

编写顺序结构的 T-SQL 程序，完成简单的数据查询和处理工作。

【任务实施】

任务 9.1.1　编写 T-SQL 程序，按照指定条件查询学生信息

步骤 1：新建查询文件。

步骤 2：输入 T-SQL 语句。

```
USE Student
GO
——声明局部变量
DECLARE @sname VARCHAR(30),@sclassid VARCHAR(30)
——使用 SET 语句给局部变量赋值
SET @sname='李佳佳'
SET @sclassid='2020011'
——根据局部变量的值,查询符合条件的记录的姓名和性别
SELECT Student_name,Student_sex, Student_classid
FROM Students
WHERE Student_name=@sname OR Student_classid=@sclassid
```

步骤 3:执行 T-SQL 语句,程序的运行结果如图 9.1 所示。

结果 消息

	Student_name	Student_sex	Student_classid
1	叶海平	男	2020011
2	景风	男	2020011
3	李佳佳	女	2020013

图 9.1 查询指定条件的学生信息

知识总结:

本任务根据给定的局部变量值,在 Students 表中查询符合条件的记录。

(1)变量是程序执行中必不可少的部分,它主要用来在程序运行过程中存储和传递数据。变量其实就是内存中的一个存储区域,存储在这个区域中的数据就是变量的值。在 T-SQL 语句中变量有两种:局部变量与全局变量。

局部变量是作用域局限在一定范围内的变量,是用户自定义的变量。一般来说,局部变量的使用范围局限于定义它的批处理内。定义它的批处理中的 SQL 语句可以引用这个局部变量,直到批处理结束,这个局部变量的生命周期也就结束了。

(2)在使用一个局部变量之前,必须先声明该变量。声明局部变量的语法格式如下:

```
DECLARE @变量名 变量类型 [,@变量名 变量类型]……
```

声明语句中的各部分说明如下:

- 局部变量的命名必须遵循 SQL Server 的标识符命名规则,并且必须以字符@开头。
- 局部变量的类型可以是系统数据类型,也可以是用户自定义的数据类型。
- DECLARE 语句可以声明一个或多个局部变量,变量被声明以后初值都是 NULL。

(3)局部变量被创建之后,系统将其初始值设为 NULL。若要改变局部变量的值,可以使用 SET 语句给局部变量赋值。SET 语句的语法格式为:

```
SET @变量名=表达式
```

赋值语句中的各部分说明如下:

- @变量名是准备为其赋值的局部变量。
- 表达式是有效的 SQL Server 表达式，且其类型应与局部变量的数据类型相匹配。
- ＝是赋值运算符，其作用是将＝右侧的表达式值指派给特定的对象。SQL Server 中除了可以给变量赋值外，也可以使用赋值运算符在列变量与表达式之间建立赋值关系。

任务 9.1.2　编写 T-SQL 程序，将指定学生信息保存至局部变量中

步骤 1：新建查询文件。

步骤 2：输入 T-SQL 语句。

```
USE Student
GO
——声明局部变量
DECLARE @sname VARCHAR(30),@sclassid VARCHAR(30)
——将 Student_id 为'11001'的记录的姓名和班级赋值给局部变量
SELECT @sname=Student_name, @sclassid=Student_classid
FROM Students
WHERE Student_id='11001'
——输出变量@sname 和@sclassid 的值
SELECT @sname AS sname,@sclassid AS sclassid
GO
```

步骤 3：执行 T-SQL 语句，程序的运行结果如图 9.2 所示。

图 9.2　使用 SELECT 语句输出局部变量的值

步骤 4：修改 T-SQL 语句，使用 PRINT 语句输出变量的值。

```
USE Student
GO
——声明局部变量
DECLARE @sname VARCHAR(30),@sclassid VARCHAR(30)
——将 Student_id 为'11001'的记录的姓名和班级赋值给局部变量
SELECT @sname=Student_name, @sclassid=Student_classid
FROM Students
WHERE Student_id='11001'
——输出变量@sname 和@sclassid 的值
PRINT @sname
PRINT @sclassid
GO
```

步骤 5：执行 T-SQL 语句，程序的运行结果如图 9.3 所示。

图 9.3 使用 PRINT 语句输出局部变量的值

知识总结：

（1）本任务使用了 SELECT 语句给局部变量重新赋值，SELECT 语句的语法格式为：

```
SELECT @变量名 = 表达式[,@变量名 = 表达式]……
```

赋值语句中的各部分说明与上一任务中 SET 语句一致，除此之外，从语法格式中可看出，SELECT 语句与 SET 语句的区别在于，使用 SET 语句一次只能给一个变量赋值，而在 SELECT 语句中可以一次给多个变量赋值。

（2）本任务中局部变量的输出使用了两种形式：SELECT 语句和 PRINT 语句。使用 SELECT 语句输出局部变量的值，与使用 SELECT 语句输出表达式值的方式相同。PRINT 语句的语法格式如下：

```
PRINT @局部变量名
```

任务 9.1.3 编写 T-SQL 程序，当插入记录的操作不能完成时，返回错误代码的值

步骤 1：新建查询文件。

步骤 2：输入 T-SQL 语句。

```
USE Student
GO
--在 Teachers 表中插入一条新记录
INSERT INTO Teachers(Teacher_id, Teacher_name ,Teacher_department)
VALUES('JS006', '张海涛', '会计系')
--使用全局变量@@ERROR 输出错误代码的值
SELECT @@ERROR AS 错误
GO
```

步骤 3：执行 T-SQL 语句，程序的运行结果如图 9.4 所示。

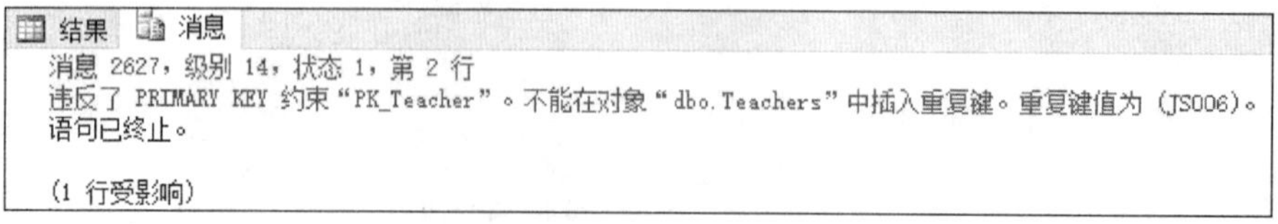

图 9.4 使用全局变量@@ERROR 输出错误代码

知识总结:

本任务中使用了全局变量@@ERROR,全局变量是以@@开头、由系统预先定义并负责维护的变量,也可以把全局变量看成是一种特殊形式的函数。全局变量不能由用户随意建立和修改,作用范围也并不局限于某个程序,而是任何程序均可调用。

SQL Server 常用的全局变量有三十多个,通常用来存储一些 SQL Server 的配置值和效能统计数字,用户可以通过查询全局变量来检测系统的参数值或者执行查询命令后的状态值。对于其他全局变量,读者可通过自行查阅 SQL Server 2012 联机丛书进行学习。

注意:

局部变量的名称不能与全局变量的名称相同,否则就会在应用程序中出错。

任务 9.1.4 编写 T-SQL 程序,查询班级编号及其对应的班级名称,并在班级名称前显示班级所在系部

步骤 1:新建查询文件。

步骤 2:输入 T-SQL 语句。

```
USE Student
GO
SELECT Class_id,Class_department+Class_name AS '系部班级'
FROM Classes
-- rtrim()函数去除 Class_department 值右侧的空格
SELECT Class_id,rtrim(Class_department)+Class_name AS '系部班级'
FROM Classes
```

步骤 3:执行 T-SQL 语句,程序的运行结果如图 9.5 所示。

结果 消息

	Class_id	系部班级
1	2019014	会计系 会计1班
2	2019015	会计系 会计2班
3	2020011	经济信息系 电子商务1班
4	2020012	经济信息系 电子商务2班
5	2020013	经济信息系 电子商务3班

	Class_id	系部班级
1	2019014	会计系会计1班
2	2019015	会计系会计2班
3	2020011	经济信息系电子商务1班
4	2020012	经济信息系电子商务2班
5	2020013	经济信息系电子商务3班

图 9.5 连接运算符的使用

知识总结:

本任务使用了字符串连接运算符(+),此运算符用于连接字符串或二进制数据串、列名或列的混合体,其实质就是将一个串加入另一个串的尾部。

我们已经接触过的 T-SQL 运算符有算术运算符、逻辑运算符和字符串连接运算符,表达式中的运算符要遵循一定的优先级运算规则,如表 9.1 所示。

表 9.1　　**T-SQL 运算符优先级**

优先级	运算符	含　义
1	( )	括号
2	*	乘法运算符
	/	除法运算符
	%	模运算符
3	+	加法运算符、连接运算符
	−	减法运算符
4	=　>　<　>=　<=　<>　!=　!>　!<	比较运算符
5	NOT	逻辑非运算符
6	AND	逻辑与运算符
7	OR	逻辑或运算符
8	=	赋值运算符

任务 9.1.5　编写 T-SQL 程序,查询 Students 表的第一列的长度

步骤 1:新建查询文件。

步骤 2:输入 T-SQL 语句。

```
USE Student
GO
DECLARE @col_name VARCHAR(30)
--使用系统函数进行查询
SELECT @col_name=COL_NAME(OBJECT_ID('Students'),1)
SELECT COL_LENGTH('Students', @col_name) AS 第一列长度
GO
```

步骤 3:执行 T-SQL 语句,程序的运行结果如图 9.6 所示。

图 9.6　系统函数的使用

知识总结：

为了让用户更方便地对数据库进行操作，SQL Server 2012 在 T-SQL 中提供了许多内置函数。函数其实就是一段程序代码，用户可以通过调用内置函数并为其提供所需的参数来执行一些特殊的运算或完成复杂的操作。T-SQL 提供的函数有系统函数、字符串函数、日期和时间函数、数学函数、转换函数等。

本任务使用了系统函数 COL_NAME 和 COL_LENGTH，其格式与功能如表 9.2 所示。

表 9.2　系统函数 COL_NAME 和 COL_LENGTH

函数名	参数	函数功能
COL_NAME	(table_id , column_id)	返回指定表中指定字段(列)的名称
COL_LENGTH	('table' , 'column')	返回指定表中指定列的长度

系统函数可以返回有关当前环境的信息，例如有关服务器、用户、数据库对象的系统信息。其他常用的系统函数及其功能，读者可自行查阅 SQL Server 2012 联机丛书。

任务 9.1.6　编写 T-SQL 程序，查询 2020 级学生中 6 月出生的学生的年龄

步骤 1：新建查询文件。

步骤 2：输入 T-SQL 语句。

```
USE Student
GO
--使用字符串函数、日期与时间函数和转换函数进行查询
SELECT Student_name,Student_sex,Student_birthday,
        DATEDIFF(year, Student_birthday, GETDATE()) AS Student_age
FROM Students
WHERE SUBSTRING(Student_classid,1,4) ='2020'
        AND CONVERT(char(30), Student_birthday,101)  LIKE  '06%'
GO
```

步骤 3：执行 T-SQL 语句，程序的运行结果如图 9.7 所示。

结果　消息

	Student_name	Student_sex	Student_birthday	Student_age
1	景风	男	2002-06-25 00:00:00.000	18
2	范治华	男	2001-06-12 00:00:00.000	19

图 9.7　字符串、日期与时间以及转换函数的使用

知识总结：

本任务中使用了日期与时间函数 DATEDIFF、GETDATE，字符串函数 SUBSTRING 以及转换函数 CONVERT，其格式与功能如表 9.3 所示。

表 9.3　函数 DATEDIFF、GETDATE、SUBSTRING 及 CONVERT

函数名	参数	函数功能
DATEDIFF	(datepart,datel,date2)	以 datepart 指定的方式，返回 date2 与 datel 之差 datepart 参数指定应在日期的哪一部分计算差额
GETDATE	( )	以 datetime 值的 SQL Server 2012 标准内部格式返回当前系统日期和时间
SUBSTRING	(expression,start, length)	返回字符表达式、二进制表达式、文本表达式或图像表达式的一部分
CONVERT	(data_type [(length)] , expression [, style])	将一种数据类型的表达式显式转换为另一种数据类型的表达式 style 参数指定转换后的样式

日期与时间函数用于对日期和时间数据进行运算和操作，其返回值为字符串、数字值或日期和时间值。

字符串函数主要是为了方便用户对二进制数据、字符串和表达式进行操作。

一般情况下，将数据从一种数据类型转换为另一种数据类型的工作是由 SQL Server 自动完成的，这种转换称为隐性转换或自动转换。但也有 SQL Server 无法自动完成的转换，这时可以使用转换函数进行显式的转换，如 CONVERT。

其他常用的日期与时间函数、字符串函数、转换函数、数学函数及其功能，读者可自行查阅 SQL Server 2012 联机丛书。

任务 9.1.7　编写 T-SQL 程序，创建用户自定义函数，实现计算某门课程平均分的功能

步骤 1：新建查询文件。

步骤 2：输入 T-SQL 语句。

```
USE Student
GO
--创建标量值函数，返回数据类型为 int
CREATE FUNCTION course_Avg(@cid AS char(4)) RETURNS int
    AS
    BEGIN
        DECLARE @avg int
        SELECT @avg=AVG(Student_grade)
        FROM Student_course
        WHERE Course_id=@cid
        GROUP BY Course_id
        RETURN @avg
```

```
    END
GO
```

步骤 3:执行 T-SQL 语句,完成自定义函数 course_Avg 的创建。

知识总结:

(1)本任务使用 CREATE FUNCTION 语句创建了一个标量值函数 course_Avg。在 T-SQL 中,除了可以直接使用前面介绍的系统函数之外,还允许用户编写自己的函数,即用户自定义函数。与系统内置函数一样,用户自定义函数中可以包含零个或多个参数,并返回相应的数据。

(2)CREATE FUNCTION 语句的语法格式如下:

```
CREATE FUNCTION 函数名
    (形式参数名称 AS 数据类型,[形式参数名称 AS 数据类型],……)
    RETURNS 返回数据类型
AS
BEGIN
  函数内容
  RETURN 表达式
END
```

- 函数名的定义必须遵循 SQL Server 的标识符命名规则。
- RETURNS 子句指定自定义函数的返回数据类型。根据返回数据类型的不同,用户自定义函数可以分为三类:标量值函数、内联表值函数和多语句表值函数。如果 RETURNS 子句指定的是一种标量数据类型,即用户自定义函数的返回值为单个数据值,则函数为标量值函数,如本任务创建的函数 course_Avg。如果 RETURNS 子句指定 TABLE,则函数为内联表值函数或多语句表值函数。
- BEGIN...END 部分为函数体,标量值函数和多语句表值函数的函数体都被封装在以 BEGIN 开始、END 结束的范围内,而内联表值函数没有明确的函数体,只是一个单个的 SELECT 语句。
- RETURN 子句用来指定函数返回的表达式。

任务 9.1.8 编写 T-SQL 程序,创建一个内联表值函数:根据输入的课程号,查询该课程的基本信息

步骤 1:新建查询文件。

步骤 2:输入 T-SQL 语句。

```
USE Student
GO
--创建内联表值函数,RETURNS 子句指定 TABLE
CREATE FUNCTION course_Information(@CourseNumber AS char(4))
        RETURNS TABLE
    AS
```

```
    RETURN (SELECT * FROM Courses
            WHERE Course_id=@CourseNumber)
```

步骤 3:执行 T-SQL 语句,完成函数 course_Information 的创建。

> **知识总结:**
>
> 本任务创建了内联表值函数 course_Information,内联表值函数的 RETURNS 子句指定为 TABLE,且内联表值函数的内容是单个的 SELECT 语句,函数的返回值即 SELECT 语句的执行结果。

任务 9.1.9 编写 T-SQL 程序,调用任务 9.1.7 创建的自定义函数 course_Avg,查询课程号为 2001 的课程的平均分

步骤 1:新建查询文件。

步骤 2:输入 T-SQL 语句。

```
USE Student
GO
--调用标量值自定义函数,函数名称前面需要添加用户名 dbo
PRINT '该课程平均分为:'+convert(varchar(5), dbo.course_Avg('2001'))
```

步骤 3:执行 T-SQL 语句,调用函数 course_Avg 求课程平均分,执行结果如图 9.8 所示。

图 9.8 调用标量值函数

> **知识总结:**
>
> 本任务中的 PRINT 语句调用了用户自定义函数。其基本语法格式为:
>
> ```
> PRINT 用户名.函数名称(实际参数表)
> ```
>
> 如果调用的是标量值函数,一定要在函数名称前面加上用户名;如果调用的是表值函数,则没有这个要求。

任务 9.1.10 编写 T-SQL 程序,调用任务 9.1.8 创建的自定义函数 course_Information,查询课程号为 4001 的课程的基本信息

步骤 1:新建查询文件。

步骤 2:输入 T-SQL 语句。

```
USE Student
GO
SELECT * FROM course_Information('4001')
GO
```

步骤 3：执行 T-SQL 语句，调用函数 course_Information 查询课程信息，执行结果如图 9.9 所示。

	Course_id	Course_name	Course_period	Course_credit	Course_kind	Course_describe
1	4001	网络数据库	72	4	专业课	NULL

图 9.9　调用内联表值函数

知识总结：

本任务使用了 SELECT 语句调用用户自定义函数。其基本语法格式为：

```
SELECT 用户名.函数名称(实际参数表)
```

调用表值函数时，函数名称前可以不写用户名。

任务 9.1.11　编写 T-SQL 程序，创建多语句表值函数：根据输入的学生姓名，显示该学生各门功课的成绩

步骤 1：新建查询文件。

步骤 2：输入 T-SQL 语句。

```
USE Student
GO
--创建多语句表值用户自定义函数，RETURNS 子句指定 TABLE
CREATE FUNCTION results_Sheet(@name AS nvarchar(10))
    RETURNS @score TABLE
        (studentId char(8),
         studentName nvarchar(10),
         courseName nvarchar(30),
         studentGrade tinyint
        )
    AS
    BEGIN
        --返回数据
        INSERT @score
            SELECT S.Student_id,S.Student_name,
                C.Course_name,SC.Student_grade
            FROM Students AS S
                INNER JOIN Student_course AS SC
                    ON  S.Student_id= SC.Student_id
                INNER JOIN Courses AS C
                    ON  SC.Course_id=C.Course_id
            WHERE S.Student_name=@name
        RETURN
    END
GO
```

步骤 3:执行 T-SQL 语句,完成函数 results_Sheet 的创建。

步骤 4:新建查询文件,输入如下 T-SQL 语句,调用函数 results_Sheet,查询学生叶海平的各门课程成绩,执行结果如图 9.10 所示。

```
USE Student
GO
SELECT * FROM results_Sheet ('叶海平')
```

结果 消息

	studentId	studentName	courseName	studentGrade
1	11001	叶海平	电子商务基础	88
2	11001	叶海平	英语1	78
3	11001	叶海平	英语2	77

图 9.10 调用多语句表值函数

知识总结:

本任务创建了多语句表值函数 results_Sheet,多语句表值函数与内联表值函数一样,其 RETURNS 子句都指定为 TABLE,但与内联表值函数的内容是单个 SELECT 语句不同的是,多语句表值函数是在 BEGIN...END 所封装的函数体内包含 T-SQL 语句,这些 T-SQL 语句可以生成行并将所生成的行插入表中,然后再将表返回。

任务 9.1.12 修改任务 9.1.8 中创建的自定义函数 course_Information,将其改为根据输入的课程名称查询课程信息

步骤 1:新建查询文件。

步骤 2:输入 T-SQL 语句。

```
USE Student
GO
--修改内联表值用户自定义函数
ALTER FUNCTION course_Information(@CourseName AS nvarchar(30))
      RETURNS TABLE
   AS
      RETURN (SELECT * FROM Courses
                 WHERE Course_name=@CourseName)
GO
```

步骤 3:执行 T-SQL 语句,完成函数 course_Information 的修改。

步骤 4:新建查询文件,输入如下 T-SQL 语句,调用修改后的函数 course_Information,查询课程名为网络数据库的课程基本信息,执行结果如图 9.9 所示。

```
USE Student
GO
SELECT * FROM course_Information('网络数据库')
```

知识总结：

修改用户自定义函数的命令是 ALTER FUNCTION 语句，ALTER FUNCTION 语句与 CREATE FUNCTION 语句仅是 ALTER 和 CREATE 这两个命令单词的写法不同，其余部分语法格式均相同，在此不做赘述。

任务 9.1.13　编写 T-SQL 程序，删除任务 9.1.8 创建的自定义函数 course_Information

步骤 1：新建查询文件。

步骤 2：输入 T-SQL 语句。

```
USE Student
DROP FUNCTION dbo. course_Information
```

步骤 3：执行 T-SQL 语句，删除函数 course_Information。

知识总结：

删除用户自定义函数使用 DROP FUNCTION 语句，其语法格式如下：

```
DROP FUNCTION [用户名.]函数名
```

学习子情境 9.2　编写选择结构 T-SQL 程序

【情境描述】

不管是进行学生管理还是课程管理，抑或是成绩管理，都会遇到需要条件判断或是选择的情况，例如判断学生的考试成绩是否优秀、判断某个学生的信息是否存在等，这些问题都可以利用选择结构的程序来解决。小杨计划编写选择结构的程序来完成管理工作中需要选择和判断的工作任务。

【技能目标】

- 掌握 BEGIN... END 语句的用法
- 掌握 IF... ELSE 语句的用法
- 掌握 CASE 语句的用法
- 掌握 GOTO 语句和 RETURN 语句的用法
- 能够熟练地进行选择结构的程序设计

【工作任务】

编写选择结构的 T-SQL 程序，完成需要选择、判断的数据查询和处理。

【任务实施】

任务 9.2.1　编写 T-SQL 程序，在 Student_course 表中查询电子商务基础课程(课程编号为 1001)的平均成绩，并输出相应的提示信息

步骤 1：本程序既有文本消息的输出，又有表查询结果的输出，为了使文本消息和输出结

果显示在同一窗口，需要设置输出结果的格式。在【工具】菜单中，选择【选项】，在打开的【选项】对话框中，展开节点【查询结果】|【SQL Server】|【常规】，在右侧的设置选项【显示结果的默认方式】下拉列表中选择【以文本格式显示结果】，然后单击【确定】按钮，如图 9.11 所示。

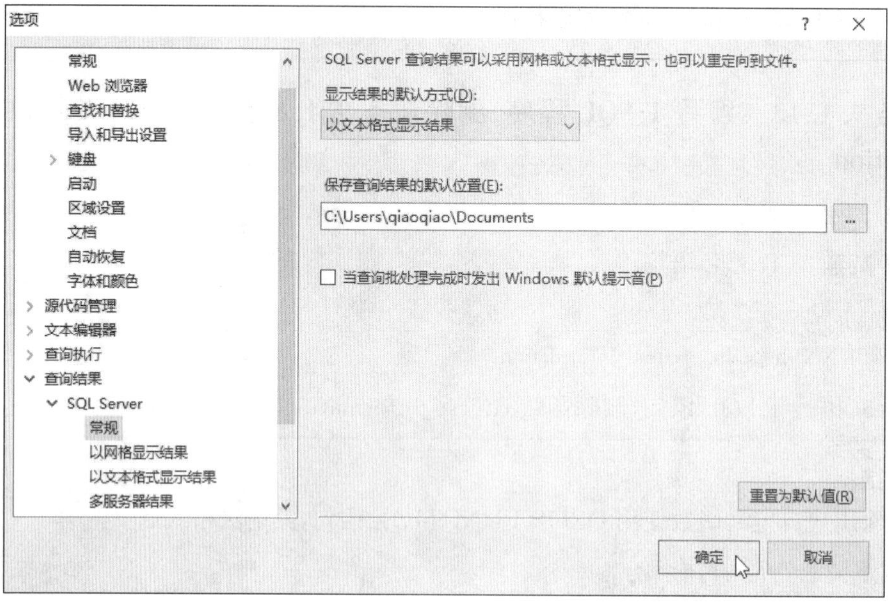

图 9.11　设置文本消息和输出结果显示在同一窗口

步骤 2:新建查询文件。

步骤 3:输入 T-SQL 语句。

```
USE Student
GO
/*若学生平均成绩大于 70，输出“平均成绩达到一般水平”，否则输出“平均成绩有待提高”*/
IF (SELECT AVG (Student_grade) FROM Student_course
        WHERE Course_id='1001')>70
    BEGIN
        PRINT '电子商务基础的平均成绩达到一般水平'
        SELECT AVG (Student_grade) AS 平均成绩
        FROM Student_course
        WHERE Course_id='1001'
    END
ELSE
    BEGIN
        PRINT '电子商务基础的平均成绩有待提高'
        SELECT AVG (Student_grade) AS 平均成绩
        FROM Student_course
        WHERE Course_id='1001'
    END
GO
```

步骤 4：执行 T-SQL 语句，程序的运行结果如图 9.12 所示。

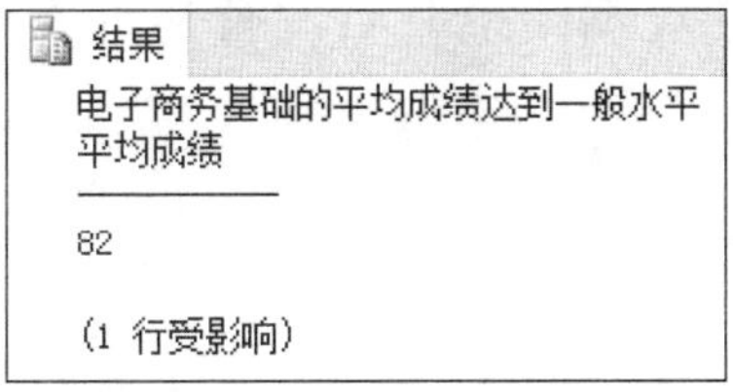

图 9.12　查询课程平均成绩

注意：

在后面的学习内容中，如果遇到与本任务情况相似的程序输出(既有文本消息的输出又有查询结果的输出)，一般默认采用以文本格式显示结果，不再做特别说明。

知识总结：

本任务所编写的程序中使用了 BEGIN...END 语句和 IF...ELSE 语句。

(1)BEGIN...END 语句相当于其他语言中的复合语句，如 C 语言中的{}。它用于将多条 T-SQL 语句封装为一个整体的语句块，即将 BEGIN...END 内的所有 T-SQL 语句视为一个单元执行。BEGIN...END 语句块允许嵌套。

BEGIN...END 语句的基本语法格式为：

```
BEGIN
    T-SQL 命令行
END
```

(2)IF...ELSE 语句是条件判断语句，用以实现选择结构。当 IF 后的条件成立时就执行其后的 T-SQL 语句，条件不成立时执行 ELSE 后的 T-SQL 语句。其中，ELSE 子句是可选项，如果没有 ELSE 子句，当条件不成立时则执行 IF 语句后的其他语句。

IF...ELSE 语句的语法格式为：

```
IF 条件表达式
   程序块
[ELSE
   程序块]
```

- 条件表达式是作为执行和判断条件的布尔表达式，返回 TRUE 或 FALSE，如果布尔表达式中含有 SELECT 语句，必须用圆括号将 SELECT 语句括起来。
- 程序块是一条 T-SQL 语句或者是一个 BEGIN...END 语句块。
- IF...ELSE 语句允许嵌套使用，可以在 IF 之后或在 ELSE 下面嵌套另一个 IF 语句，嵌套级数的限制取决于可用内存。

任务 9.2.2　编写 T-SQL 程序，判断是否有学生的家庭所在地为河北。如果有则输出学生信息，并显示“查询结束”；若没有则直接输出“查询结束”

步骤 1：新建查询文件。

步骤 2：输入 T-SQL 语句。

```
USE Student
GO
——判断是否存在符合条件的学生记录，没有则使用 GOTO 语句跳过输出
IF (SELECT COUNT ( * ) FROM Students WHERE Student_home='河北')=0
        GOTO tg
SELECT Student_id,Student_name,Student_classid,Student_home
    FROM Students WHERE Student_home='河北'
tg:PRINT '查询结束'
```

步骤 3：执行 T-SQL 语句，程序的运行结果如图 9.13 所示。

图 9.13　查询家庭所在地为河北的学生信息

知识总结：

(1)本任务中使用了 GOTO 语句，GOTO 语句用来改变程序的执行流程，使程序无条件跳转到指定的标签处继续执行。GOTO 语句可以出现在条件控制流语句、语句块或过程中，但它不能跳转到该批以外的标签。

GOTO 语句的语法格式为：

```
GOTO  标签
```

GOTO 语句中跳转目标的标签定义格式为：

```
标签:
```

定义标签时，需要在标签的名字后面加上一个冒号。

(2)本任务的代码中只有 IF 子句，没有 ELSE 子句，当条件不成立时则执行 IF 语句后的其他语句。

任务 9.2.3　编写 T-SQL 程序，判断是否存在学号为 11003 的学生，若存在则返回，若不存在则插入学号为 11003 的学生信息

步骤 1：新建查询文件。

步骤 2：输入 T-SQL 语句。

```
USE Student
GO
--判断是否存在指定学号的学生记录,没有则插入新记录
IF EXISTS(SELECT * FROM Students WHERE Student_id='11003')
    RETURN
ELSE
    INSERT INTO Students(Student_id,Student_name,Student_sex,Student_classid)
        VALUES('11003','张江海','男','2020011')
```

步骤 3:执行 T-SQL 语句,程序的运行结果如图 9.14 所示,说明记录已成功插入。

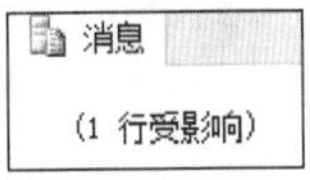

图 9.14　根据学生记录是否存在选择是否插入新记录

> **知识总结:**
>
> 本任务使用了 RETURN 语句,RETURN 的执行是即时且完全的,可在任何时候用于从过程、批处理或语句块中退出。位于 RETURN 语句之后的语句将不会被执行。
>
> RETURN 语句的语法格式为:
>
> ```
> RETURN [整型表达式]
> ```
>
> 如果 RETURN 后没有整型表达式,则退出程序并返回一个空值;若使用整型表达式,RETURN 语句可以返回一个整数值。可将 RETURN 的返回值作为程序是否成功执行的判断标志。在 SQL Server 中除非另有说明,所有系统存储过程返回 0 值,即表示调用成功,而非零值则表示调用失败。

任务 9.2.4　编写 T-SQL 程序,查询 Students 表中所有学生的基本情况,输出学号、姓名、性别及班级名

步骤 1:新建查询文件。

步骤 2:输入 T-SQL 语句。

```
USE Student
GO
--使用 CASE 语句将学生的班级号替换为班级名
SELECT 学号=Student_id,姓名=Student_name,性别=Student_sex,班级名=
    CASE Student_classid
    WHEN '2020011' THEN '电子商务 1 班'
    WHEN '2020012' THEN '电子商务 2 班'
    WHEN '2020013' THEN '电子商务 3 班'
    WHEN '2019014' THEN '会计 1 班'
    WHEN '2019015' THEN '会计 2 班'
    END
FROM Students
```

步骤 3：执行 T-SQL 语句，程序的运行结果如图 9.15 所示。

结果 消息

	学号	姓名	性别	班级名
1	11001	叶海平	男	电子商务1班
2	11002	景风	男	电子商务1班
3	11003	张江海	男	电子商务1班
4	12001	华丽佳	女	电子商务2班
5	12002	范治华	男	电子商务2班
6	13001	李佳佳	女	电子商务3班
7	13002	史慧敏	女	电子商务3班
8	14001	安静	女	会计1班
9	14002	尹强	男	会计1班
10	15001	曹波	男	会计2班
11	15002	杨世英	女	会计2班

图 9.15 查询学生基本情况

知识总结：

本任务使用了简单 CASE 语句来完成多重选择的程序设计。

(1)CASE 语句和 IF...ELSE 语句一样用来实现选择结构。但 CASE 语句与 IF...ELSE 语句相比，可以更方便地实现多重选择的情况，从而避免多重 IF...ELSE 语句的嵌套，使程序结构更加简练、清晰。T-SQL 中的 CASE 语句可分为简单 CASE 语句和搜索 CASE 语句两种。

简单 CASE 语句的语法格式为：

```
CASE 表达式
WHEN 表达式 THEN 结果表达式
……
[ELSE 结果表达式]
END
```

- CASE 后的表达式用于和 WHEN 后的表达式逐个进行比较，两者数据类型必须相同，或必须是可以进行隐式转换的数据类型。
- ……表示可以有多个"WHEN 表达式 THEN 结果表达式"结构。
- THEN 后面给出当 CASE 后的表达式值与 WHEN 后的表达式相等时，要返回的结果表达式。

(2)简单 CASE 语句的执行过程为：首先计算 CASE 后面表达式的值，然后按指定顺序对每个 WHEN 子句后的表达式进行比较，当遇到与 CASE 后表达式值相等的，则执行对应的 THEN 后的结果表达式，并退出 CASE 结构。若 CASE 后的表达式值与所有 WHEN 后的表达式均不相等，则返回 ELSE 后的结果表达式。若 CASE 后的表达式值与所有 WHEN 后的表达式均不相等，且"ELSE 结果表达式"部分被省略，则返回 NULL 值。

任务 9.2.5　编写 T-SQL 程序，根据 Student_course 表中的学生成绩，判断学生成绩是否达到优秀(85 分及以上为优秀)

步骤 1：新建查询文件。

步骤 2：输入 T-SQL 语句。

```
USE Student
GO
SELECT 学号= Student_id,成绩= Student_grade,优秀否=
    CASE
        WHEN Student_grade >=85 THEN '优秀'
        WHEN Student_grade <85 THEN ''
    END
FROM Student_course
GO
```

步骤 3：执行 T-SQL 语句，程序的运行结果如图 9.16 所示(因数据太多，仅截取部分作为示例)。

结果　消息

	学号	成绩	优秀否
1	11001	88	优秀
2	11002	86	优秀
3	11001	78	
4	11002	80	
5	11001	77	
6	11002	88	优秀

图 9.16　判断成绩是否优秀

知识总结：

本任务使用了搜索 CASE 语句来完成多重选择的程序设计。

搜索 CASE 语句的语法格式为：

```
CASE
    WHEN 条件表达式 THEN  结果表达式
    ……
    ELSE 结果表达式
END
```

- 搜索 CASE 语句中，CASE 后无表达式。
- WHEN 后的条件表达式是作为执行和判断条件的布尔表达式。
- ……表示可以有多个“WHEN 条件表达式 THEN 结果表达式”结构。

搜索 CASE 语句的执行过程为：首先测试 WHEN 后的条件表达式，若为真，则执行

THEN 后的结果表达式，否则进行下一个条件表达式的测试。若所有 WHEN 后的条件表达式都为假，则执行 ELSE 后的结果表达式。若所有 WHEN 后的条件表达式都为假，且“ELSE 结果表达式”部分被省略，则返回 NULL 值。

从本任务中可以看出，搜索 CASE 语句和简单 CASE 语句的主要区别在于，搜索 CASE 语句中 WHEN 后的表达式允许是各种比较操作或多种条件测试，而简单 CASE 语句中 WHEN 后的表达式只能用来与 CASE 后的表达式值进行相等的比较。

学习子情境 9.3　编写循环结构 T-SQL 程序

【情境描述】

日常学生管理中，有时会遇到需要重复进行的工作，例如某门课程出题偏难，学生考试成绩较差，需要对成绩进行统一的加分处理，这时就要对加分操作进行不断的重复。在 T-SQL 程序设计中，这种重复执行某种操作的功能由循环结构来实现。小杨计划编写循环结构的程序来处理这样的问题。

【技能目标】

- 掌握 WHILE 语句的用法
- 掌握 CONTINUE 和 BREAK 语句的用法
- 能够熟练地进行循环结构的程序设计

【工作任务】

编写循环结构的 T-SQL 程序，完成需要不断重复的数据处理工作。

【任务实施】

任务 9.3.1　编写 T-SQL 程序，在查询到成绩表中没有学生成绩超过 95 分的情况下，将所有成绩提高 3%，反复执行，直到存在成绩超过 95 分

步骤 1：新建查询文件。

步骤 2：输入 T-SQL 语句。

```
USE Student
GO
WHILE NOT EXISTS (SELECT Student_grade
                    FROM Student_course
                    WHERE Student_grade >95)
  BEGIN
      UPDATE Student_course SET Student_grade= Student_grade * 1.03
      IF (SELECT MAX(Student_grade) FROM Student_course)>95
      --若已存在大于 95 分的成绩，即刻退出循环
          BREAK
      ELSE
      --若仍未存在大于 95 分的成绩，则进入下一次循环
          CONTINUE
```

```
    END
SELECT Student_id, Student_grade FROM Student_course
GO
```

步骤 3:执行 T-SQL 语句,程序的运行结果如图 9.17 所示(因数据太多,仅截取部分作为示例)。

	Student_id	Student_grade
1	11001	94
2	11002	92
3	11001	84
4	11002	86
5	11001	83
6	11002	94

图 9.17　提高学生成绩至有成绩超过 95 分

知识总结:

本任务使用了 WHILE...CONTINUE...BREAK 语句用以实现循环结构,该语句功能是在满足条件的情况下会重复执行 T-SQL 语句或语句块。

WHILE...CONTINUE...BREAK 语句的语法格式为:

```
WHILE 条件表达式
    BEGIN
        程序块
        [BREAK]
        程序块
        [CONTINUE]
        程序块
    END
```

- 条件表达式是作为执行和判断条件的布尔表达式,返回 TRUE 或 FALSE,如果布尔表达式中含有 SELECT 语句,必须用圆括号将 SELECT 语句括起来。
- 程序块是一条 T-SQL 语句或者是一个 BEGIN...END 语句块。
- 当 WHILE 后面的条件为真时,就重复执行 BEGIN...END 之间的语句块。WHILE 语句中的 CONTINUE 和 BREAK 可以是可选项。若有 CONTINUE 语句,其功能是使程序跳出本次循环,开始执行下一次循环。而执行到 BREAK 语句时,会立即终止循环,结束整个 WHILE 语句的执行,并继续执行 WHILE 语句后的其他语句。

任务 9.3.2　编写提高考试成绩的 T-SQL 程序(提分规则为:未达到 80 分的成绩加 2 分,看是否成绩都达到 80 分或 80 分以上,如果没有全部达到 80 分或 80 分以上,未达到的再加 2 分,如此反复提分,直到所有成绩都达到 80 分或超过 80 分为止)

步骤 1:新建查询文件。

步骤 2:输入 T-SQL 语句。

```
USE Student
GO
DECLARE @n int
--让条件永远成立,先进入提分操作
WHILE(1=1)
  BEGIN
  --统计未达到 80 分的成绩数量
    SELECT @n=COUNT(*) FROM Student_course
            WHERE Student_grade<80
    IF (@n>0)
       --每人加 2 分
       UPDATE Student_course
           SET Student_grade=Student_grade+2
           WHERE Student_grade<80
    ELSE
       --退出循环
       BREAK
  END
print '加分后的成绩如下:'
SELECT * FROM Student_course
```

步骤 3:执行 T-SQL 语句,程序的运行结果如图 9.18 所示(因数据太多,仅截取部分作为示例)。

结果

(6 行受影响)

(5 行受影响)

(2 行受影响)
加分后的成绩如下:

SC_id	Student_id	Course_id	Student_grade	Course_year
1	11001	1001	94	1
2	11002	1001	92	1
3	11001	2001	84	1
4	11002	2001	86	1
5	11001	2002	83	2
6	11002	2002	94	2
7	12001	1001	96	1
8	12002	1001	81	1
9	12001	2001	80	1

图 9.18　提高学生成绩至所有成绩都达到或超过 80 分

任务 9.3.3　编写提高考试成绩的 T-SQL 程序，对学生成绩进行反复加分，直到平均分超过 88 分为止（提分规则如下：90 分以上不加分，80—89 分加 1 分，70—79 分加 2 分，60—69 分加 3 分，60 分以下加 5 分）

步骤 1：新建查询文件。

步骤 2：输入 T-SQL 语句。

```
USE Student
GO
--显示初始平均成绩
SELECT AVG(Student_grade) AS '初始平均成绩' FROM Student_course
DECLARE @avg INT
WHILE(1=1)
  BEGIN
    ---一个完整的 UPDATE 语句，根据规则加分
    UPDATE Student_course
      SET Student_grade=
        CASE
            WHEN Student_grade<60 THEN Student_grade+5
            WHEN Student_grade between 60 AND 69 THEN Student_grade+3
            WHEN Student_grade between 70 AND 79 THEN Student_grade+2
            WHEN Student_grade between 80 AND 89 THEN Student_grade+1
            ELSE Student_grade
        END
    SELECT @avg=AVG(Student_grade) FROM Student_course
    IF  @avg>88
        BREAK
END
--加分后平均成绩
SELECT AVG(Student_grade) '加分后平均成绩' FROM Student_course
```

步骤 3：执行 T-SQL 语句，程序的运行结果如图 9.19 所示。

图 9.19　提高学生成绩至平均分超过 88 分

归纳总结

本学习情境所涉及的知识点有 T-SQL 的编程基础、常用内置函数的使用、用户自定义函数的编写和调用以及 T-SQL 中的流程控制语句，并通过各个任务介绍了其具体应用方式。通

过对本学习情境的学习，读者应当对 T-SQL 的编程结构有很好的掌握，能够利用 T-SQL 的编程元素控制程序的流程，从而编写出实用的 T-SQL 程序，以解决日常管理工作中对数据的各种复杂管理需求。

习　题

理论题

1. 什么是批处理？

2. 局部变量和全局变量有哪些区别？

3. T-SQL 的流程控制语句有哪些？功能是什么？

操作题

1. 创建标量值函数，求输入数字的平方值。

2. 创建多语句表值函数，根据输入的课程名称，显示该课程的基本信息和开课情况（哪个教师给哪个班上该门课）。

3. 创建内联表值函数，在 MyLibrary 数据库中查询读者的借阅情况。

4. 编写 T-SQL 程序，在 Student 数据库的 Student_course 表中查询学生的考试情况，并根据考试分数判断输出考试等级“A”“B”“C”“D”“E”。90 分以上为“A”，80－89 分为“B”，70－79 分为“C”，60－69 分为“D”，60 分以下为“E”。

学习情境 10　创建存储过程

【情境描述】

在教务处的日常管理工作中，有些工作内容会频繁出现，例如新数据的输入和特定学生、成绩、课程等信息的查询，为了避免进行重复劳动，可以将需要完成的工作预先用 SQL 语句写好并用指定的名称保存为存储过程，当需要进行与已定义好的存储过程功能相同的工作时，可以直接调用该存储过程。

【技能目标】

- 掌握如何创建存储过程
- 掌握如何调用存储过程

学习子情境 10.1　创建与学生管理有关的存储过程

【情境描述】

高校每学年的第一学期都有新生入学，新生的信息输入是每学年开始的必需工作；除此之外，很多时候需要查询特定的学生信息，因此小杨需要编写相应的存储过程以完成如上管理工作。

【技能目标】

- 熟悉常用的系统存储过程
- 学会创建不带参数的存储过程
- 学会创建带输入参数的存储过程
- 学会修改存储过程
- 掌握调用存储过程的方法

【工作任务】

编写查询特定学生信息的存储过程和向数据库中添加新生信息的存储过程，可以根据学号方便地查询到学生的基本信息，并将新生的信息输入数据库中。

【任务实施】

任务 10.1.1　使用系统存储过程查看 Student 数据库和学生信息表的相关信息

步骤 1：新建查询文件。

步骤 2：输入 T-SQL 语句。

```
USE Student
GO
--调用系统存储过程 sp_stored_procedures,查看当前数据库的存储过程列表
EXEC sp_stored_procedures
--调用系统存储过程 sp_columns,查看 Students 表的列的信息
EXEC sp_columns Students
--调用系统存储过程 sp_help Students,查看 Students 表的信息
EXEC sp_help Students
--调用系统存储过程 sp_helpconstraint Students,查看 Students 表的约束
EXEC sp_helpconstraint Students
--调用系统存储过程 sp_helpindex Student_course,查看 Students_course 表的索引
EXEC sp_helpindex Student_course
GO
```

步骤 3:执行 T-SQL 语句,观察执行结果。

知识总结:

本任务中主要使用了系统存储过程,存储过程是一组完成特定功能的 T-SQL 语句集,与程序设计语言中的函数功能相似,经编译后存储在数据库中供用户调用。存储过程可以接收和输出参数、返回执行状态,也可以嵌套调用。

(1)存储过程分为 3 类:系统存储过程、扩展存储过程和用户自定义存储过程。

①系统存储过程是安装 SQL Server 时由系统创建的存储过程,它存储在 master 数据库中,前缀为 sp_。系统存储过程主要用于从系统表中获取信息,也为系统管理员和有权限的用户提供更新系统表的途径。它们中的大部分可以在用户数据库中使用。

②扩展存储过程是对动态链接库(DLL)函数的调用,其前缀为 xp_,它允许用户使用 DLL 访问 SQL Server。

③用户自定义存储过程是由用户为完成某一特定功能而编写的存储过程。它主要在应用程序中使用,它们可以完成特定的任务,对于编程而言,这也是最常用的存储过程。

本学习情境主要介绍用户自定义存储过程。

(2)本任务使用了 EXECUTE 语句,SQL Server 2012 使用 EXECUTE 语句来执行存储过程,其语法如下:

```
[ { EXEC | EXECUTE } ]
{[@return_status=] procedure }
[ [ @parameter = ] { value | @variable [ OUTPUT ] | [ DEFAULT ]} ] [,... n ]
```

参数说明:

- @return_status:整型变量,用于保存存储过程的返回状态。
- [[@parameter =] { value | @variable [OUTPUT] | [DEFAULT]}]:以@parameter=value | @variable 的形式为存储过程的参数赋值时,可以不考虑存储过程中参数的顺序。如果不以这样的方式为参数赋值,则必须按照存储过程中参数的顺序为参数赋值。OUTPUT 说明指定的参数为返回参数;DEFAULT 指定使用该参数的默认值。

任务 10.1.2 创建存储过程 proc_GetSimpleInfo，用于查询 2019 级、家庭所在地为山西的学生的基本信息

步骤 1：新建查询文件。

步骤 2：输入 T-SQL 语句。

```
USE Student
GO
--判断存储过程 proc_GetSimpleInfo 是否已经存在，若存在则将其删除
IF EXISTS(SELECT name FROM sysobjects
      WHERE name='proc_GetSimpleInfo' AND type='p')
      DROP PROCEDURE proc_GetSimpleInfo
GO
--创建不带参数的存储过程 proc_GetSimpleInfo
CREATE PROCEDURE proc_GetSimpleInfo
--无参数
AS
SELECT Student_id,Student_name,Student_sex,Student_classid,Student_home
FROM Students
WHERE Student_classid like '2019%' AND Student_home= '山西'
GO
```

步骤 3：测试语法之后，执行 T-SQL 语句，完成存储过程 proc_GetSimpleInfo 的创建。

步骤 4：新建查询文件，输入如下 T-SQL 语句，执行该存储过程，结果如图 10.1 所示。

```
EXECUTE proc_GetSimpleInfo
GO
```

结果 消息

	Student_id	Student_name	Student_sex	Student_classid	Student_home
1	14001	安静	女	2019014	山西

图 10.1 存储过程 proc_GetSimpleInfo 的执行结果

知识总结：

(1)本任务使用了创建存储过程的语句 CREATE PROCEDURE，其语法如下：

```
CREATE { PROC | PROCEDURE } procedure_name
[ { @parameter data_type } [ VARYING ] [ = default ] [ OUT | OUTPUT ]] [,...n]
AS
sql_statement [ ...n ]
```

从语法中可以看出，创建存储过程时，存储过程的名字 procedure_name 和实现存储过程功能的 T-SQL 语句 sql_statement 是必不可少的。

参数说明如下：

● procedure_name:新存储过程的名称。过程名称必须遵循标识符的命名规则,且对于数据库及其所有者必须唯一。

● { @parameter data_type } [VARYING] [= default] [OUT | OUTPUT]:设置存储过程的参数。parameter 为参数名称;data_type 是参数的数据类型;VARYING 指定作为输出参数支持的结果集(仅适用于 cursor 参数);default 是参数的默认值,即执行存储过程时未给该参数赋值,则该参数使用默认值;OUT | OUTPUT 设定该参数为输出参数,即该参数能将参数值返回给存储过程的调用方,此部分为可选项,也可以创建不带参数的存储过程,如本任务所示。

(2)一般来说,使用 T-SQL 语句创建一个存储过程应按照以下步骤进行:

①编写 SQL 语句。

②测试 SQL 语句是否正确,能否实现功能要求。

③若得到的结果数据符合预期要求,则按照存储过程的语法创建该存储过程。

④执行该存储过程,验证其正确性。

任务 10.1.3　修改任务 10.1.2 创建的存储过程 proc_GetSimpleInfo,用于查询 2019 级、家庭所在地为重庆的学生的基本信息,并使用 ENCRYPTION 关键字对该存储过程文本进行加密

步骤 1:新建查询文件。

步骤 2:输入 T-SQL 语句。

```
USE Student
GO
--使用 ALTER PROCEDURE 语句修改存储过程 proc_GetSimpleInfo
ALTER PROCEDURE proc_GetSimpleInfo
--设置加密选项
WITH ENCRYPTION
AS
    SELECT Student_id,Student_name,Student_sex,Student_classid,Student_home
    FROM Students
    WHERE Student_classid like '2019%' AND Student_home= '重庆'
GO
```

步骤 3:测试语法之后,执行 T-SQL 语句,完成存储过程 proc_GetSimpleInfo 的修改。

步骤 4:新建查询文件,输入如下 T-SQL 语句,执行该存储过程,结果如图 10.2 所示。

```
EXECUTE proc_GetSimpleInfo
GO
```

结果　消息

	Student_id	Student_name	Student_sex	Student_classid	Student_home
1	14002	尹强	男	2019014	重庆

图 10.2　存储过程 proc_GetSimpleInfo 修改后的执行结果

步骤 5:新建查询文件,输入如下 T-SQL 语句,调用系统存储过程 sp_helptext,查看存储过程 proc_GetSimpleInfo 的定义文本,结果如图 10.3 所示。

```
EXECUTE sp_helptext proc_GetSimpleInfo
GO
```

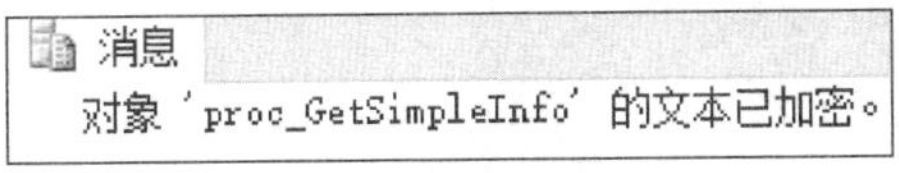

图 10.3 查看存储过程 proc_GetSimpleInfo 的定义文本

注意:

如果在创建存储过程的时候没有使用 WITH ENCRYPTION,则可以使用系统存储过程 sp_helptext 查看存储过程的定义。

知识总结:

可以使用 ALTER PROCEDURE 语句来对存储过程进行修改,它不会更改权限,也不影响相关的存储过程,其语法如下:

```
ALTER {PROC | PROCEDURE} procedure_name
[ { @parameter data_type } [ VARYING ] [ = default ] [ OUT | OUTPUT ]] [ ,... n ]
AS
sql_statement [ ... n ]
```

可以看出,除了将关键字 CREATE 改为 ALTER 之外,其他的参数与 CREATE PROCEDURE 语句相同,不再赘述。

任务 10.1.4 创建存储过程 proc_SelStu,用于根据学号查询学生个人信息

步骤 1:新建查询文件。

步骤 2:输入 T-SQL 语句。

```
/*根据输入的学号查询学生信息,需要使用输入参数来接收输入的学号的值*/
USE Student
GO
CREATE PROCEDURE proc_SelStu
    --定义输入参数@Student_id
    ( @Student_id CHAR(8))
AS
    SELECT Students.Student_id AS 学号,Students.Student_name AS 姓名,
        Students.Student_sex AS 性别,Students.Student_birthday AS 出生日期,
        Students.Student_home AS 籍贯,Classes.Class_name AS 班级
    FROM Students INNER JOIN Classes
                        ON Students.Student_classid = Classes.Class_id
```

```
    WHERE Student_id=@Student_id
GO
```

步骤 3:测试语法之后,执行 T-SQL 语句,完成存储过程 proc_SelStu 的创建。

步骤 4:新建查询文件,输入如下 T-SQL 语句,执行该存储过程,结果如图 10.4 所示。

```
--调用存储过程时,提供输入参数的值
EXECUTE proc_SelStu '15002'
GO
```

步骤 5:修改步骤 4 中的调用语句,执行结果如图 10.4 所示。

```
--调用存储过程时,提供输入参数的值
EXECUTE proc_SelStu @Student_id='15002'
GO
```

结果 消息

	学号	姓名	性别	出生日期	籍贯	班级
1	15002	杨世英	女	2001-12-01 00:00:00.000	天津	会计2班

图 10.4 存储过程 proc_SelStu 的执行结果

知识总结:

本任务中创建的存储过程使用了输入参数,存储过程中的参数分为输入参数和输出参数两种。

输入参数用于将实际参数值传入存储过程中。与函数的输入参数类似,存储过程中的输入参数在存储过程中定义,参数值由调用该存储过程的调用语句给出,即调用带有输入参数的存储过程时,需要为输入参数赋值。

输出参数的用法将在下一学习子情境中介绍。

任务 10.1.5 创建存储过程 proc_InsStu,用于向 Students 表中添加新学生

步骤 1:新建查询文件。

步骤 2:输入 T-SQL 语句。

```
USE Student
GO
CREATE PROCEDURE proc_InsStu
    ( @Student_id NCHAR(5),
      @Student_name NCHAR(10),
      @Student_sex NCHAR(1),
      @Student_birthday DATETIME,
      @Student_time DATETIME,
      @Student_classid NCHAR(7),
      @Student_home NVARCHAR(50))
```

```
AS
    INSERT INTO Students
      (Student_id,
       Student_name,
       Student_sex,
       Student_birthday,
       Student_time,
       Student_classid,
       Student_home)
    VALUES
      ( @Student_id,
        @Student_name,
        @Student_sex,
        @Student_birthday,
        @Student_time,
        @Student_classid,
        @Student_home)
GO
```

步骤 3:测试语法之后,执行 T-SQL 语句,完成存储过程 proc_InsStu 的创建。

步骤 4:新建查询文件,输入如下 T-SQL 语句,执行该存储过程,结果如图 10.5 所示,表明数据已成功插入,此时可在 Students 表中查看到该学生记录。

```
--调用存储过程时,提供输入参数的值
EXECUTE proc_InsStu '11004', '李昆', '男','2002－1－16','2020－9－5', '2020011', '河南'
GO
```

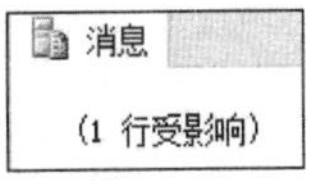

图 10.5　存储过程 proc_InsStu 的执行结果

步骤 5:将步骤 4 中插入的学生记录删除,使用下面的调用语句,重新执行插入操作,执行结果如图 10.5 所示。

```
EXECUTE proc_InsStu @Student_id='11004',@Student_sex='男',
    @Student_name ='李昆',@Student_birthday='2002－1－16',
    @Student_time='2020－9－5', @Student_classid='2020011',@Student_home='河南'
GO
```

注意:

当有多个输入参数需要赋值,若使用步骤 4 的调用语句,则必须按照存储过程中参数的顺序为参数赋值;若使用步骤 5 的调用语句,则可以不考虑存储过程中参数的顺序。

学习子情境 10.2 创建与成绩管理有关的存储过程

【情境描述】

考试完毕都需要录入学生的成绩，并且在做成绩分析的时候，通常都会计算学生的平均成绩或者是统计成绩优秀的学生人数，这些工作每学期都会重复进行，因此，小杨将此类工作编写为存储过程，以便需要时随时调用。

【技能目标】

- 学会为存储过程的输入参数指定默认值
- 学会创建带输出参数的存储过程
- 掌握删除存储过程的方法

【工作任务】

编写添加新成绩、计算学生平均分以及统计优秀学生人数的存储过程。

【任务实施】

任务 10.2.1 创建存储过程 proc_InsStuCour，用于向 Student_course 表中添加新成绩

步骤 1：新建查询文件。

步骤 2：输入 T-SQL 语句。

```
USE Student
GO
CREATE PROCEDURE proc_InsStuCour
    ( @Student_id NCHAR(5),
      @Course_id NCHAR(4),
      @Student_grade TINYINT,
      @Course_year TINYINT)
AS
    INSERT INTO Student_course
    (Student_id,
     Course_id,
     Student_grade,
     Course_year)
VALUES
    ( @Student_id,
      @Course_id,
      @Student_grade,
      @Course_year)
GO
```

步骤 3：测试语法之后，执行 T-SQL 语句，完成存储过程 proc_InsStuCour 的创建。

步骤 4：新建查询文件，输入如下 T-SQL 语句，执行该存储过程，结果如图 10.6 所示，表明数据已成功插入，此时可在 Student_course 表中查看到该记录。

```
EXECUTE proc_InsStuCour '11002', '3001', 75,2
GO
```

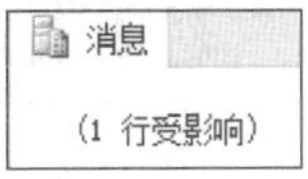

图 10.6　存储过程 proc_InsStuCour 的执行结果

任务 10.2.2　创建存储过程 proc_StuCour,用于查看所有学生成绩平均分以及成绩优秀(优秀的标准可以自行确定)的学生名单

步骤 1:新建查询文件。

步骤 2:输入 T-SQL 语句。

```
USE Student
GO
CREATE PROCEDURE proc_StuCour
    ——输入参数@standard,用于接收成绩优秀的标准
    @standard int
AS
    DECLARE @Avg float
    SELECT @Avg=AVG(Student_grade)   FROM Student_course
    print '成绩平均分:'+convert(varchar(5),@Avg)
    print '——————————————————————————'
    print '              考试成绩优秀的学生'
    SELECT Student_name,Students. Student_id,Student_grade
    FROM Students   INNER JOIN Student_course
                        ON Students. Student_id=Student_course. Student_id
    WHERE Student_grade>= @standard
GO
```

步骤 3:测试语法之后,执行 T-SQL 语句,完成存储过程 proc_StuCour 的创建。

步骤 4:新建查询文件,输入如下 T-SQL 语句,执行该存储过程,结果如图 10.7 所示。

```
——调用存储过程时,为输入参数赋值 80,即指定成绩优秀标准为 80
EXECUTE proc_StuCour 80
GO
```

```
结果
成绩平均分: 79
------------------------------------------------
           考试成绩优秀的学生
Student_name Student_id Student_grade
------------ ---------- -------------
叶海平          11001        88
景风           11002       86
景风           11002       80
景风           11002       88
华丽佳          12001        90
华丽佳          12001        80
华丽佳          12001        85
史慧敏          13002        81
史慧敏          13002        90
史慧敏          13002        89
李佳佳          13001        88
史慧敏          13002        86
尹强           14002       80
曹波           15001       88

(14 行受影响)
```

图 10.7　存储过程 proc_StuCour 的执行结果

任务 10.2.3　创建存储过程 proc_StuCour1，主要功能与任务 10.2.2 创建的存储过程相同，但在 pro_StuCour1 中为成绩优秀的标准指定默认值为 85 分

步骤 1：新建查询文件。

步骤 2：输入 T-SQL 语句。

```
USE Student
GO
CREATE PROCEDURE proc_StuCour1
    --为输入参数指定默认值
    @standard int=85
AS
    DECLARE @Avg float
    SELECT @Avg=AVG(Student_grade)  FROM Student_course
    print '成绩平均分:'+convert(varchar(5),@Avg)
    print '------------------------------'
    print '            考试成绩优秀的学生'
    SELECT Student_name,Students.Student_id,Student_grade
            FROM Students  INNER JOIN Student_course
                        ON Students.Student_id=Student_course.Student_id
            WHERE Student_grade>= @standard
GO
```

步骤 3：测试语法之后，执行 T-SQL 语句，完成存储过程 proc_StuCour1 的创建。

步骤 4：新建查询文件，输入如下 T-SQL 语句，执行该存储过程，结果如图 10.8 所示。

```
--调用存储过程时,采用输入参数默认值
EXECUTE proc_StuCour1
GO
```

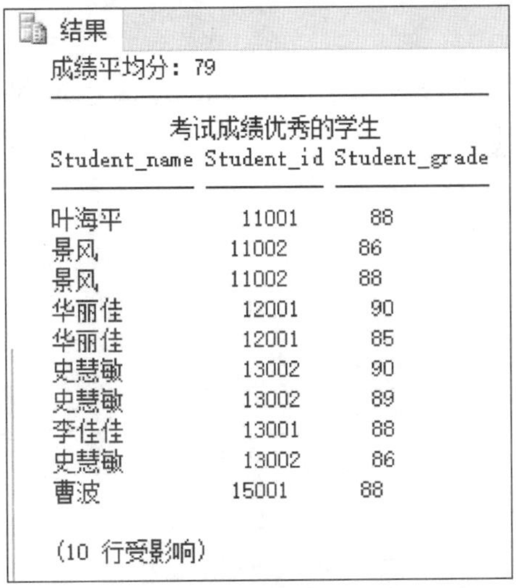

图 10.8 存储过程 proc_StuCour1 的执行结果

步骤 5:修改步骤 4 中的 T-SQL 语句,将成绩优秀标准定为 80 分。执行该语句,执行结果如图 10.7 所示。

```
EXECUTE proc_StuCour1 80
GO
```

知识总结:

创建带输入参数的存储过程时,可以为输入参数指定默认值。如果在调用带输入参数的存储过程时未指定实际参数值,则采用定义存储过程时的输入参数默认值;若调用时给出了实际参数值,则采用给出的值。

任务 10.2.4 删除任务 10.2.2 创建的存储过程 proc_StuCour

步骤 1:新建查询文件。

步骤 2:输入 T-SQL 语句。

```
USE Student
GO
DROP PROCEDURE proc_StuCour
GO
```

步骤 3:执行 T-SQL 语句,将存储过程 proc_StuCour 删除。

知识总结：

对于不再需要的存储过程，可以使用 DROP PROCEDURE 语句将其删除，语法如下：

```
DROP { PROC | PROCEDURE } { procedure } [,... n ]
```

任务 10.2.5 创建存储过程 pro_StuCour2，输出成绩优秀的学生名单的同时统计成绩优秀的学生人数

步骤 1：新建查询文件。

步骤 2：输入 T-SQL 语句。

```
USE Student
GO
CREATE PROCEDURE proc_StuCour2
    --定义输出参数@Sum，要使用 OUTPUT 关键字
    @Sum int OUTPUT,
    @standard int=85
AS
    print '            考试成绩优秀的学生'
    SELECT Student_name,Students. Student_id,Student_grade
    FROM Students INNER JOIN Student_course
                        ON Students. Student_id=Student_course. Student_id
    WHERE Student_grade>= @standard
    SELECT @Sum=COUNT(DISTINCT Student_id)
    FROM Student_course
    WHERE Student_grade>= @standard
GO
```

步骤 3：测试语法之后，执行 T-SQL 语句，完成存储过程 proc_StuCour2 的创建。

步骤 4：新建查询文件，输入如下 T-SQL 语句，执行该存储过程，结果如图 10.9 所示。

```
--定义变量@x，用于存放调用存储过程时输出参数返回的结果
DECLARE @x int
--调用存储过程时，用于存放输出参数返回值的变量后也要带 OUPUT 关键字
EXEC proc_StuCour2 @x OUTPUT ,82
print '------------------------'
print '成绩优秀人数为：'+convert(varchar(5),@x)+ '人'
```

知识总结：

本任务创建的存储过程中使用了输出参数，输出参数也在存储过程中定义，存储过程可以通过定义输出参数向调用端返回一个或多个值。

输出参数在定义时要使用 OUTPUT 关键字，否则会被视为输入参数使用。同样，在调用带输出参数的存储过程时，用以接收返回值的变量在 EXECUTE 语句中也要使用 OUTPUT 关键字。

```
结果
                考试成绩优秀的学生
Student_name  Student_id  Student_grade
------------  ----------  -------------
叶海平          11001        88
景风            11002        86
景风            11002        88
华丽佳          12001        90
华丽佳          12001        85
史慧敏          13002        90
史慧敏          13002        89
李佳佳          13001        88
史慧敏          13002        86
曹波            15001        88

(10 行受影响)

---------------------------------------
成绩优秀人数为：6人
```

图 10.9　存储过程 proc_StuCour2 的执行结果

学习子情境 10.3　创建与课程管理有关的存储过程

【情境描述】

课程管理中最常见的工作就是查询特定课程的信息或者查询指定学生所选的课程和数量，这些数据是排课和计算学分的基础和依据，小杨计划将此类查询编写为存储过程。

【技能目标】

- 学会使用模板创建存储过程
- 学会使用 Management Studio 管理存储过程

【工作任务】

编写查询特定课程信息以及查询学生选课情况的存储过程。

【任务实施】

任务 10.3.1　创建一个存储过程 proc_RetrCourse，用于返回指定课程编号的课程名称，该存储过程对传递的参数进行模式匹配。如果没有提供参数，则使用预设的默认值(课程编号为 1001)

步骤 1：在【对象资源管理器】中，依次展开【数据库】|【Student】|【可编程性】。

步骤 2：右键单击【存储过程】，在打开的快捷菜单中单击【新建存储过程】，如图 10.10 所示。

步骤 3：在 SQL 编辑器工具栏上，单击指定模板参数的值按钮 。

步骤 4：在【指定模板参数的值】对话框中，将 Procedure_Name 的参数值修改为 proc_RetrCourse，@Param1 的参数值改为@CourseId，Datatype_For_Param1 的参数值改为 nchar(4)，Default_Value_For_Param1 的参数值改为'1001'，如图 10.11 所示，单击【确定】按钮完成参数配置。

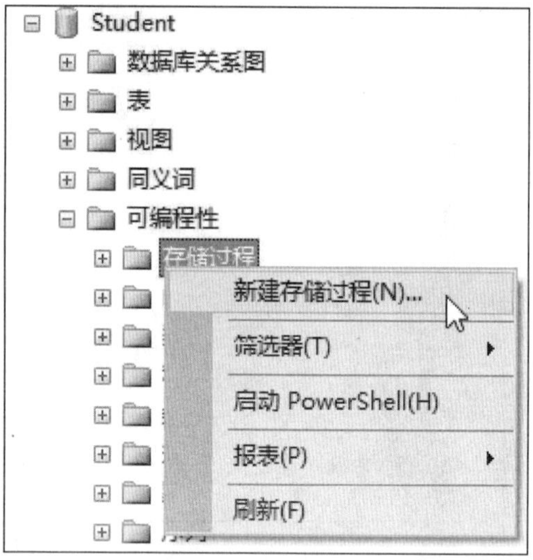

图 10.10　新建存储过程

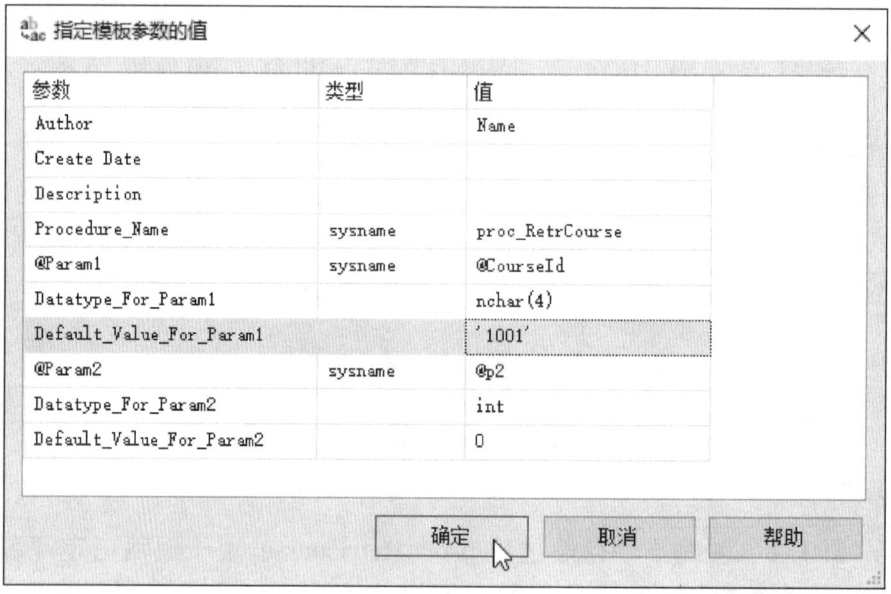

图 10.11　指定模板参数的值

步骤 5:在存储过程模板中,继续修改模板代码,最终修改结果如下所示。

```
-- ==============================================
-- Template generated from Template Explorer using:
-- Create Procedure (New Menu). SQL
--
-- Use the Specify Values for Template Parameters
-- command (Ctrl-Shift-M) to fill in the parameter
-- values below.
--
-- This block of comments will not be included in
-- the definition of the procedure.
-- ==============================================
SET ANSI_NULLS ON
GO
SET QUOTED_IDENTIFIER ON
GO
-- ==============================================
-- Author:Name
-- Create date:
-- Description:
-- ==============================================
CREATE PROCEDURE proc_RetrCourse
    -- Add the parameters for the stored procedure here
    @CourseId nchar(4) = '1001'
AS
BEGIN
    -- SET NOCOUNT ON added to prevent extra result sets from
    -- interfering with SELECT statements.
    SET NOCOUNT ON;

    -- Insert statements for procedure here
    SELECT Course_name
    FROM Courses
    WHERE Course_id LIKE @CourseId
END
GO
```

步骤 6:单击 SQL 编辑器工具栏上的【分析】按钮测试语法之后,单击【执行】完成存储过程 proc_RetrCourse 的创建。

步骤 7:新建查询文件,输入下面的查询语句,执行存储过程 proc_RetrCourse,结果如图 10.12 所示。

```
USE Student
GO
EXEC proc_RetrCourse
GO
```

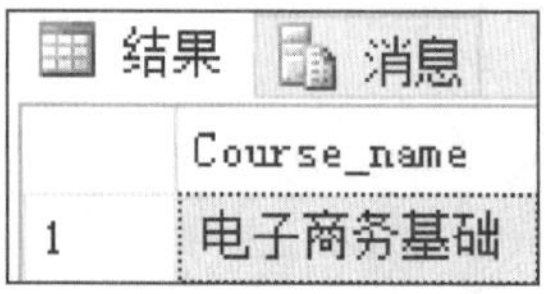

图 10.12　存储过程 proc_RetrCourse 的执行结果(使用参数默认值)

注意:

这里的调用语句没有提供参数的值,所以使用默认值 1001;也可以在调用时提供想查询的课程编号,例如使用如下 T-SQL 语句查询,则执行结果如图 10.13 所示。

```
USE Student
GO
EXEC proc_RetrCourse '4001'
GO
```

图 10.13　存储过程 proc_RetrCourse 的执行结果(使用指定的参数值)

任务 10.3.2　在 Management Studio 中查看存储过程 proc_RetrCourse 的依赖关系,然后将其删除

步骤 1:在【对象资源管理器】中,依次展开【数据库】|【Student】|【可编程性】|【存储过程】,右键单击 dbo. proc_RetrCourse,在打开的快捷菜单中选择【查看依赖关系】,如图 10.14 所示。

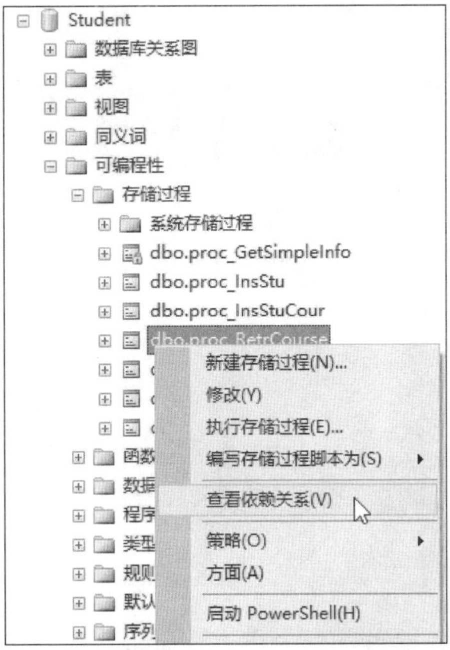

图 10.14　在 Management Studio 中查看依赖关系

步骤 2:查看依赖于存储过程的对象列表[图 10.15(a)]和存储过程所依赖的对象列表[图 10.15(b)],单击【确定】按钮关闭对话框。

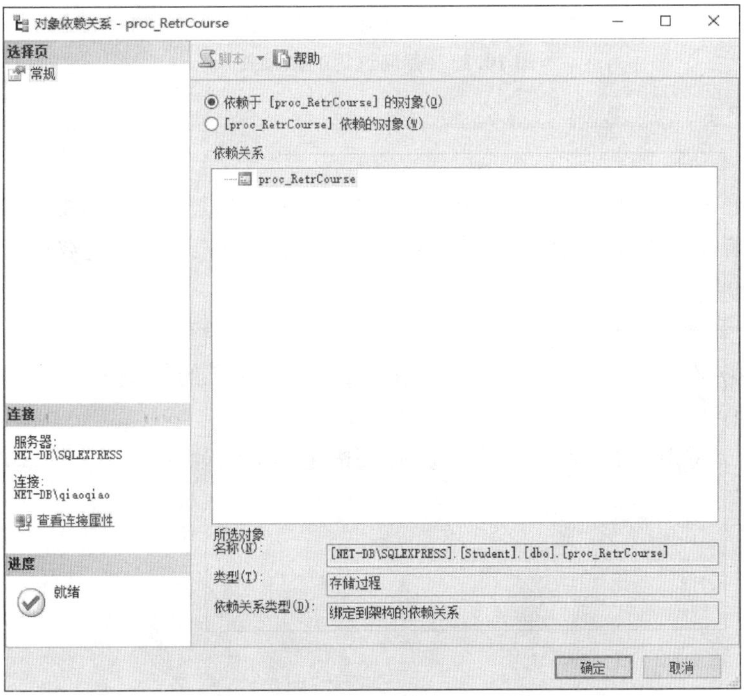

(a)

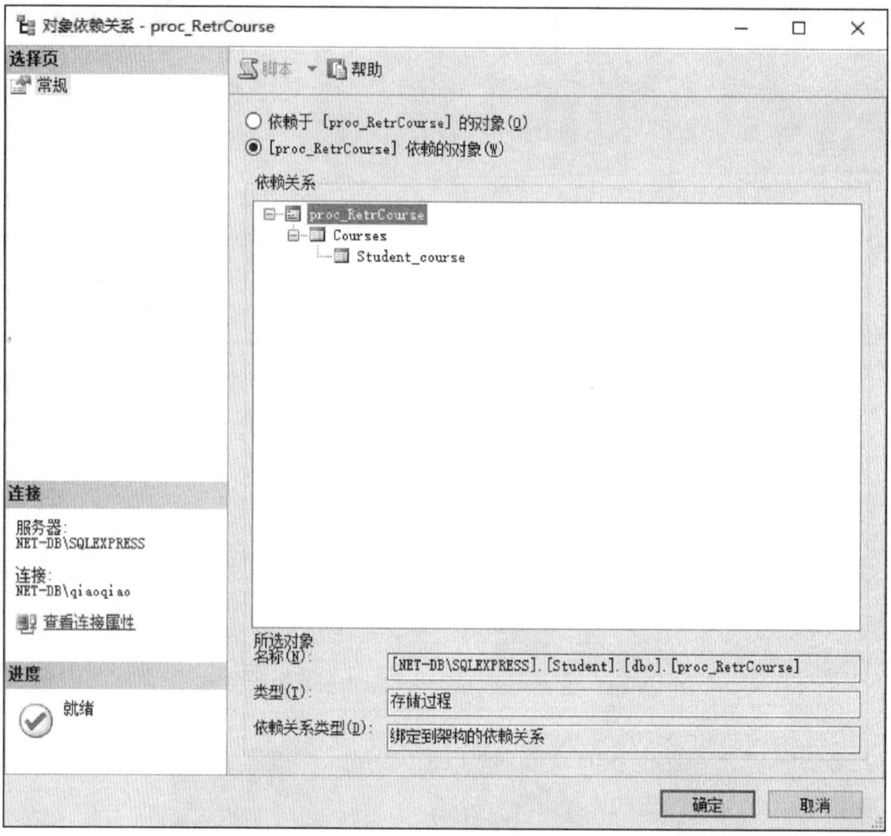

(b)

图 10.15 存储过程的依赖关系

> **注意:**
>
> 在修改、重命名或删除存储过程之前,了解哪些对象依赖于此存储过程十分重要。例如,更改了存储过程的名称或定义,而未在依赖对象中反映已对存储过程所做的更改,会导致依赖对象失败。

步骤 3:再次右键单击 dbo. proc_RetrCourse,在打开的快捷菜单中选择【删除】,如图 10.16 所示。

步骤 4:在【删除对象】对话框中,单击【确定】按钮删除此对象。

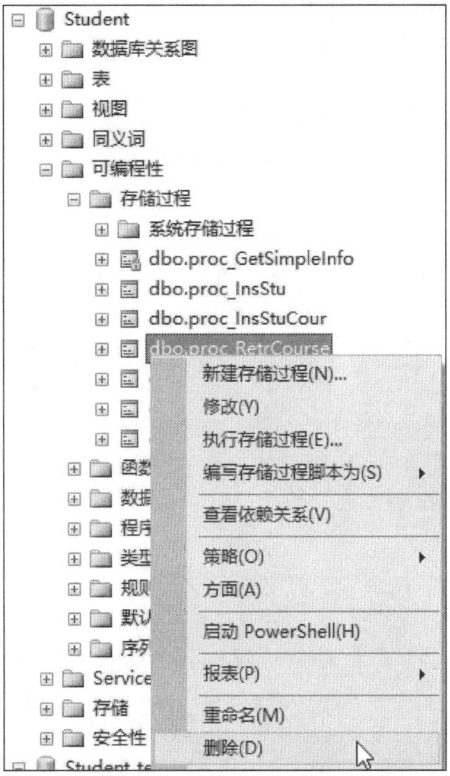

图 10.16　在 Management Studio 中删除存储过程

任务 10.3.3　创建存储过程 proc_StuChooseCour，用于查询指定学生所选课程以及所选课程的数量

步骤 1：新建查询文件。

步骤 2：输入 T-SQL 语句。

```
USE Student
IF EXISTS(SELECT name FROM sysobjects
    WHERE name='proc_StuChooseCour' AND type='p')
    DROP PROCEDURE proc_StuChooseCour
GO
CREATE PROCEDURE proc_StuChooseCour
    --输入参数，用于将指定学生的姓名传递给存储过程
    @stuname nchar(10),
    --输出参数，用于返回该学生所选课程的数量
    @courcount int OUTPUT
    AS
        --定义局部变量@errorsave，作为返回值，用于保存该存储过程的返回状态
            DECLARE @errorsave INT
            SET @errorsave=0
```

```
        SELECT S. Student_name,C. Course_name
        FROM Students S INNER JOIN Student_course SC
          ON S. Student_id=SC. Student_id INNER JOIN Courses C
          ON SC. Course_id=C. Course_id
        WHERE S. Student_name=@stuname
        SELECT @courcount=count(Course_name)
        FROM Students S INNER JOIN Student_course SC
          ON S. Student_id=SC. Student_id INNER JOIN Courses C
          ON SC. Course_id=C. Course_id
        WHERE S. Student_name=@stuname
        IF(@@error<>0)
          SET @errorsave=@@error
        --返回值
        RETURN @errorsave
GO
```

注意：

返回值@errorsave 用于保存该存储过程执行中的错误信息(若为 0 表示没有错误)。

步骤 3：测试语法之后，执行 T-SQL 语句，完成存储过程 proc_StuChooseCour 的创建。

步骤 4：新建查询文件，输入如下 T-SQL 语句，调用该存储过程，执行结果如图 10.17 所示。

```
USE Student
GO
DECLARE @returnvalue INT,@courcount INT
EXECUTE @returnvalue=proc_StuChooseCour '叶海平',@courcount OUTPUT
PRINT '执行结果:'
PRINT '返回值='+CAST(@returnvalue AS CHAR(2))
PRINT '该生选了'+CAST(@courcount AS CHAR(3))+'门课'
GO
```

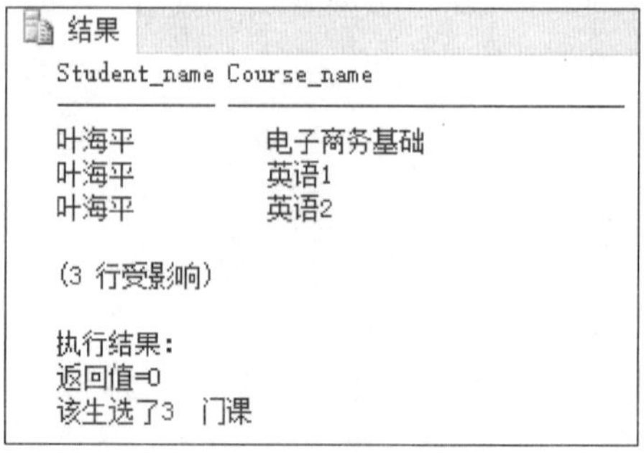

图 10.17 存储过程 proc_StuChooseCour 的执行结果

注意：

上面的代码中用 [[@parameter =] { value | @variable [OUTPUT] | [DEFAULT]}]语法结构指定了输入参数值：叶海平。另外，还定义了两个参数：@returnvalue 用于接收该存储过程的返回状态值；@courcount 用于接收该存储过程输出参数的返回值，也就是叶海平所选课程的数量。

知识总结：

用户自定义存储过程具有以下优点：

(1)存储过程已在服务器注册。

(2)存储过程具有安全特性(例如权限)和所有权链接，以及可以附加到它们的证书。用户可以被授予权限来执行存储过程而不必直接对存储过程中引用的对象具有权限。

(3)存储过程可以强制应用程序的安全性，而且存储过程允许模块化程序设计。

(4)存储过程一旦创建，以后便可在程序中调用任意多次。这可以改进应用程序的可维护性，并允许应用程序统一访问数据库。

(5)存储过程可以减少网络通信流量。一个需要数百行 T-SQL 代码的操作可以通过一条执行过程代码的语句来执行，而不需要在网络中发送数百行代码。

归纳总结

本学习情境通过三个子情境介绍了存储过程的基本概念、存储过程的优点，讲解了如何创建不带参数的存储过程、如何创建带输入参数和输出参数的存储过程、如何修改和删除存储过程、如何执行和调用存储过程以及如何给存储过程传递参数等。通过对本学习情境的学习，读者应当掌握存储过程的创建、管理和使用技巧。

习 题

理论题

1. 什么是存储过程？
2. 使用存储过程的优点是什么？

操作题

1. 在 Student 数据库中创建存储过程

(1)创建存储过程 proc_ClassInfo，用于查询所有班级信息。

(2)创建存储过程 proc_TeaDep，用于查询指定教师所属部门。

(3)创建存储过程 proc_RetrClass，用于返回指定班号的班级信息，该存储过程对传递的参数进行模式匹配。如果没有提供参数，则使用预设的默认值(班号为 2015011)。

2. 在 MyLibrary 数据库中创建存储过程

(1)创建存储过程 proc_ReadBook，根据输入的读者名返回该读者借阅的图书信息。

(2)创建存储过程 proc_RepairBook，根据输入的图书名称返回该图书是否曾经有破损，若有破损，返回收到的罚款及修复费用。

学习情境 11　建立触发器

【情境描述】

学生信息管理系统数据库中有很多张表，每张表的数据都会定期进行修改，由于表和表之间存在一定的联系，更新某张表的数据可能会涉及其他表的数据变动，这样就给日常数据管理带来一定的麻烦，为此小杨为该数据库创建了一些触发器。

【技能目标】

- 掌握创建触发器的方法
- 掌握管理触发器的方法

学习子情境 11.1　创建与学生管理有关的触发器

【情境描述】

高校每学年的第一学期都有大批新生入学，新生信息的输入是每学年开始时的必备工作，这项工作也是记录学生在校期间所有学习情况的开始。为了进一步确保数据输入的正确性，小杨为学生表创建了触发器。

【技能目标】

- 学会创建 INSERT 触发器
- 学会创建 INSTEAD OF 触发器
- 学会使用触发器
- 学会删除触发器

【工作任务】

编写在学生信息表中插入数据时要触发的触发器。

【任务实施】

任务 11.1.1　使用 Management Studio 在 Students 表上创建触发器 Students_trigger1，当执行 INSERT 操作时，该触发器被触发

步骤 1：在【对象资源管理器】中，依次展开【数据库】|【Student】|【表】节点。

步骤 2：展开要创建触发器的表 Students，右键单击【触发器】，在打开的快捷菜单中单击【新建触发器】，如图 11.1 所示。

图 11.1　使用 Management Studio 创建触发器

步骤 3:按照下面的代码修改创建触发器的模板代码。修改后的结果如图 11.2 所示。

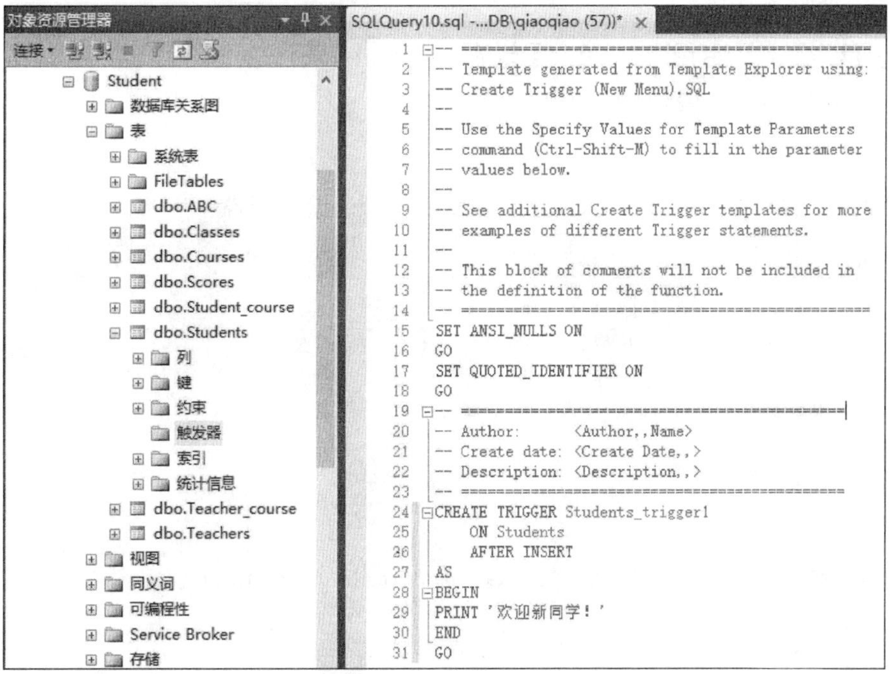

图 11.2　在触发器模板中输入触发器创建文本

```
CREATE TRIGGER Students_trigger1
ON Students
AFTER INSERT
AS
BEGIN
    PRINT '欢迎新同学!'
END
GO
```

步骤 4:单击 SQL 编辑器工具栏上的✓按钮,测试代码语法的正确性。

步骤 5:单击 SQL 编辑器工具栏上的 ! 执行(X) 按钮,完成 Students_trigger1 触发器的创建。命令执行成功后,【触发器】节点下将出现 Students_trigger1 对象。

步骤 6:若要保存创建 Students_trigger1 触发器的 T-SQL 代码,单击菜单【文件】|【保存】命令,在打开的【另存为】对话框中,选择存储位置,输入新的文件名,单击【保存】。

任务 11.1.2 使用 Management Studio 删除触发器 Students_trigger1

步骤 1:在【对象资源管理器】中,展开【数据库】|【Student】|【表】|【Students】|【触发器】节点。

步骤 2:右键单击要删除的触发器 Students_trigger1,在打开的快捷菜单中单击【删除】按钮,即可删除该触发器对象。

任务 11.1.3 使用 T-SQL 语句在 Students 表上创建触发器 Students_trigger2,当执行 INSERT 操作时,该触发器被触发

步骤 1:新建查询文件。

步骤 2:输入如下 T-SQL 语句,创建 Students_trigger2 触发器。

```
USE Student
GO
CREATE TRIGGER Students_trigger2
ON Students
AFTER INSERT
AS
  PRINT '数据插入成功! 欢迎新同学!'
GO
```

步骤 3:新建查询文件,输入如下 T-SQL 语句,测试 Students_trigger2 触发器,运行结果如图 11.3 所示。

```
USE Student
GO
INSERT INTO Students
(Student_id,Student_name,Student_sex,Student_birthday,Student_classid,Student_home)
VALUES('15003','李一华','女','2001-6-6','2019015','天津')
GO
```

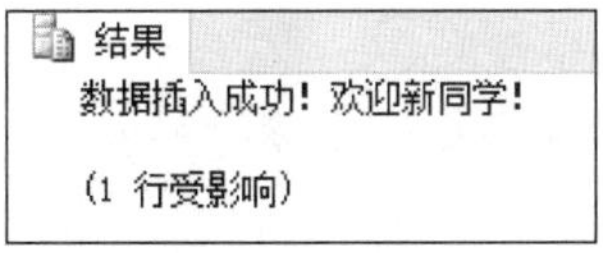

图 11.3　测试 Students_trigger2 触发器的执行

知识总结：

触发器(Trigger)是一种特殊类型的存储过程，它不同于学习情境 10 介绍的一般存储过程。一般存储过程通过存储过程名称被直接调用，而触发器主要是通过事件进行触发而被执行的。本任务中的 Students_trigger1 和 Students_trigger2 触发器就是通过 INSERT 事件触发而被执行的。触发器是一个功能强大的工具，它与表紧密相连，在表中数据发生变化时自动强制执行。

创建触发器的 T-SQL 语句如下：

```
CREATE TRIGGER trigger_name
ON table_name
{FOR|AFTER} [INSERT]
    AS
    sql_statement
```

- trigger_name：触发器名，触发器名必须符合标识符的命名规则，且触发器名必须在数据库中唯一。
- table_name：指定与所创建的触发器关联的数据表。
- FOR|AFTER：指定触发器的类型。触发器根据执行类型可以分为 AFTER 触发器和 INSTEAD OF 触发器。

AFTER 触发器只有在激活它的语句执行完后才被激活。例如，在 INSERT 语句中，只有在 INSERT 语句执行完之后，AFTER 触发器才被激活执行。如果 INSERT 语句执行失败，则 AFTER 触发器不会被激活。在同一个数据表中可以创建多个 AFTER 触发器。如果指定 FOR 或者 AFTER 关键字，则创建 AFTER 类型触发器。

任务 11.1.4　使用 T-SQL 语句删除 Students_trigger2 触发器

步骤 1：新建查询文件

步骤 2：输入如下 T-SQL 语句，删除 Students_trigger2 触发器。

```
USE Student
GO
DROP TRIGGER Students_trigger2
GO
```

步骤 3：执行代码，删除 Students_trigger2 触发器。

知识总结：

DROP TRIGGER 语句可以从数据库中删除触发器。语法格式如下：

```
DROP TRIGGER trigger_name [,... n]
```

其中，trigger_name 是触发器名，该语句可以同时删除多个触发器。

任务 11.1.5　使用 T-SQL 语句在 Students 表上创建触发器 Students_trigger3，当执行 INSERT 操作时该触发器被触发，但该触发器会取消执行 INSERT 语句，即插入数据不成功

步骤 1：新建查询文件。

步骤 2：输入如下 T-SQL 语句，创建 Students_trigger3 触发器。

```
USE Student
GO
CREATE TRIGGER Students_trigger3
ON Students
--插入 INSTEAD OF 触发器
INSTEAD OF INSERT
AS
    PRINT '数据插入不成功!'
GO
```

步骤 3：新建查询文件，输入如下 T-SQL 语句，测试 Students_trigger3 触发器，执行结果如图 11.4 所示。

```
USE Student
GO
INSERT INTO Students
(Student_id,Student_name,Student_sex,Student_birthday,Student_classid,Student_home)
VALUES('15004','王军','男','2001-6-16','2019015','北京')
GO
```

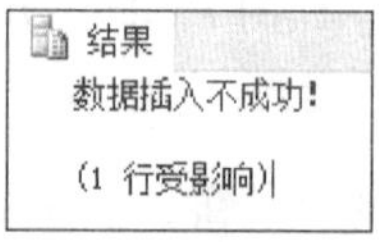

图 11.4　测试 Students_trigger3 触发器的执行

步骤 4：在代码编辑器中输入如下 T-SQL 语句，测试步骤 3 的插入操作是否成功。执行结果如图 11.5 所示。

```
USE Student
GO
SELECT * FROM Students
GO
```

结果　消息

	Student_id	Student_name	Student_sex	Student_birthday	Student_time	Student_classid	Student_home	Student_else	Student_nation
1	11001	叶海平	男	2002-01-23 00:00:00.000	2020-09-05 00:00:00.000	2020011	山西	NULL	NULL
2	11002	景风	男	2002-06-25 00:00:00.000	2020-09-05 00:00:00.000	2020011	重庆	NULL	NULL
3	11003	张江海	男	NULL	NULL	2020011	NULL	NULL	NULL
4	11004	李昆	男	2002-01-16 00:00:00.000	2020-09-05 00:00:00.000	2020011	河南	NULL	NULL
5	12001	华丽佳	女	2001-05-20 00:00:00.000	2020-09-05 00:00:00.000	2020012	大连	NULL	NULL
6	12002	范治华	男	2001-06-12 00:00:00.000	2020-09-05 00:00:00.000	2020012	山东	NULL	NULL
7	13001	李佳佳	女	2001-03-01 00:00:00.000	2020-09-05 00:00:00.000	2020013	湖南	NULL	NULL
8	13002	史慧敏	女	2002-10-11 00:00:00.000	2020-09-05 00:00:00.000	2020013	湖北	NULL	NULL
9	14001	安静	女	2000-03-23 00:00:00.000	2019-09-05 00:00:00.000	2019014	山西	班长	NULL
10	14002	尹强	男	2001-06-02 00:00:00.000	2019-09-05 00:00:00.000	2019014	重庆	NULL	NULL
11	15001	曹波	男	2000-05-06 00:00:00.000	2019-09-05 00:00:00.000	2019015	大连	NULL	NULL
12	15002	杨世英	女	2001-12-01 00:00:00.000	2019-09-05 00:00:00.000	2019015	天津	NULL	NULL
13	15003	李一华	女	2001-06-06 00:00:00.000	NULL	2019015	天津	NULL	NULL

图 11.5　验证 INSTEAD OF 触发器

由执行结果可以看出，插入王军数据的操作没有成功。

知识总结：

触发器根据执行类型可以分为 AFTER 触发器和 INSTEAD OF 触发器两种。当触发事件成功执行完之后，AFTER 触发器才被激活执行。而 INSTEAD OF 触发器是在数据变动之前被触发，顾名思义，它的执行优先于数据变动，从而取代了变动数据的操作。例如，本任务中 INSTEAD OF INSERT 类型触发器对数据表 Students 执行 INSERT 操作时，INSERT 操作不会被真正执行，该触发器中的语句将取代 INSERT 操作而被执行。在同一个数据表中，每个 INSERT、UPDATE 或 DELETE 操作最多可以定义一个 INSTEAD OF 触发器。

学习子情境 11.2　创建与成绩管理有关的触发器

【情境描述】

学生成绩表记录学生在校期间所有选修课程的成绩，每次期末考试结束后都要进行大批量的数据插入，为了保证操作的正确性，小杨为学生成绩表创建了触发器。

【技能目标】

- 学会创建 UPDATE 触发器
- 学会管理触发器

【工作任务】

编写学生成绩表的触发器。

【任务实施】

任务 11.2.1　使用 T-SQL 语句在 Student 数据库的 Student_course 表中创建触发器 Sc_trigger1，当执行 UPDATE 操作时该触发器被触发

步骤 1：新建查询文件。

步骤 2：输入如下 T-SQL 语句，创建 Sc_trigger1 触发器。

```
USE Student
GO
CREATE TRIGGER Sc_trigger1
ON Student_course
FOR UPDATE
AS
    PRINT '记录已经被修改'
GO
```

步骤 3：输入如下 T-SQL 语句，测试 Sc_trigger1 触发器是否被触发。

```
USE Student
GO
UPDATE Student_course
SET Student_grade=90
WHERE Sc_id=1
GO
```

步骤 4：执行语句，结果如图 11.6 所示。

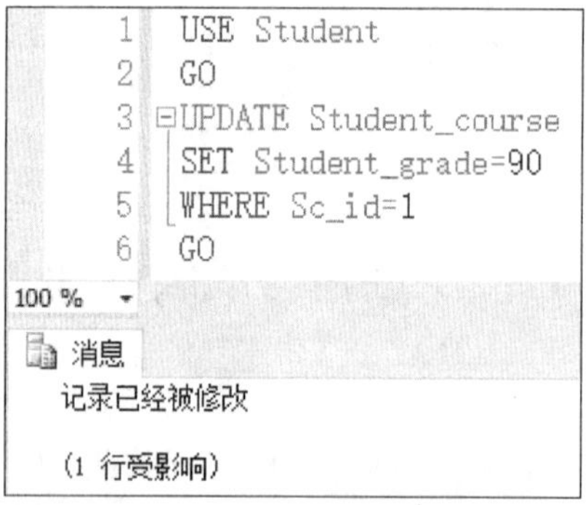

图 11.6　验证触发器结果

> **注意：**
> 为了保证本书实例的统一，修改后的数据请恢复成原来的记录内容。

> **知识总结：**
> 在创建有 UPDATE 触发器的表上执行 UPDATE 语句时，将触发 UPDATE 触发器。

任务 11.2.2　使用 sp_rename 命令将 Sc_trigger1 触发器重新命名为 tr_sc

步骤 1：新建查询文件。

步骤 2：输入如下 T-SQL 语句，重新命名触发器对象的名字。

```
USE Student
GO
sp_rename 'Sc_trigger1', 'tr_sc'
GO
```

步骤 3：执行语句，完成触发器对象的重命名。

知识总结：

使用 sp_rename 命令修改触发器的名字，其语法格式为：

```
sp_rename oldname,newname
```

任务 11.2.3　在 Management Studio 中查看和修改触发器 tr_sc 的定义代码

步骤 1：在【对象资源管理器】中，展开【Student】|【表】|【Student_course】|【触发器】节点。

步骤 2：右键单击触发器 tr_sc，在弹出的快捷菜单中选择【修改】，系统调出该触发器的定义代码，如图 11.7 所示，此时可以修改触发器的定义代码。

```
USE [Student]
GO
/****** Object:  Trigger [dbo].[tr_sc]    Script Date: 2020/4/28 9:42:04 ******/
SET ANSI_NULLS ON
GO
SET QUOTED_IDENTIFIER ON
GO
ALTER TRIGGER [dbo].[tr_sc]
ON [dbo].[Student_course]
FOR UPDATE
AS
PRINT '记录已经被修改'
```

图 11.7　修改触发器的定义代码

任务 11.2.4　使用 T-SQL 语句修改触发器 tr_sc，当用户在 Student_course 表中执行插入、修改、删除操作时，系统自动给出错误提示信息，并撤销本次操作

步骤 1：按照任务 11.2.3 的操作步骤，调出修改触发器 tr_sc 定义代码的界面。

步骤 2：按照下面的 T-SQL 语句修改触发器 tr_sc 的定义代码，然后分析、执行该代码。

```
USE Student
GO
ALTER TRIGGER [dbo].[tr_sc]
ON [dbo].[Student_course]
INSTEAD OF DELETE,INSERT,UPDATE
AS
    PRINT '您本次执行的操作无效'
GO
```

步骤 3:在代码编辑窗口中,输入如下 T-SQL 语句,测试 tr_sc 触发器的作用。

```
USE Student
GO
INSERT INTO Student_course (Student_id,Course_id,Student_grade)
VALUES ('11002', '4001', 87)
GO
```

步骤 4:分析、执行步骤 3 的语句。上述操作结果如图 11.8 所示。

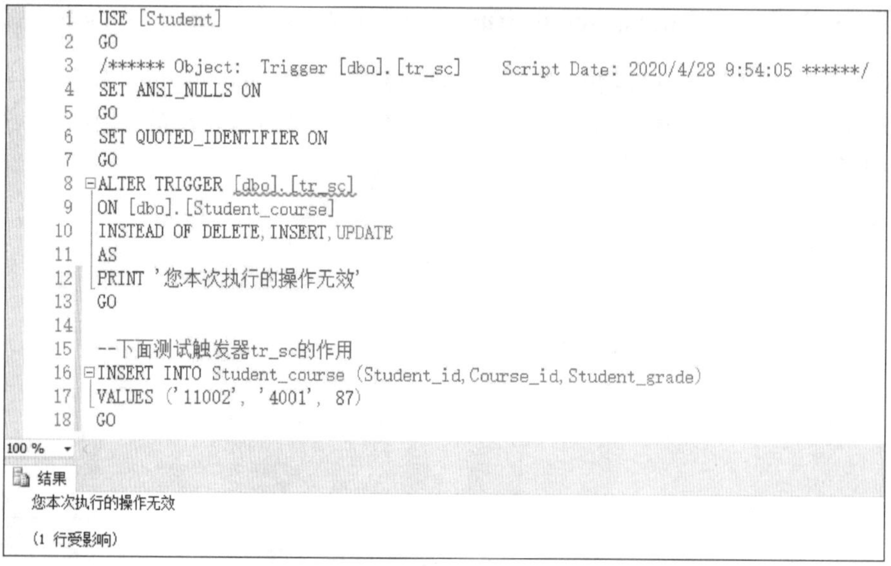

图 11.8 验证 tr_sc 触发器

知识总结:

ALTER TRIGGER 语句用来修改触发器。具体语法如下:

```
ALTER TRIGGER trigger_name
ON table_name
{FOR | AFTER | INSTEAD OF} { [ INSERT ] [ , ] [ UPDATE ] [ , ] [ DELETE ]}
AS
sql_statement
```

可以看出,除了将关键字 CREATE 改为 ALTER 之外,其他的参数与 CREATE TRIGGER 中相同,这里不再赘述。

任务 11.2.5　使用系统存储过程 sp_helptrigger 查看 Students 表中的触发器

步骤 1:新建查询文件。

步骤 2:输入如下 T-SQL 语句,查看 Students 表中的触发器信息。

```
USE Student
GO
EXEC sp_helptrigger 'Students'
GO
```

步骤 3:分析和执行语句,执行结果如图 11.9 所示。

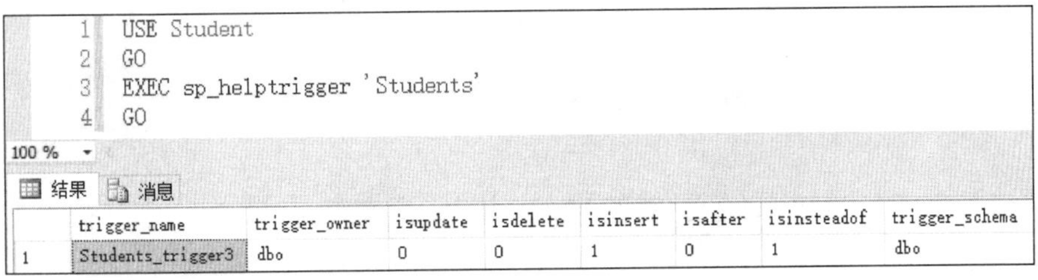

图 11.9　查看 Students 表中的触发器

知识总结:

执行系统存储过程 sp_helptrigger 查看表中触发器的语法格式如下:

```
EXEC sp_helptrigger 'table' [,'type']
```

其中,table 是触发器所在的表名,type 指定触发器类型,若不指定 type 则列出所有的触发器。

任务 11.2.6　使用系统存储过程 sp_helptext 查看 Student_course 表中 tr_sc 触发器的定义文本

步骤 1:新建查询文件。

步骤 2:输入如下 T-SQL 语句,查看触发器 tr_sc 的信息。

```
USE Student
GO
EXEC sp_helptext 'tr_sc'
GO
```

步骤 3:分析和执行语句,执行结果如图 11.10 所示。

知识总结:

触发器的定义文本存储在系统表 syscomments 中,查看的语法格式为:

```
EXEC sp_helptext 'trigger_name'
```

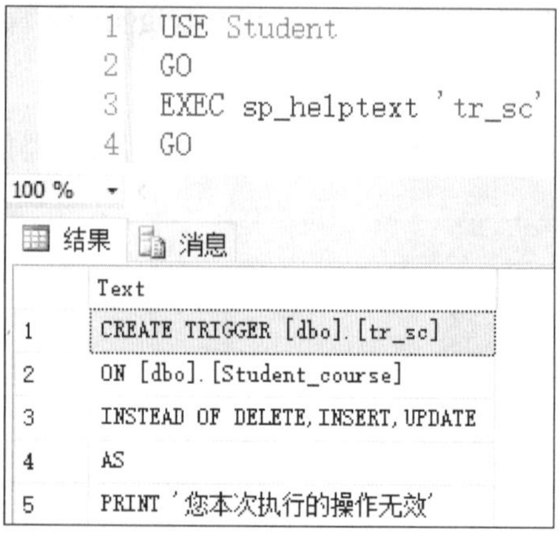

图 11.10　查看触发器 tr_sc 的定义文本

任务 11.2.7　通过系统存储过程 sp_help 查看触发器 tr_sc 的所有者和创建时间

步骤 1：新建查询文件。

步骤 2：输入如下 T-SQL 语句，查看触发器 tr_sc 的信息。

```
USE Student
GO
EXEC sp_help 'tr_sc'
GO
```

步骤 3：分析和执行语句，执行结果如图 11.11 所示。

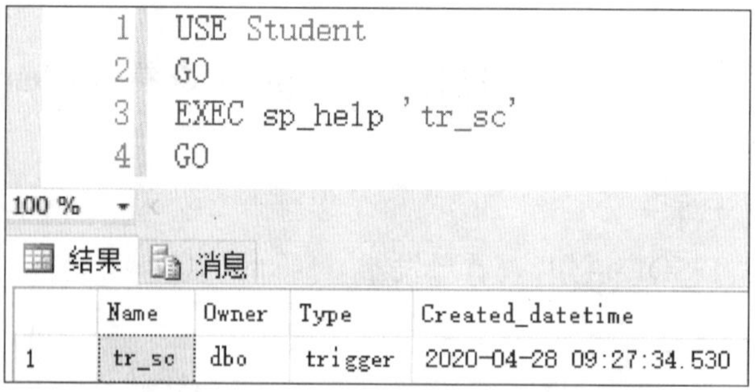

图 11.11　查看触发器 tr_sc 的所有者和创建时间

知识总结：

系统存储过程 sp_help 可用于查看触发器的所有者和创建时间，语法格式如下：

```
EXEC sp_help 'trigger_name'
```

学习子情境 11.3 创建与课程管理有关的触发器

【情境描述】

学生课程表记录学生在校期间可选修的所有课程，学校对于课程的开设是动态的，有时会增加一些新的课程，有时会删除一些旧的课程，有时会对已经开始的课程做一些修改。在整个学生管理数据库中，课程表不是单独存在的，与其他表有一定的联系，在修改课程表时，会对其他表的数据造成一定的影响。为了保证每次改动后数据的有效性，小杨为课程表创建了触发器。

【技能目标】

- 学会创建 DELETE 触发器
- 学会使用 inserted 表和 deleted 表
- 理解触发器的作用

【工作任务】

编写课程表中的触发器。

【任务实施】

任务 11.3.1 使用 T-SQL 语句在 Student 数据库的 Courses 表中创建触发器 tr_Courses，当执行 DELETE 操作时该触发器被触发

注意：

执行下面的代码前，Courses 表中要事先包括课程 7001 的信息，若没有，请自行添加。该课程的基本信息为"7001，经济数学，72，3，公共课"。

步骤 1：新建查询文件。

步骤 2：输入如下 T-SQL 语句，用于创建 tr_Courses 触发器。

```
USE Student
GO
CREATE TRIGGER tr_Courses
ON Courses
FOR DELETE
AS
    PRINT '记录已被成功删除'
GO
```

步骤 3：接着输入如下 T-SQL 语句，验证 tr_Courses 触发器的作用。

```
DELETE Courses WHERE Course_id='7001'
GO
```

步骤 4：分析和执行语句。执行结果如图 11.12 所示。

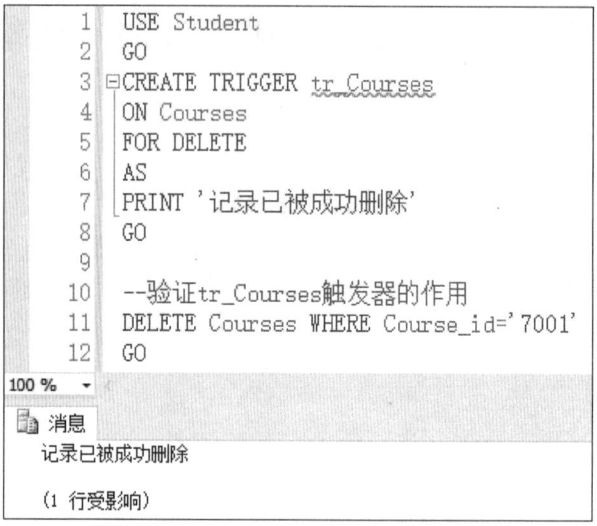

图 11.12　创建和验证 tr_Courses 触发器

注意：

为了保证任务 11.3.2 的顺利实施，请将 tr_Courses 触发器删除，删除方法可以参照学习子情境 11.2 中的介绍，这里不再赘述。

知识总结：

本任务创建的触发器是通过对表中的数据执行 DELETE 操作触发的，这种触发器称作 DELETE 触发器。触发器根据数据的修改操作可分为 INSERT、UPDATE、DELETE 三种触发器类型，分别在执行 INSERT、UPDATE、DELETE 操作时触发执行。

任务 11.3.2　在 Student 数据库的 Courses 表中创建一个 DELETE 触发器 tr_DelCourse，在删除某门课程之前判断这门课程是否还有学生选课，如果该门课程仍然有学生选课则不能删除

步骤 1：新建查询文件。

步骤 2：输入如下 T-SQL 语句，创建 DELETE 触发器 tr_DelCourse。

```
USE Student
GO
CREATE TRIGGER tr_DelCourse
ON Courses
INSTEAD OF DELETE
AS
    IF EXISTS (SELECT *
        FROM Student_course sc INNER JOIN deleted
        ON sc.Course_id=deleted.Course_id) --deleted 表是触发器执行过程中的临时表
```

```
BEGIN
    PRINT '该课程有学生选课,不能删除'
    --将数据恢复到原来状态
    ROLLBACK TRANSACTION
END
GO
```

步骤 3:接着输入如下 T-SQL 语句,验证 tr_DelCourse 触发器的作用。

```
DELETE Courses WHERE Course_id='4001'
GO
```

步骤 4:分析和执行语句。执行结果如图 11.13 所示。

图 11.13　创建和验证 tr_DelCourse 触发器

知识总结:

本任务中使用了 deleted 表,SQL Server 为每个触发器都创建了两个专用表:inserted 表和 deleted 表。inserted 表和 deleted 表的结构与被该触发器作用的表的结构相同。当触发器执行完成后,这两个表也被自动删除。

当执行 INSERT 语句时,inserted 表中保存要向表中插入的所有数据行。当执行 DELETE 语句时,deleted 表中保存要从表中删除的所有数据行。当执行 UPDATE 语句时,相当于先执行一个 DELETE 操作,再执行一个 INSERT 操作,所以,修改前的数据行首先被移到 deleted 表中,然后修改后的数据行插入激活触发器的表和 inserted 表中。本任务通过连接 deleted 表判断即将被删除的数据是否在 Student_course 表中被引用。

本任务中的触发器是 INSTEAD OF DELETE 触发器。INSTEAD OF 触发器在数据变动之前被触发,也就是说,它将取代变动数据的 DELETE 操作而先执行触发器中的语句,判断该课程是否仍然有学生选课,如果有则 rollback(回滚),不执行这个 DELETE 操作。如本任务执行结果所示,课程号为 4001 的这门课程仍然有学生选课,因此删除这门课程的 DELETE 操作被回滚。

任务 11.3.3　在 Student 数据库中的 Courses 表中创建一个 INSTEAD OF 触发器 tr_InsertCourses,判断插入的记录是否已经存在。如果已经存在,则在原来记录基础上进行修改;如果不存在,则直接插入表中

步骤 1:新建查询文件。

步骤 2:输入如下 T-SQL 语句,创建触发器 tr_InsertCourses。

```
USE Student
GO
--创建 tr_InsertCourses 触发器
CREATE TRIGGER tr_InsertCourses
ON Courses
INSTEAD OF INSERT
AS
BEGIN
--对于已经存在的记录,做修改操作
        UPDATE Courses
              SET   Courses.Course_name=inserted.Course_name,
                    Courses.Course_period=inserted.Course_period,
                    Courses.Course_credit=inserted.Course_credit
              FROM Courses INNER JOIN inserted
              ON Courses.Course_id=inserted.Course_id
        --对于不存在的记录,做插入操作
        INSERT Courses
        SELECT *
        FROM inserted
        WHERE inserted.Course_id NOT IN
              (SELECT Course_id FROM Courses)
END
GO
```

步骤 3:接着输入如下 T-SQL 语句,用于验证触发器 tr_InsertCourses 的作用。

```
INSERT Courses(Course_id,Course_name,Course_period,Course_credit,Course_kind)
VALUES('5001','电子商务概论',64,3,'专业课')
INSERT Courses(Course_id,Course_name,Course_period,Course_credit,Course_kind)
VALUES('7001','JAVA 程序设计',72,3,'专业课')
GO
```

步骤 4:分析和执行语句。本任务代码执行前后,Courses 表中的数据变化对比如图 11.14 和图 11.15 所示。

	Course id	Course name	Course period	Course credit	Course kind	Course describe
	1001	电子商务基础	72	2	专业课	NULL
	2001	英语1	72	3	公共课	NULL
	2002	英语2	72	3	公共课	NULL
	3001	网页设计与制作	72	2	专业课	NULL
	4001	网络数据库	72	3	专业课	NULL
	5001	电子商务安全与管理	64	3	专业课	NULL
	6001	网络营销	72	2	专业课	NULL

图 11.14　执行本任务前的 Courses 表

Course id	Course name	Course period	Course credit	Course kind	Course describe
1001	电子商务基础	72	2	专业课	NULL
2001	英语1	72	3	公共课	NULL
2002	英语2	72	3	公共课	NULL
3001	网页设计与制作	72	2	专业课	NULL
4001	网络数据库	72	3	专业课	NULL
5001	电子商务概论	64	3	专业课	NULL
6001	网络营销	72	2	专业课	NULL
7001	JAVA程序设计	72	3	专业课	NULL

图 11.15　执行本任务后的 Courses 表

归纳总结

本学习情境主要介绍了数据库中触发器的创建、管理和使用。触发器是一个功能强大的工具，它与数据表密切相连，当表中数据发生变化时自动强制执行。在触发器执行时，系统为执行的触发器生成 inserted 和 deleted 两个临时表，用于存储即将插入或被删除的数据。

习　题

理论题

1. 选择题

(1)下面________语句是用来创建触发器的。

A. create procedure　　B. create trigger　　C. drop procedure　　D. drop trigger

(2)使用________系统存储过程可以查看触发器的定义文本。

A. sp_helptrigger　　B. sp_help　　C. sp_helptext　　D. sp_rename

2. 思考题

(1)简述触发器的一般功能。

(2)描述创建触发器的规则和限制。

操作题

1. 在 Student 数据库中创建触发器，并对创建的触发器进行验证

(1)在 Students 表中创建 DELETE 触发器 tr_Goodbye，向离开的同学显示道别信息。

(2)在 Teachers 表中创建 INSERT 触发器，若在 Teachers 表中插入已经存在的教师信息，则禁止插入，并输出警告信息。

2. 在 MyLibrary 数据库中创建触发器，并对创建的触发器进行验证

(1)在 Borrow 表中创建 FOR UPDATE 触发器 tr_Borrow，当读者归还图书时，更新 ReturnDate 信息，并检查是否超期，若超期，请给出要收取罚金的警告(假设还书日期是 2021 年 1 月 1 日前)。

(2)在 Borrow 表中创建 INSTEAD OF INSERT 触发器，当读者借阅图书时，首先检查该读者已经借阅的图书数量是否达到上限，若达到上限，请给出不能再借阅的警告，并且取消本次借阅。

管理篇

学习情境 12　管理和维护数据库

【情境描述】

学生管理信息系统投入使用后,有几类用户需要经常访问该数据库。为了让具有合法使用身份的用户正常使用系统,管理员薛俊需要在 SQL Server 上进行必要的安全管理设置。

【技能目标】

- 能够创建数据库登录账户
- 能够熟练应用各种角色
- 能够恰当分配用户权限

学习子情境 12.1　创建 SQL Server 登录账户

【情境描述】

学生管理系统的各种用户在使用系统之前必须拥有自己的合法身份,数据库管理员薛俊需要为数据库用户创建 SQL Server 登录账户。

【技能目标】

- 学会 SQL Server 登录账户的设置

【工作任务】

薛俊需要为各类用户设置登录 SQL Server 2012 的账户,包括使用 sa 账户登录 SQL Server 2012 数据库服务器、为李鹏设置通过 SQL Server 验证方式登录 SQL Server 2012 数据库服务器,以及为个别 Windows 账户设置登录 SQL Server 2012 数据库服务器的权限。

【任务实施】

任务 12.1.1　使用 sa 账户登录 SQL Server 服务器

> **注意:**
>
> 以 Windows 身份验证模式安装了 SQL Server 2012 数据库服务后,若后期需要使用系统提供的 sa 账户登录数据库服务器,则需要完成下面的操作。

步骤 1:启动 SQL Server Management Studio,以 Windows 身份验证登录服务器。

步骤 2:在【对象资源管理器】中展开 NET－DB\SQLEXPRESS 数据库服务

任务12.1.1视频

器,再依次展开【安全性】|【登录名】节点。

步骤 3:右键单击 sa 登录名,选择【属性】,如图 12.1 所示。

图 12.1 设置 sa 的属性

步骤 4:在打开的【登录属性—sa】对话框中,选中左侧的【常规】选项卡,在该选项卡中去掉【强制实施密码策略】,在【密码】与【确认密码】栏中输入新密码,如图 12.2 所示。

步骤 5:选中左侧的【状态】选项卡,确保在【是否允许连接到数据库引擎】中 sa 是“授予”状态,在【登录】中是“已启用”状态,如图 12.3 所示,单击【确定】保存修改。

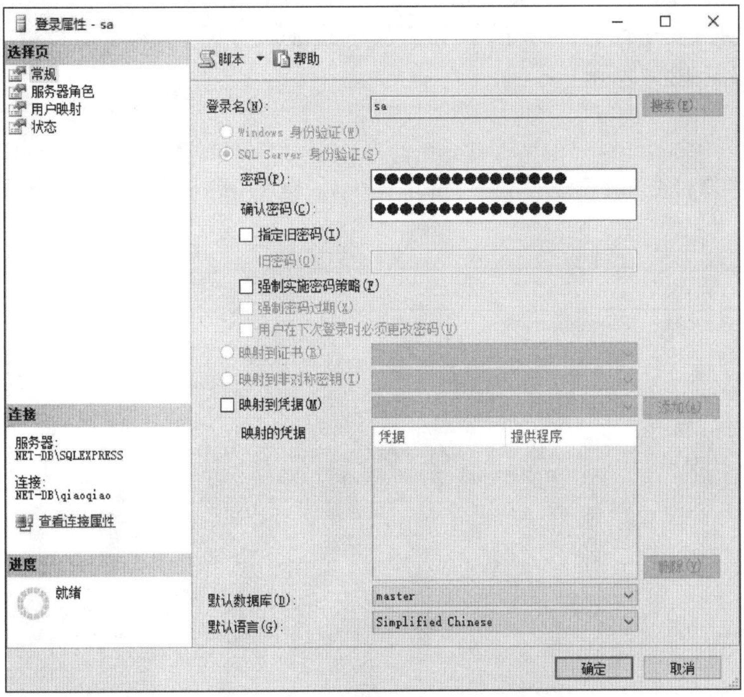

图 12.2　设置 sa 的登录密码

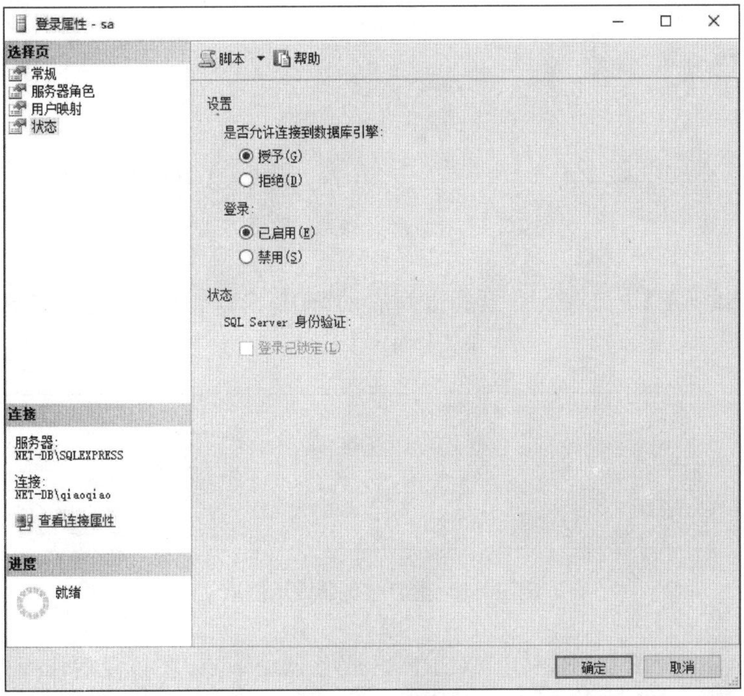

图 12.3　设置 sa 的登录状态

步骤 6:右键单击 NET-DB\SQLEXPRESS 服务器根节点,选择【属性】,在打开的【服务器属性】窗口中,选择【安全性】页面,在【服务器身份验证】下,选中“SQL Server 和 Windows 身份验证模式”,如图 12.4 所示。

> **注意:**
> 若【服务器身份验证】已经设置为“SQL Server 和 Windows 身份验证模式”,则省略此步骤。

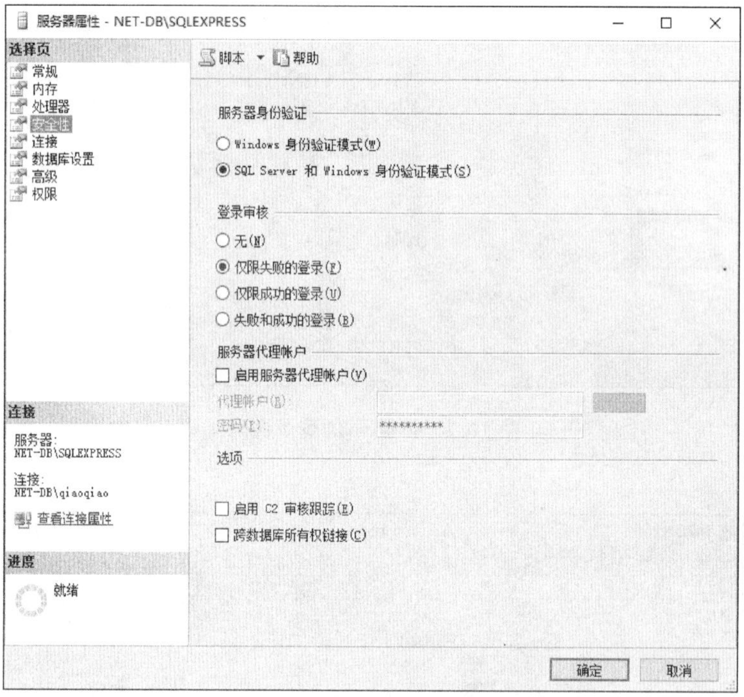

图 12.4 设置服务器身份验证方式

步骤 7:单击【确定】按钮,弹出“直到重新启动 SQL Server 后,您所做的某些配置更改才会生效”的信息提示,如图 12.5 所示,单击【确定】按钮。

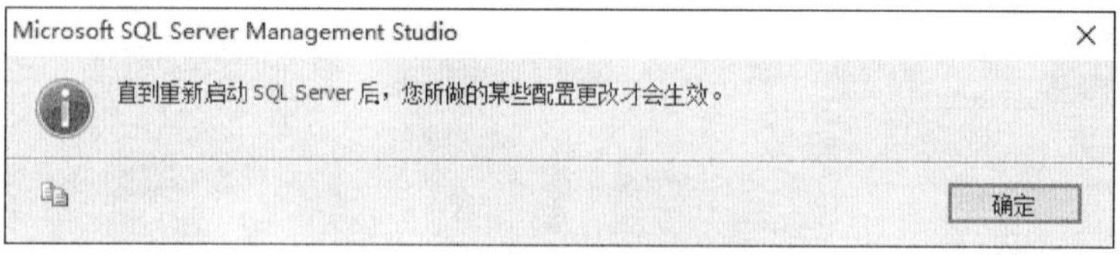

图 12.5 重启服务器提示信息

步骤 8:右键单击 NET-DB\SQLEXPRESS 服务器根节点,在打开的快捷菜单中选择【重新启动】,重新启动数据库服务器引擎,如图 12.6 所示。

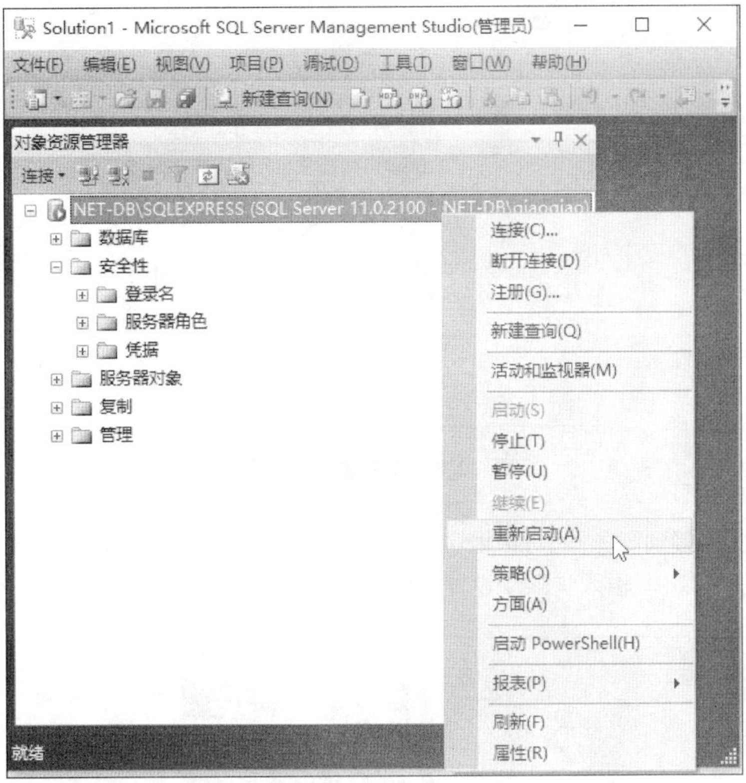

图 12.6　重新启动服务器

步骤 9:重新启动后,在【对象资源管理器】中,单击【断开连接】按钮,如图 12.7 所示。

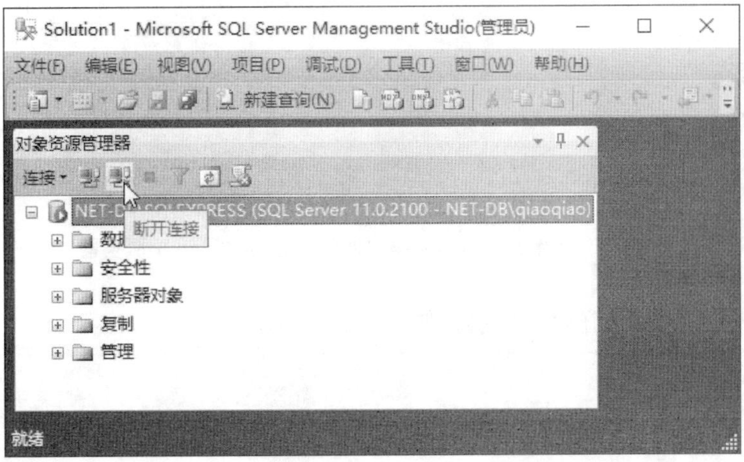

图 12.7　断开服务器连接

步骤 10:在【对象资源管理器】中,重新单击【连接】按钮,选择【数据库引擎】选项,如图 12.8 所示。

图 12.8　连接数据库引擎

步骤 11:在【连接到服务器】对话框中,从【身份验证】下拉列表中选择【SQL Server 身份验证】选项,输入登录名 sa,输入步骤 4 设置的密码,如图 12.9 所示。

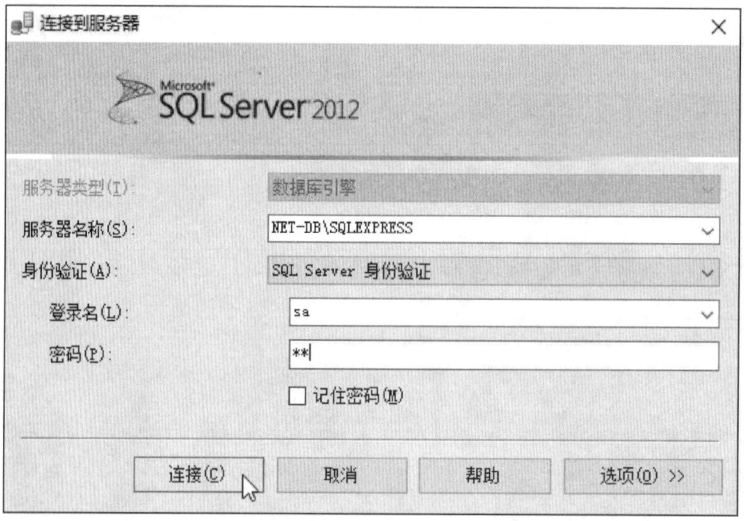

图 12.9　使用 SQL Server 身份验证登录 SQL Server 服务器

步骤 12:单击【连接】按钮,登录成功,如图 12.10 所示。

知识总结:

SQL Server 提供了一个重要的登录账户——sa 账户,这是系统默认的管理员账户,不需要创建,也不能够删除。该账户拥有操作数据库的最高权限。

图 12.10　sa 登录成功后的【对象资源管理器】界面

任务 12.1.2　创建账户 lipeng，使其能够通过混合验证方式访问学生管理系统

步骤 1：启动 SQL Server Management Studio，以 Windows 身份验证进行登录。在【对象资源管理器】中展开服务器节点下的【安全性】节点。

步骤 2：右键单击【登录名】节点，从弹出的快捷菜单中选择【新建登录名】命令，如图 12.11 所示。

任务12.1.2视频

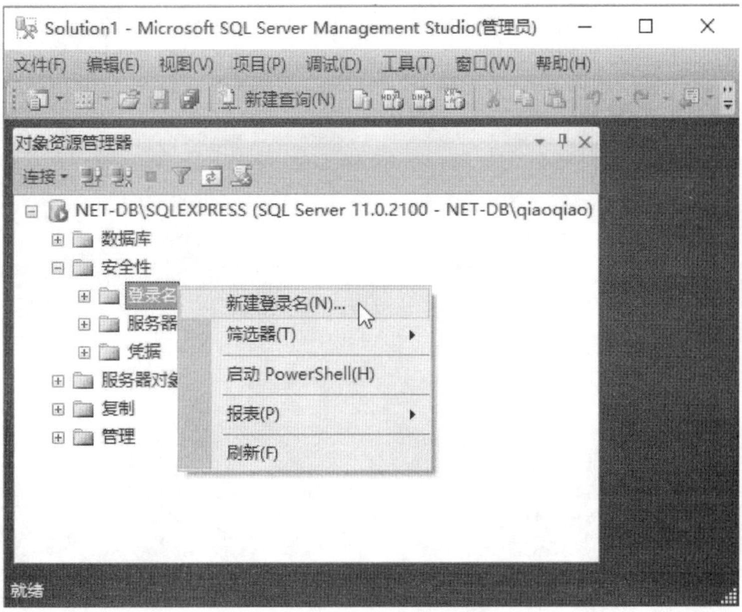

图 12.11　选择【新建登录名】

步骤 3：打开如图 12.12 所示的【登录名－新建】对话框，在【登录名】文本框中输入 SQL Server 登录名 lipeng，然后选中【SQL Server 身份验证】复选框。在【密码】文本框中输入密码 123，确认密码也是 123。取消【强制实施密码策略】复选框的选中状态，其余设置为默认。

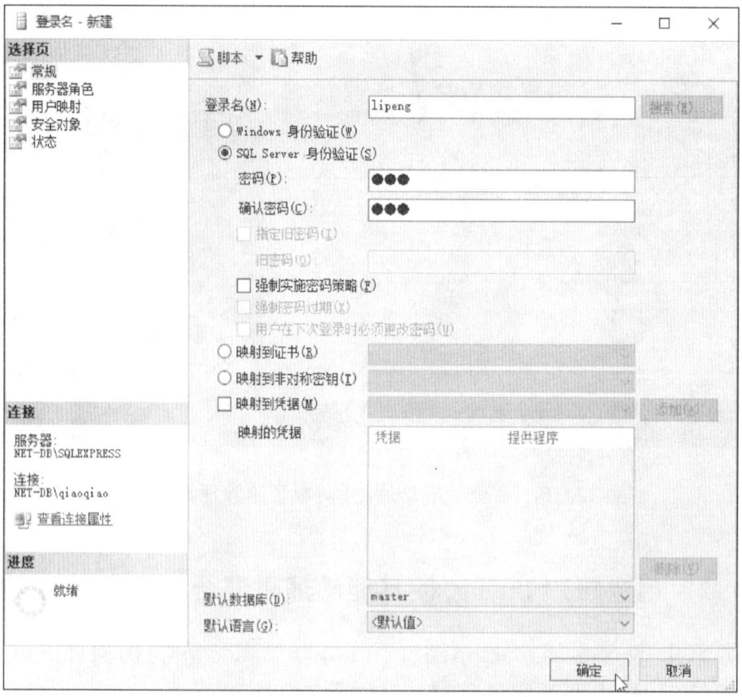

图 12.12 创建 SQL Server 登录名

步骤 4:在左侧的【选择页】列表中,单击【用户映射】选项,打开【用户映射】选项页面,选中 Student 数据库前的复选框,允许用户访问 Student 数据库,如图 12.13 所示。

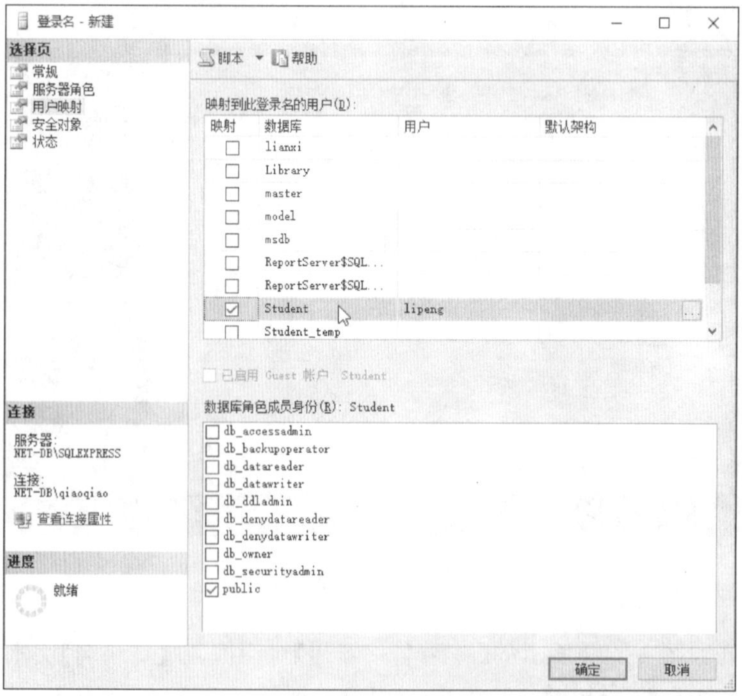

图 12.13 设置用户映射

步骤 5:在【选择页】列表中选中【状态】,如图 12.14 所示,将【是否允许连接到数据库引擎】设置为“授予”,【登录】设置为“已启用”。

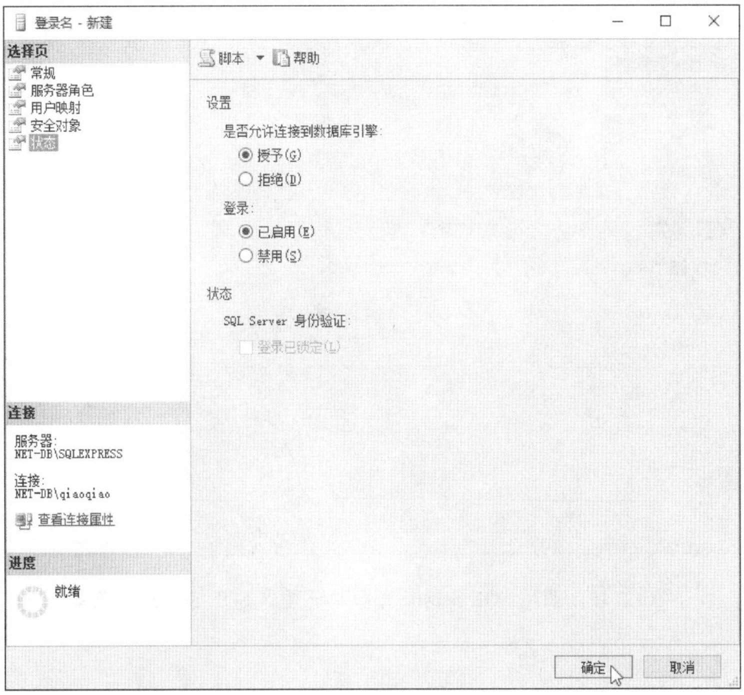

图 12.14　设置用户状态

步骤 6:单击【确定】按钮完成该登录用户的创建。

步骤 7:右键单击服务器根节点,选择【属性】,在打开的【服务器属性】窗口中,选择【安全性】页面,在【服务器身份验证】下,确保选中“SQL Server 和 Windows 身份验证模式”。

步骤 8:在【对象资源管理器】中,单击【断开连接】按钮,断开与服务器的连接。

步骤 9:在【对象资源管理器】中,单击【连接】按钮,选择【数据库引擎】选项,重新连接数据库服务器。

步骤 10:在【连接到服务器】对话框中,从【身份验证】下拉列表中选择【SQL Server 身份验证】选项,输入登录名 lipeng,输入密码 123,如图 12.15 所示。

步骤 11:单击【连接】按钮,登录成功后的界面如图 12.16 所示。

知识总结:

在混合模式身份验证下,Windows 登录和 SQL Server 登录都可以访问 SQL Server 实例。需要为非 Windows 用户提供访问权限时,使用混合模式验证身份,如另一个数据库用户从其他计算机上访问本地 SQL Server。

图 12.15　使用 SQL Server 身份验证登录 SQL Server 服务器

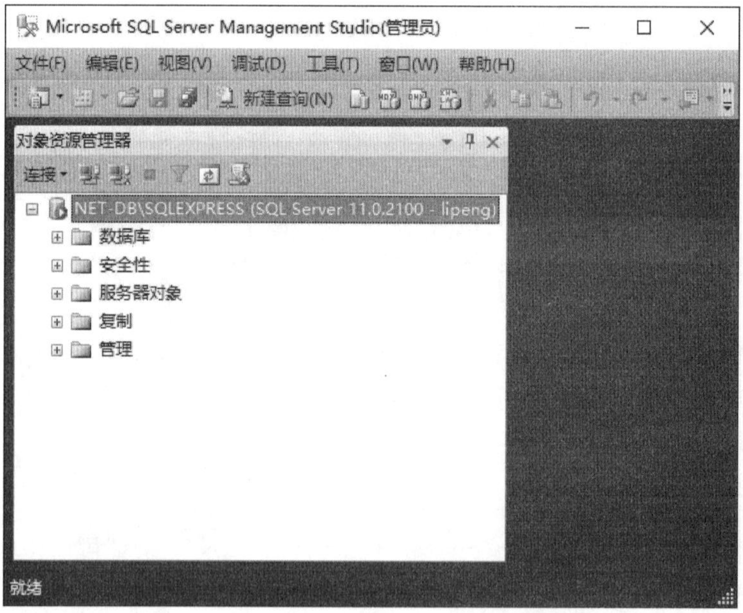

图 12.16　lipeng 登录成功后的【对象资源管理器】界面

任务 12.1.3　为 Windows 账户创建数据库登录账户

注意：

为 Windows 登录账户创建数据库登录账户时，首先需要该用户在操作系统中拥有账户和相应的权限，然后在 SQL Server 中完成该操作系统账户在 SQL Server 中的映射，就可以使用该用户的 Windows 登录账户登录 SQL Server 服务器。本任务假设操作系统中已经有了 NET-DB\qiaobingqin1 登录账户。

任务12.1.3视频
（注意）

步骤 1：启动 SQL Server Management Studio，在【对象资源管理器】中展开 NET-DB 服务器节点，再展开【安全性】节点，选择【登录名】。

步骤 2：右键单击【登录名】节点，从弹出的快捷菜单中选择【新建登录名】命令。

任务12.1.3视频
（步骤1–5）

步骤 3：打开如图 12.17 所示的【登录名－新建】对话框，在【登录名】文本框中输入 NET-DB\qiaobingqin1，在【默认数据库】下拉列表中选择【Student】作为默认数据库。

注意：

计算机名要用数据库服务安装的主机名称，例如 NET-DB\qiaobingqin1 中的 NET-DB 是当前计算机的名称。

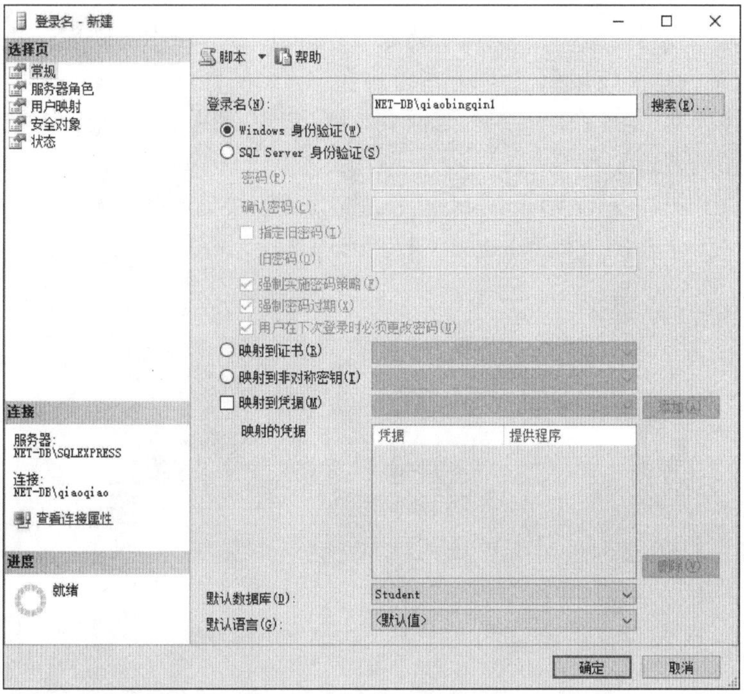

图 12.17　设置 Windows 登录名

步骤 4：在左侧的【选择页】中，单击选择【用户映射】选项，打开【用户映射】选项页面，选中 Student 数据库前的复选框，允许该用户访问默认的 Student 数据库，如图 12.18 所示。

图 12.18　设置用户映射

步骤 5：单击【确定】按钮，完成操作系统账户在 SQL Server 中的映射。关闭 SQL Server Management Studio。

步骤 6：注销 Windows 操作系统的当前登录账户，重新以 qiaobingqin1 账户登录 Windows 操作系统。

步骤 7：启动 SQL Server Management Studio，在【连接到服务器】对话框中，从【身份验证】下拉列表中选择【Windows 身份验证】选项，如图 12.19 所示。

任务12.1.3视频
（步骤6-8）

图 12.19　使用 Windows 账户 qiaobingqin1 身份登录 SQL Server 服务器

步骤 8:单击【连接】按钮,完成登录。

知识总结:

在 Windows 身份验证模式下,SQL Server 依靠操作系统来认证访问 SQL Server 实例的用户身份。由于用户开机启动操作系统时,已经通过了 Windows 的认证,因此该用户在启动 SQL Server 时,不需要在连接字符串中提供任何用户的认证信息。

学习子情境 12.2 为合法账户分配所需权限

【情境描述】

学生管理信息系统将用户登录管理进行了权限细分,主要有系统管理员、学生信息录入员、学生信息查询员。系统管理员拥有分配系统账号,分配、修改用户权限,备份数据等权限;学生信息录入员拥有录入、修改学生基本信息、学生成绩、学生违规处理信息,统计成绩等级等权限;学生信息查询员拥有查询学生信息、学生成绩及其成绩等级的权限。薛俊需要将不同的权限进一步细化分配。

【技能目标】

- 掌握为账户分配合法权限的方法
- 掌握为登录账户设置服务器角色的方法
- 掌握实施数据库角色分配的方法

【工作任务】

分别为系统管理员、学生信息录入员、学生信息查询员分配相应的数据库操作权限。

【任务实施】

任务 12.2.1 将系统管理员权限分配给薛俊

步骤 1:在哦【对象资源管理器】中,右键单击 NET－DB\SQLEXPRESS 服务器下的【安全性】|【登录名】节点,在打开的快捷菜单中选择【新建登录名】,创建 SQL Server 登录账户 xuejun。

步骤 2:展开【登录名】节点,可以看到新添加的登录账户 xuejun,右键单击【xuejun】,在打开的快捷菜单中选择【属性】,如图 12.20 所示。

步骤 3:在打开的【登录属性－xuejun】对话框中,单击【选择页】中的【服务器角色】,选中服务器角色【sysadmin】前面的复选框,如图 12.21 所示。

步骤 4:单击【确定】按钮,完成为用户分配角色的操作。

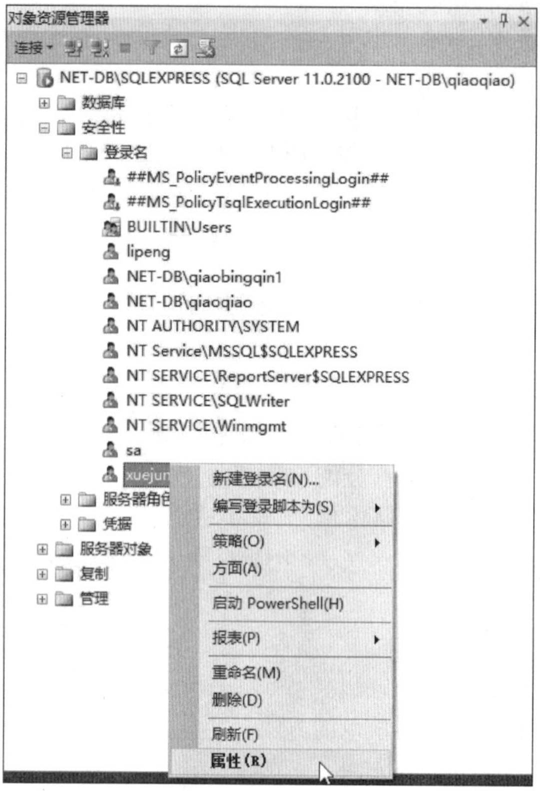

图 12.20　选择服务器角色

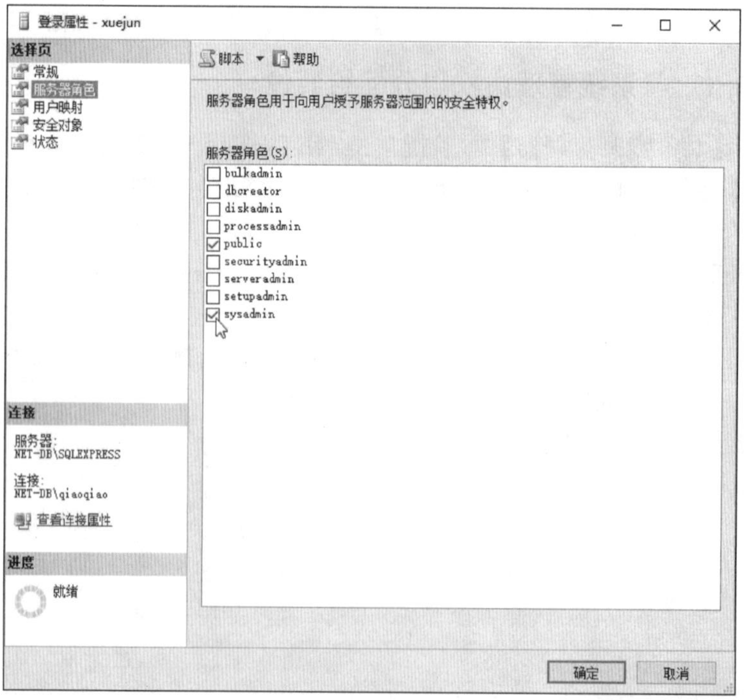

图 12.21　选中【sysadmin】选项

知识总结：

图 12.21 中显示了 9 种服务器角色，服务器角色是服务器级别的主体，其作用范围是整个服务器。服务器角色已经具备了执行指定操作的权限，可以为其他登录名分配这些服务器角色，这样这些账户就可以继承服务器角色的权限。服务器角色中的 sysadmin 拥有操作 SQL Server 系统的所有权限。

表 12.1 列出了 SQL Server 2012 各种服务器角色的权限说明。

表 12.1　服务器角色

服务器角色	描　述
bulkadmin	块数据操作管理员，拥有执行块操作的权限，即拥有 ADMINISTER BULK OPERATIONS 权限，例如执行 BULK INSERT 操作
dbcreator	数据库创建者，拥有创建并修改数据库的权限，即拥有 CREATE DATABASE 权限
diskadmin	磁盘管理员，拥有修改资源的权限，即拥有 ALTER RESOURCE 权限
processadmin	进程管理员，拥有管理服务器连接和状态的权限，即拥有 ALTER ANY CONNECTION、ALTER SERVER STATE 权限
public	每个 SQL Server 登录名均属于 public 服务器角色。如果未向某个服务器主体授予或拒绝对某个安全对象的特定权限，该用户将继承授予该对象的 public 角色的权限
securityadmin	安全管理员，拥有执行修改登录名的权限，即拥有 ALTER ANY LOGIN 权限
serveradmin	服务器管理员，拥有修改端点、资源、服务器状态等权限，即拥有 ALTER ANY ENDPOINT、ALTER RESOURCES、ALTER SERVER STATE、ALTER SETTINGS、SHUTDOWN 和 VIEW SERVER STATE 权限
setupadmin	安装程序管理员，拥有修改链接服务器权限，即拥有 ALTER ANY LINKED SERVER 权限
sysadmin	系统管理员，拥有操作 SQL Server 系统的所有权限

任务 12.2.2　为学生信息录入员李鹏分配数据库读写权限

步骤 1：在【对象资源管理器】中，展开 NET-DB\SQLEXPRESS 服务器下的【Student】|【安全性】|【角色】节点，可以看到【数据库角色】，如图 12.22 所示，在准备添加用户的【db_datareader】角色上单击鼠标右键，弹出快捷菜单，选择【属性】命令。

任务12.2.2视频

步骤 2：在如图 12.23 所示的【数据库角色属性】窗口中，单击【添加】按钮。

步骤 3：打开如图 12.24 所示的【选择数据库用户或角色】对话框，单击【浏览】按钮。

步骤 4：在打开的【查找对象】对话框中，选中用户 lipeng 前的复选框，如图 12.25 所示，单击【确定】按钮。

步骤 5：返回到【选择数据库用户或角色】对话框中，再次单击【确定】按钮。

步骤 6：返回到【数据库角色属性】对话框中，确认添加的用户无误后，单击【确定】按钮，完成为用户分配角色的操作。

步骤 7：用同样的方法为用户 lipeng 分配【db_datawriter】的角色权限。

图 12.22 数据库角色

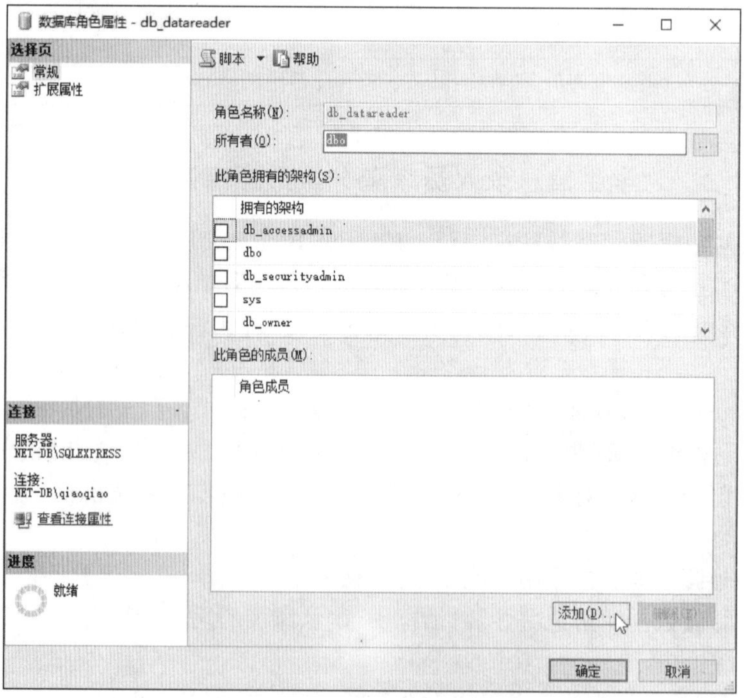

图 12.23 【数据库角色属性】窗口

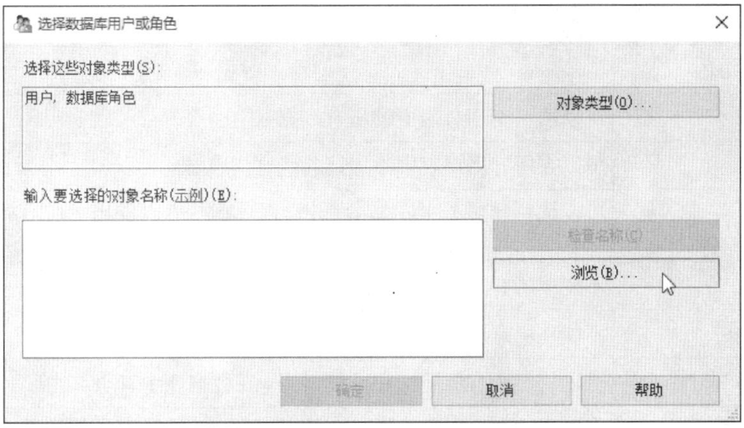

图 12.24 【选择数据库用户或角色】对话框

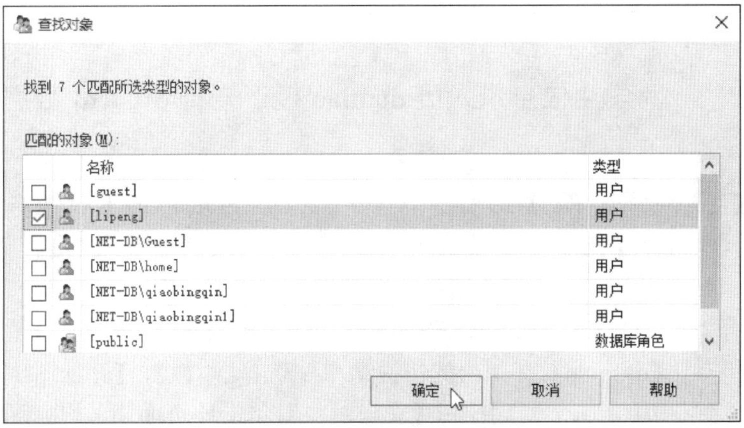

图 12.25 【查找对象】对话框

知识总结:

数据库角色(Database Roles)是数据库级的主体,可以使用数据库角色为一组数据库用户指定数据库权限。db_datareader 角色权限可以读所有用户表中的所有数据,db_datawriter 角色权限可以在所有用户表中添加、删除和更新数据。

数据库角色用于对单个数据库进行操作,每个数据库都有一系列数据库角色,尽管在不同的数据库内他们是同名的,但各自的作用范围都仅限于本数据库。表 12.2 给出了 SQL Server 中数据库角色的权限说明。

表 12.2 数据库角色

数据库角色	对应的数据库级权限
db_accessadmin	可以管理对数据库的访问，可以添加或删除用户 ID
db_backupoperator	可以备份数据库,可以发出 DBCC、CHECKPOINT 和 BACKUP 语句

续表

数据库角色	对应的数据库级权限
db_datareader	可以读所有用户表中的所有数据
db_datawriter	可以在所有用户表中添加、删除和更新数据
db_ddladmin	可以执行任何 DDL(数据定义语言)命令,可以发出 ALL DDL,但不能发出 GRANT、REVOKE 或 DENY 语句
db_denydatareader	不能读所有用户表中的所有数据
db_denydatawriter	不能在所有用户表中添加、删除和更新数据
db_owner	可以执行所有的配置和维护行为，在数据库中有全部许可
db_securityadmin	可以修改数据库角色成员并管理权限,可以管理全部许可、对象所有权、角色和角色成员资格
pubic	一个特别的数据库角色。所有的数据库用户都属于 public 角色。不能将用户从 public 角色中移除

任务 12.2.3 为学生信息录入员 dumiao 授予查询 Student 数据库中的 Courses 表的权限

任务12.2.3视频

步骤 1:在【对象资源管理器】中,右键单击 NET-DB\SQLEXPRESS 服务器下的【安全性】|【登录名】节点,在打开的快捷菜单中选择【新建登录名】,创建 SQL Server 登录账户 dumiao,并将此用户映射到 Student 数据库。

步骤 2:展开 NET-DB\SQLEXPRESS 服务器下的【Student】|【安全性】|【用户】节点。

步骤 3:右键单击【dumiao】,在弹出的快捷菜单中选择【属性】,打开如图 12.26 所示的【数据库用户】窗口,在左边的【选择页】中选中【安全对象】,单击该页面中的【搜索】按钮。

步骤 4:打开如图 12.27 所示的对话框,选中【特定对象】单选按钮,单击【确定】按钮。

步骤 5:打开如图 12.28 所示的对话框,单击其中的【对象类型】按钮。

步骤 6:打开如图 12.29 所示的对话框,选中【表】,单击【确定】按钮。

步骤 7:返回【选择对象】对话框,再单击【浏览】按钮,如图 12.30 所示。

步骤 8:打开如图 12.31 所示的对话框,选中【Courses】,单击【确定】按钮。

步骤 9:返回到【选择对象】对话框,再单击【确定】按钮,回到如图 12.32 所示的窗口。在 Courses 表的【显式】权限中,选中【选择】的“授予”选项,表示授予用户 dumiao 可以对 Courses 表进行 SELECT 操作。

步骤 10:如果还想限制只能对表 Courses 的某些列具有 SELECT 权限,可以在图 12.32 中单击【列权限】按钮,打开如图 12.33 所示的对话框,选中【Course_id】和【Course_name】列的“授予”选项,表示限制用户 dumiao 只能对【Course_id】和【Course_name】列具有 SELECT 权限。

步骤 11:设置完成后,单击【确定】按钮完成权限授予。

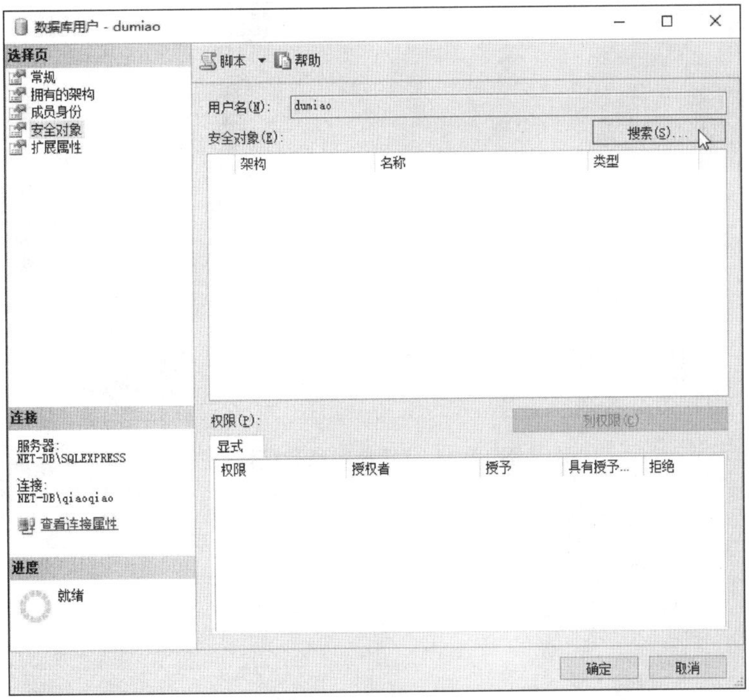

图 12.26　单击【安全对象】页面中的【搜索】按钮

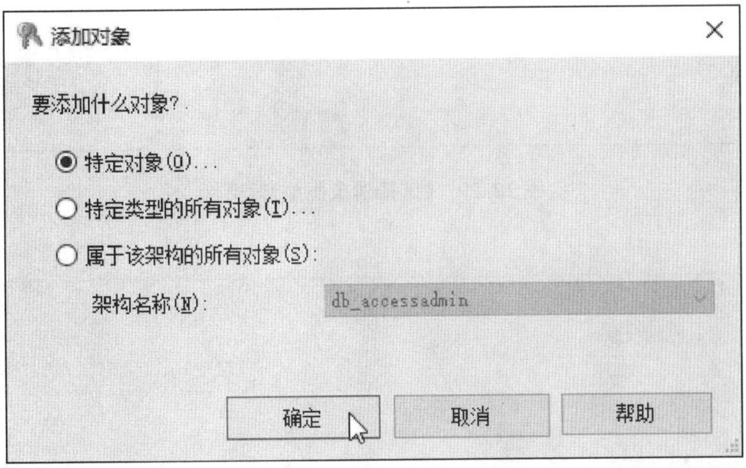

图 12.27　【添加对象】对话框

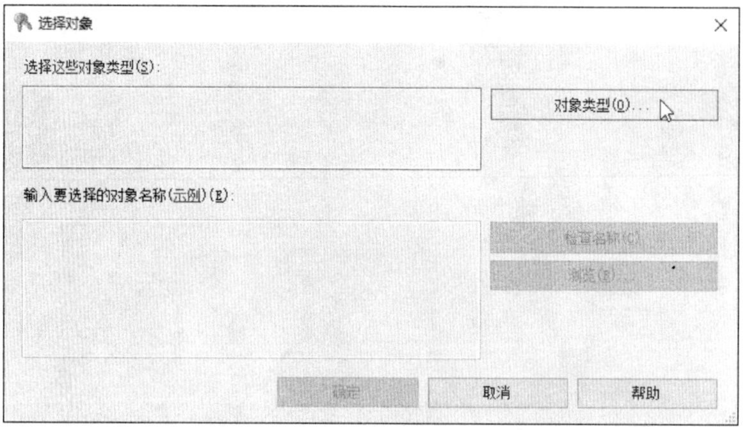

图 12.28 【选择对象】对话框

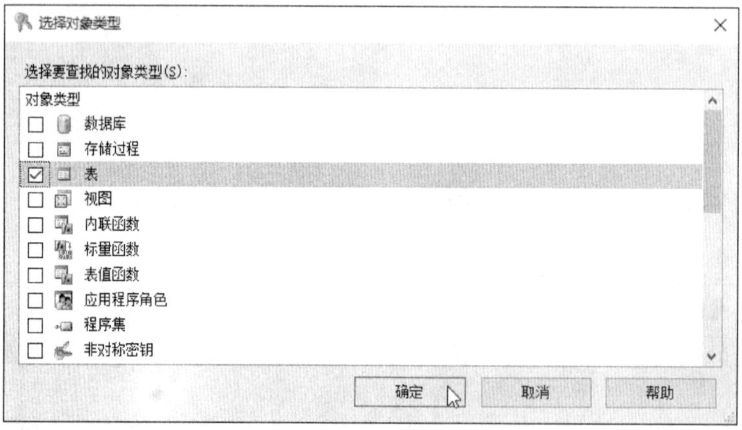

图 12.29 【选择对象类型】对话框

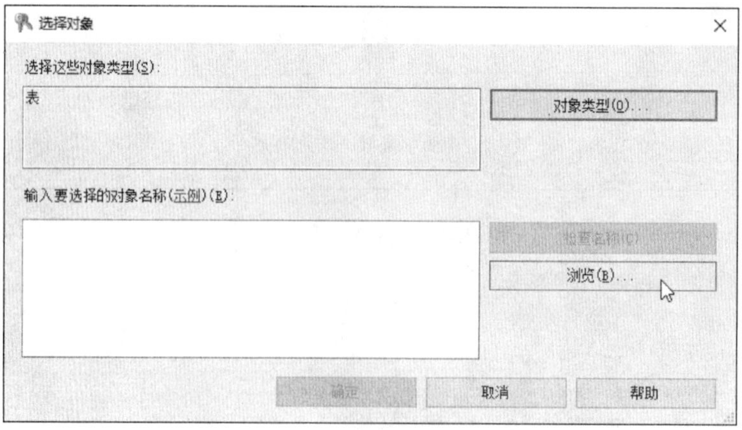

图 12.30 选择表对象

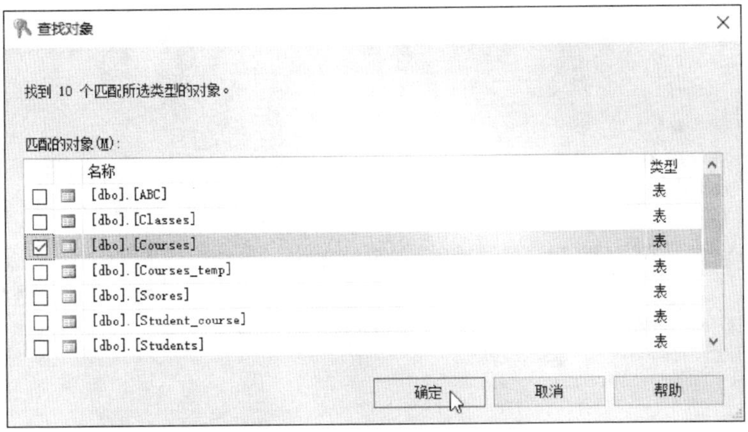

图 12.31　【查找对象】对话框

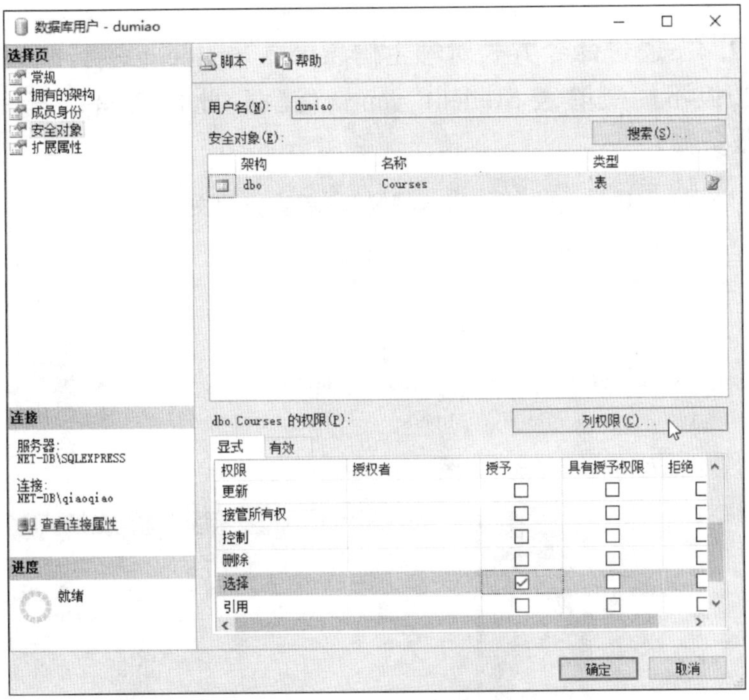

图 12.32　授予权限

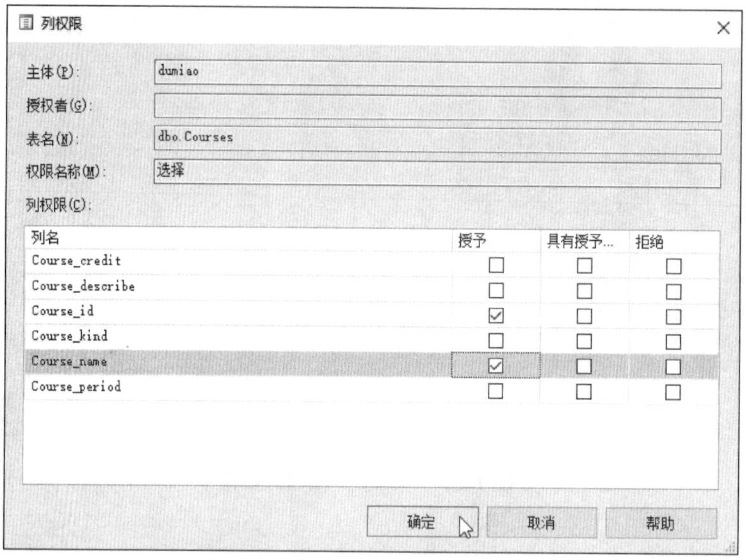

图 12.33　列权限设定

任务 12.2.4　通过命令方式对学生信息录入员 lipeng 进行权限分配，要求能够插入、修改，但不能删除表 Student_course（注意：此任务是以管理员账户登录 SQL Server 服务器）

步骤 1：单击标准工具栏上的【新建查询】按钮，新建查询文件。

步骤 2：输入以下查询语句。

```
USE Student
GO
GRANT INSERT,UPDATE ON Student_course TO lipeng
DENY DELETE ON Student_course TO lipeng
```

步骤 3：执行查询语句，执行结果如图 12.34 所示。

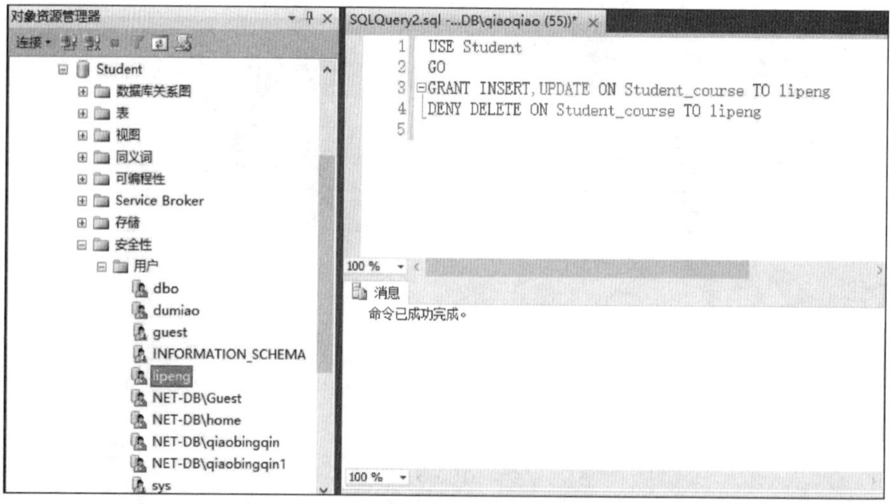

图 12.34　使用命令授予权限

知识总结：

除了使用数据库角色为用户分配权限外，还可以为数据库角色和用户授予小粒度的表操作权限和列操作权限。

GRANT、DENY 和 REVOKE 语句是管理权限的 T-SQL 命令。

- GRANT：允许一个数据库用户或角色执行所授权限指定的操作。
- DENY：拒绝一个数据库用户或者角色的特定权限，并且阻止他们从其他角色中继承这个权限。
- REVOKE：取消先前被授予或拒绝的权限。

GRANT 命令的语法格式如下：

```
GRANT { ALL [ PRIVILEGES ] }
      | permission [ ( column [ ,... n ] ) ] [ ,... n ]
      [ ON [ class :: ] securable ] TO principal [ ,... n ]
      [ WITH GRANT OPTION ] [ AS principal ]
```

ON 子句指定被授予权限的对象，而 TO 子句指定被授予权限的数据库角色。

归纳总结

SQL Server 2012 验证所有用户连接的访问权限，因此所有用户连接都必须指定身份验证模式和凭据。有两种身份验证模式可供选择：Windows 身份验证和混合模式身份验证。它们控制用户如何连接到 SQL Server，以及控制对 SQL Server 实例的访问。身份验证和登录名是 SQL Server 的第一级安全性保护，因此要为环境配置最安全的选项。

角色是 SQL Server 2012 用来集中管理数据库或服务器的权限。数据库管理员将操作数据库的权限赋给角色后，再将角色赋给数据库用户或登录账户，从而使数据库用户或登录账户拥有了相应的权限。当向 SQL Server 2012 中添加登录名并设置用户后，就可以将登录名映射到用户需要访问的每个数据库中的用户账户或者角色中。

习 题

理论题

1. SQL Server 2012 登录有几种验证方式？分别是什么？
2. SQL Server 2012 能不能禁用 Windows 登录方式？
3. Windows 身份验证的作用是什么？有什么好处？
4. 什么是角色？服务器角色和数据库角色的区别是什么？

操作题

1. 在 Student 数据库中实现下面的操作

步骤 1：在 Windows 操作系统中创建一个登录账户 aaa。

步骤 2：使 aaa 成为 SQL Server 的合法账户，并让其可以访问数据库 Student 中的 Students 表。

步骤 3：使用 aaa 重新连接 SQL Server 服务器，尝试该用户是否能对 Students 和 Student_course 表进行查询操作。

2. 在 MyLibrary 数据库中实现下面的操作

步骤 1：在 SQL Server 中创建登录账号 bbb。

步骤 2:禁止账号 bbb 登录,然后再进行恢复。

步骤 3:给数据库 MyLibrary 创建用户 bbb,再修改用户名为 MyLibrary_bbb。

步骤 4:为数据库用户 MyLibrary_bbb 设置权限:对表 Borrow 和表 Fine 具有 SELECT、INSERT、UPDATE、DELETE 权限。

学习情境 13　维护数据库

【情境描述】

薛俊在系统投入使用后负责对数据库进行日常维护，他需要制定数据库备份策略，以保障数据库的安全，还要进行数据的导入与导出等操作。

【技能目标】

- 能够进行数据库分离与附加操作
- 能够进行数据库联机与脱机操作
- 能够进行数据库备份与还原操作
- 能够进行数据库导入与导出操作

学习子情境 13.1　分离和附加学生管理数据库

【情境描述】

学生管理信息系统在投入使用后，管理员薛俊发现服务器 C:盘的数据一直都在增加，经查看分析，原来数据库文件被放在了系统默认路径下。假如系统需要重装，这将会给数据库的安全带来很大问题，于是他决定将其移动到 D:盘保存。

【技能目标】

- 掌握使用分离和附加迁移数据库的方法

【工作任务】

将 C:\Program Files\Microsoft SQL Server\MSSQL11. SQLEXPRESS\MSSQL\DATA 下的数据库文件迁移到 D:\student 文件夹下。

【任务实施】

任务 13.1.1　从 SQL Server 中分离 Student 数据库

步骤 1:在【对象资源管理器】中展开【数据库】节点，右键单击【Student】数据库，选择【任务】下的【分离】选项，如图 13.1 所示。

步骤 2:在【分离数据库】窗口，选中【删除连接】和【更新统计信息】复选框，单击【确定】按钮完成数据库分离，如图 13.2 所示。

任务13.1.1-13.1.3 视频

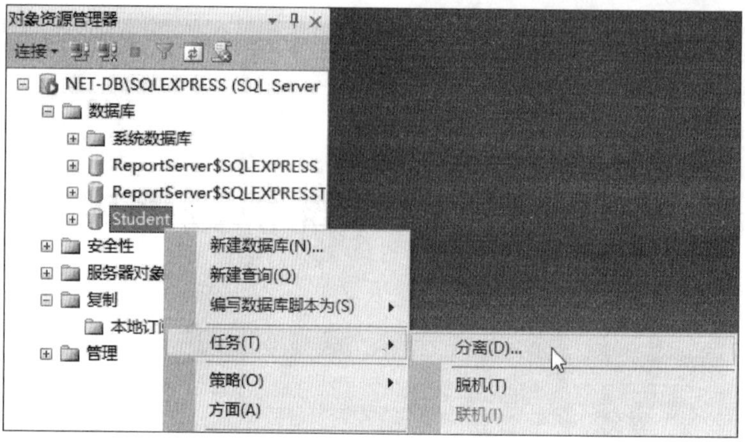

图 13.1 选择【分离】功能

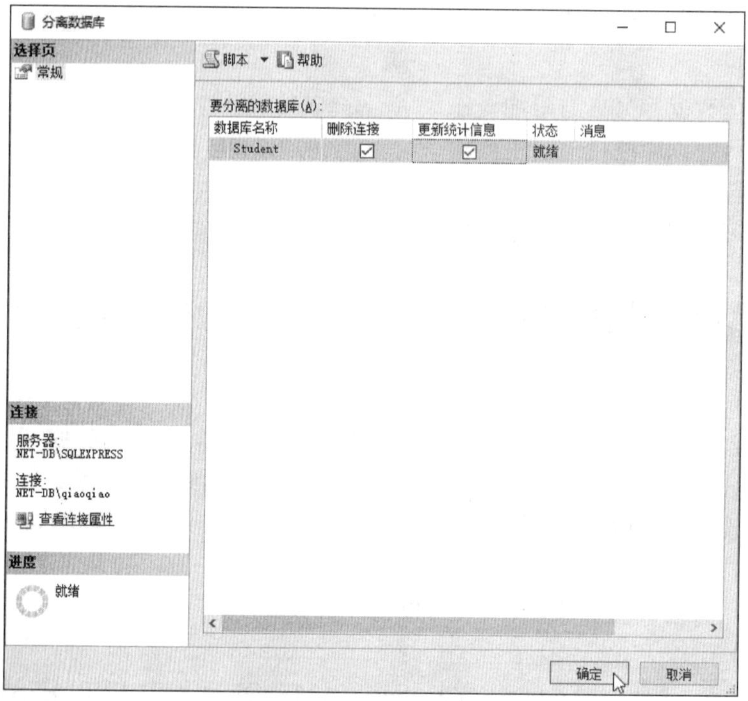

图 13.2 【分离数据库】窗口

注意:

【分离数据库】窗口中的【删除连接】是指断开与指定数据库的连接;【更新统计信息】是指在分离数据库之前,更新过时的优化统计信息。

任务 13.1.2 将 Student 数据库对应的磁盘文件移到新的存储位置

步骤 1:在系统默认安装路径下找到分离后的数据文件 student.mdf 和日志文件 student_log.ldf,选中这两个文件进行剪切或复制。

步骤 2:打开文件资源管理器,在 D:盘根目录下建立 student 文件夹,将数据库文件粘贴到此文件夹下。

任务 13.1.3　将 Student 数据库重新附加到服务器

步骤 1:在【对象资源管理器】中,右键单击【数据库】节点,在打开的快捷菜单中选择【附加】,如图 13.3 所示。

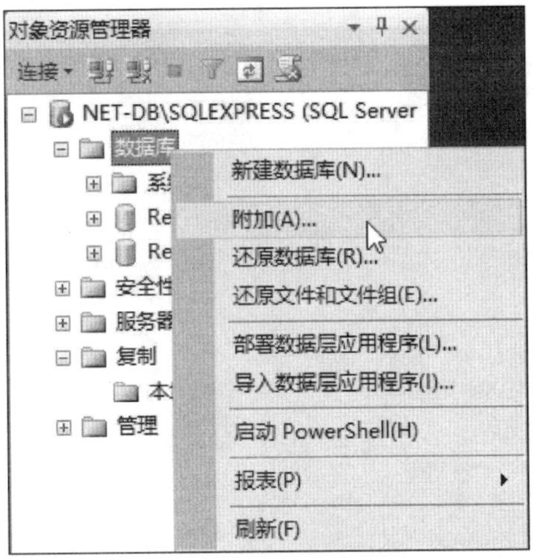

图 13.3　选择【附加】功能

步骤 2:进入【附加数据库】界面,如图 13.4 所示,单击【添加】按钮。

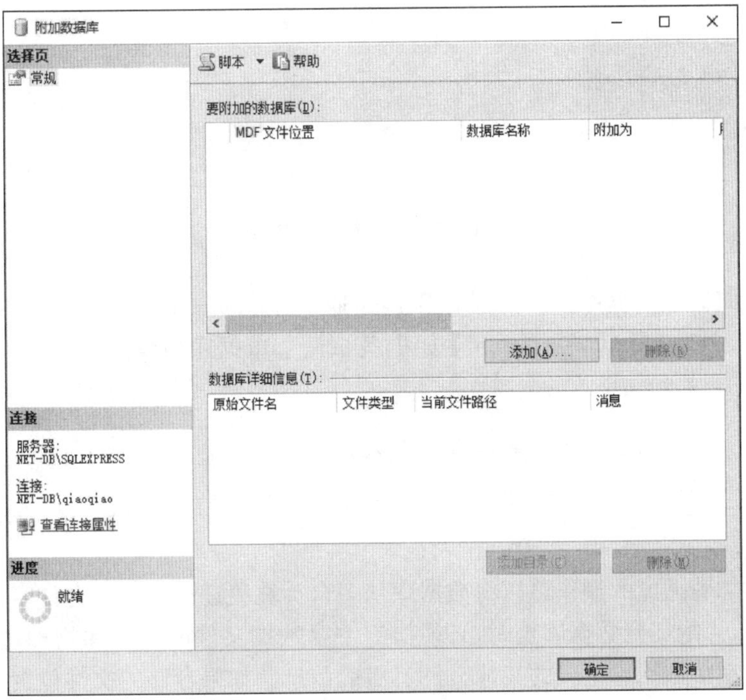

图 13.4　【附加数据库】界面

步骤 3：打开【定位数据库文件】窗口，选择 D:\student 路径下的 student. mdf 文件，如图 13.5 所示，单击【确定】按钮。

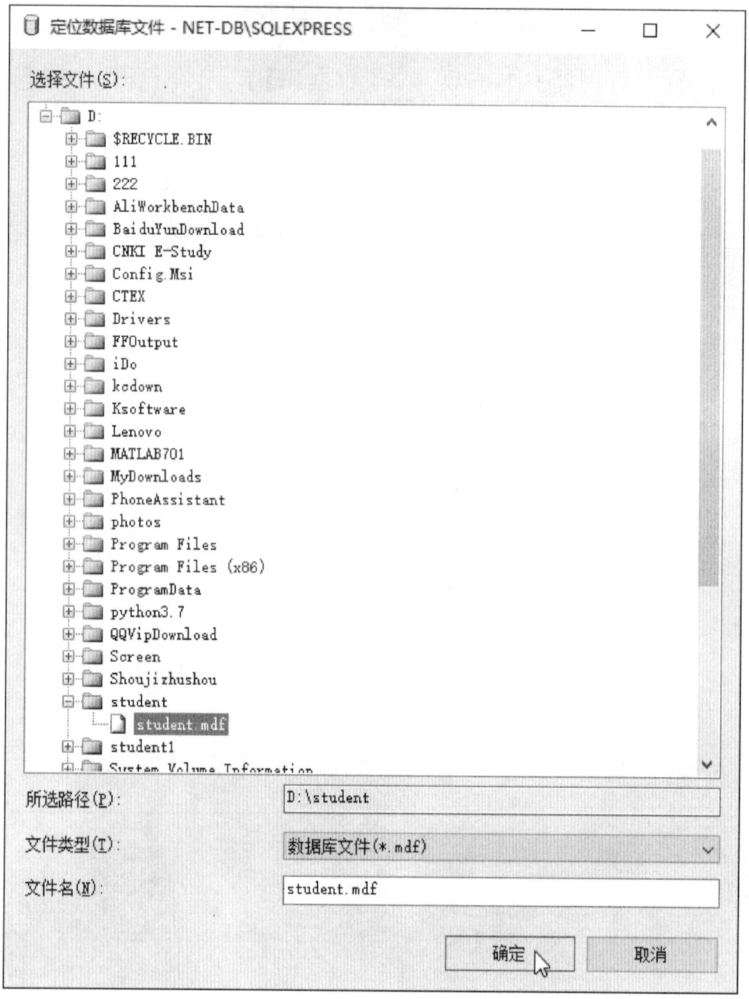

图 13.5　定位数据库文件

步骤 4：返回【附加数据库】窗口，SQL Server 通过 student. mdf 文件读到 Student 数据库的详细信息，如图 13.6 所示，单击【确定】按钮，完成附加数据库的操作。

注意：

数据库附加后的使用状态与它分离前完全相同。

知识总结：

分离和附加数据库的操作可以将数据库从一台计算机迁移到另一台计算机，而不必重新创建数据库，当附加到数据库上时，必须指定主要数据文件的名称和物理位置。主要数据文件包含查找由数据库组成的其他文件所需的信息。如果存储的文件位置发生了改变，就需要手工指定次要数据文件和日志文件的存储位置。

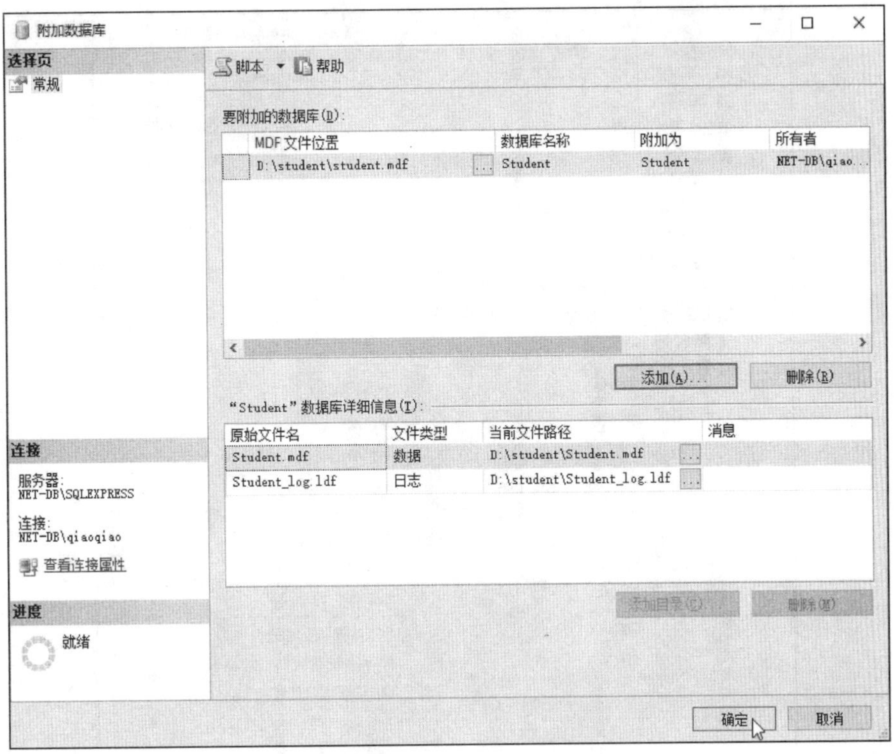

图 13.6　附加 Student 数据库

学习子情境 13.2　脱机和联机学生管理数据库

【情境描述】

因为安全性、服务器负载压力等原因，用户在一定时间内没有操作时服务器会自动断开连接。用户也可以手动断开连接，在需要时再进行连接。薛俊需要学会相应的操作，以在需要时断开或连接服务器。

【技能目标】

- 掌握脱机的方法
- 掌握联机的方法

【工作任务】

对学生管理数据库进行脱机操作和联机操作。

【任务实施】

任务 13.2.1　使用脱机操作断开客户端与服务器的连接

步骤 1：在【对象资源管理器】中，展开【数据库】节点，右键单击【Student】数据库，选择【任务】下的【脱机】功能，如图 13.7 所示。

任务13.2.1-13.2.2
视频

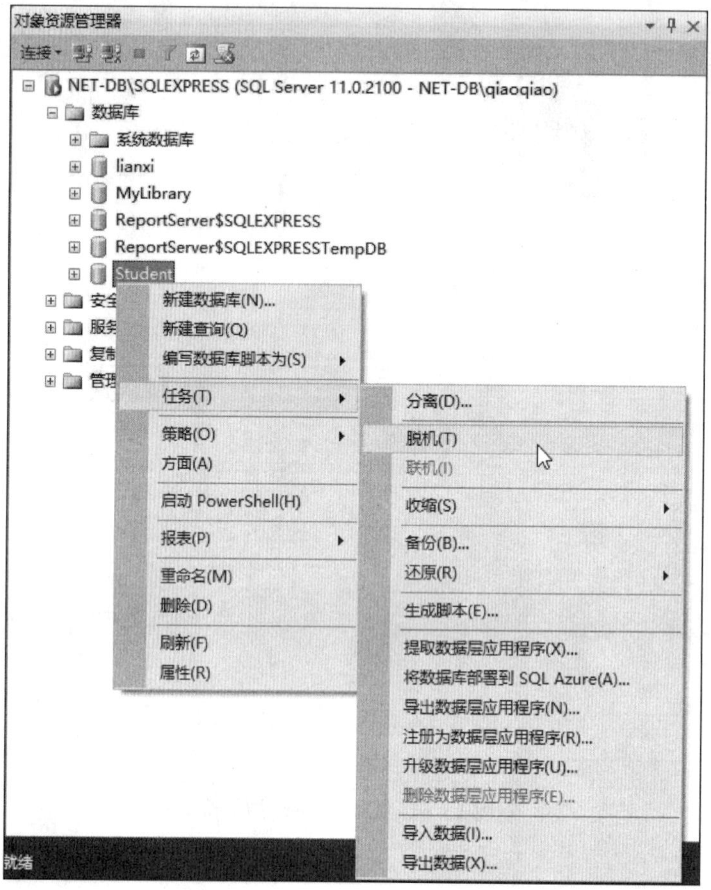

图 13.7　选择【脱机】功能

步骤 2:出现如图 13.8 所示的界面后,表示数据库脱机成功,单击【关闭】按钮完成操作。

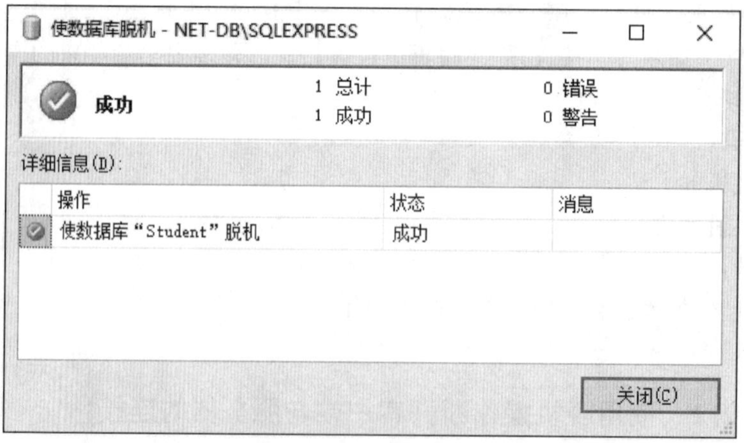

图 13.8　数据库脱机完成界面

步骤 3:脱机后 Student 数据库的显示如图 13.9 所示。

图 13.9　数据库脱机状态

注意：

可以复制脱机后的数据库文件，再将这些文件迁移到其他硬盘分区或其他设备。

任务 13.2.2　使用联机操作连接客户端与服务器

步骤 1：在【对象资源管理器】中，展开【数据库】节点，右键单击【Student】数据库，选择【任务】下的【联机】功能，如图 13.10 所示。

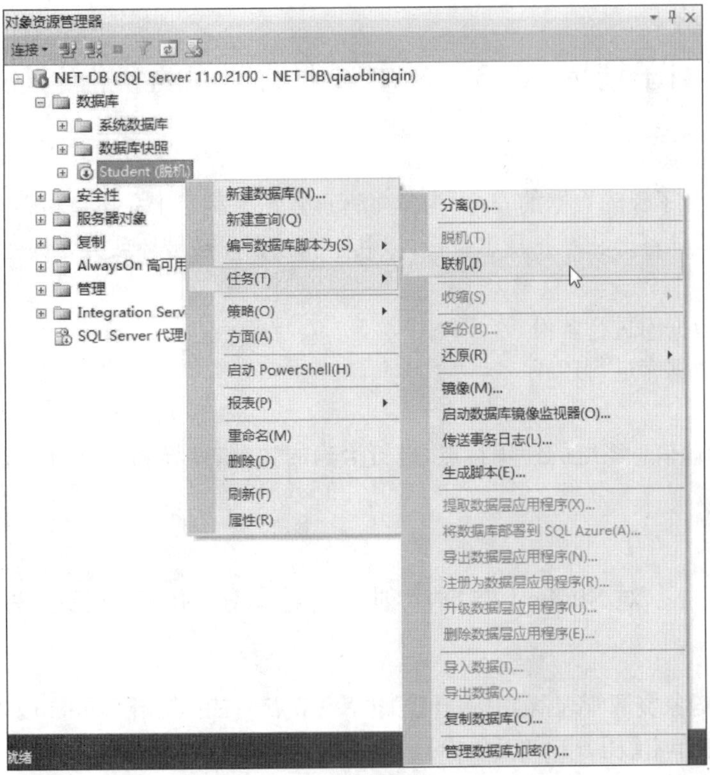

图 13.10　选择【联机】功能

步骤 2：出现如图 13.11 所示的界面时，表示数据库联机成功，单击【关闭】按钮完成操作。

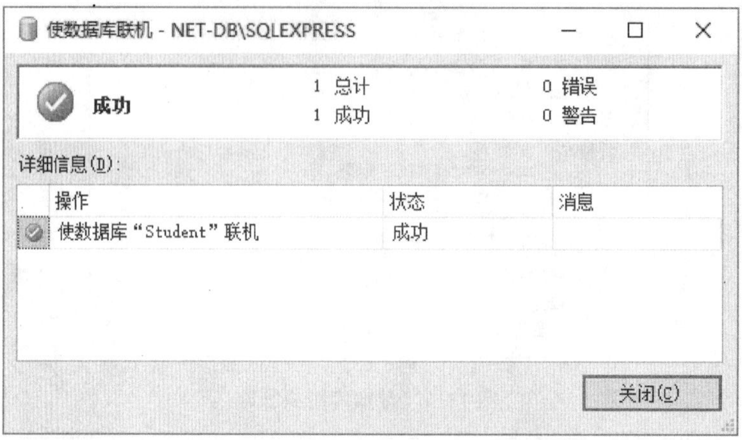

图 13.11　数据库联机成功界面

知识总结：

数据库在联机状态时是不能复制数据库文件的，可以让数据库脱机处于离线状态，这样就可以将数据库文件复制到新的存储设备。在完成复制操作后，再通过联机操作将数据库恢复到在线状态。

数据库处于脱机状态时，不能使用数据库。

学习子情境 13.3　学生管理数据库的备份与还原

【情境描述】

管理员薛俊为了保障数据的安全，为学生管理数据库制定了一份备份策略：按需进行数据库的完整备份、差异备份和事务日志备份，以利于在数据库被破坏或异常时进行数据恢复。

【技能目标】

- 能够对数据库进行备份
- 能够对数据库进行还原

【工作任务】

针对学生管理信息系统的使用特点，进行恰当的完整、差异和事务日志备份操作，保证系统数据的安全性。

【任务实施】

任务 13.3.1　对 Student 数据库创建完整备份，并使用完整备份进行数据库还原

步骤 1：在【对象资源管理器】中展开【数据库】节点，右键单击【Student】数据库，在快捷菜单中单击【任务】下的【备份】功能，打开【备份数据库】窗口。

任务13.3.1视频

步骤 2：在【备份数据库】窗口的【常规】页面，从【源】|【数据库】下拉列表中选

择【Student】数据库；从【源】|【备份类型】下拉列表中选择【完整】；其他选项保持默认，单击【确定】按钮，如图 13.12 所示。

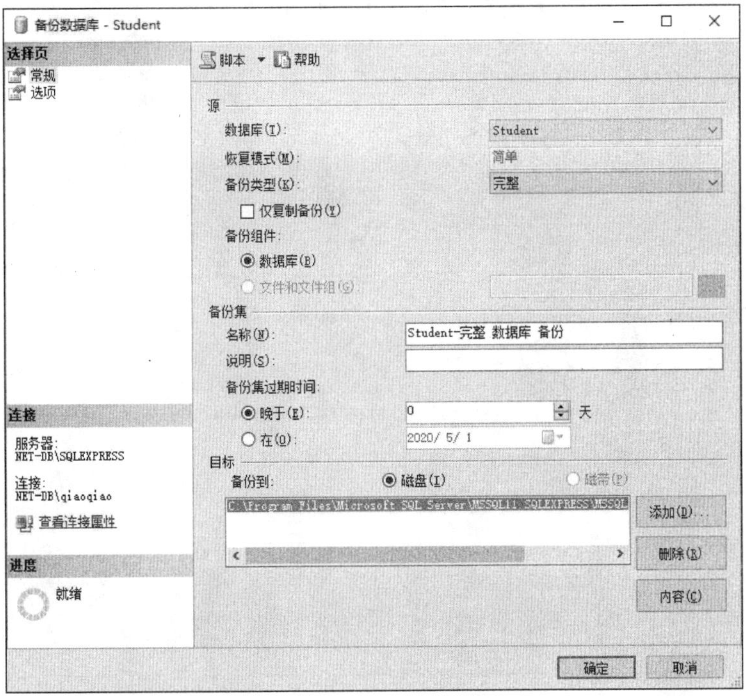

图 13.12 设置完整备份

步骤 3：当出现对数据库“Student”的备份已成功完成的信息提示框时，单击【确定】按钮。

步骤 4：在【对象资源管理器】中，删除 Student 数据库。

步骤 5：在【对象资源管理器】中，右键单击【数据库】节点，在弹出的快捷菜单中选择【还原数据库】，如图 13.13 所示。

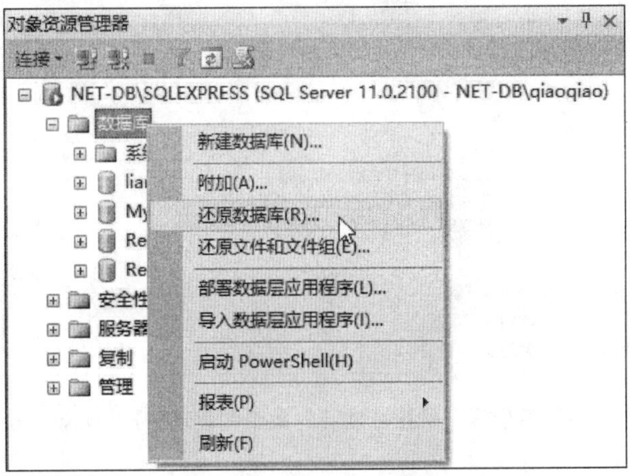

图 13.13 选择【还原数据库】

步骤 6：在【还原数据库】窗口中的【常规】页面，选中【源】|【设备】单选按钮，单击右侧的

…按钮，在弹出的【选择备份设备】对话框中，单击【添加】按钮，指定备份文件的路径及名称；在【目标】|【数据库】中指定要恢复的数据库为【Student】；确保选中【Student－完整 数据库 备份】左边的【还原】复选框，其他选项保持默认，单击【确定】按钮，如图 13.14 所示。

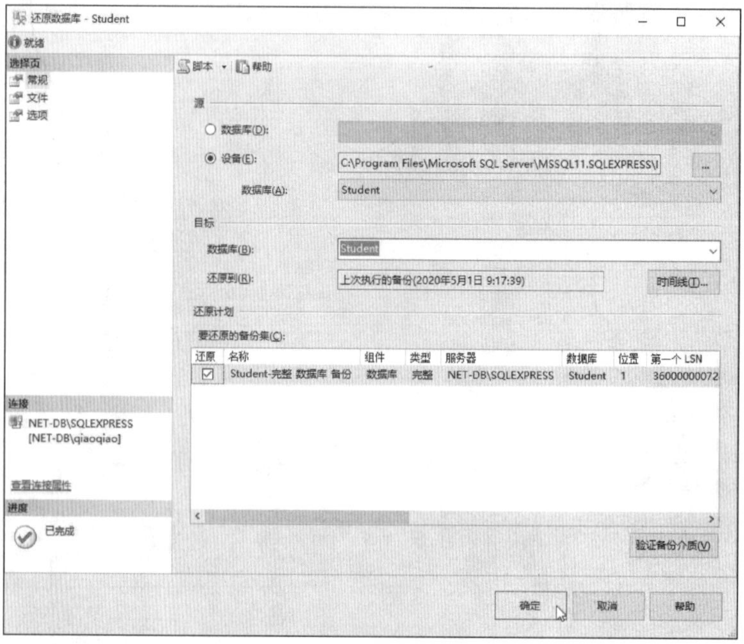

图 13.14　设置完整备份恢复

步骤 7：当出现成功还原了数据库“Student”的信息提示框时，单击【确定】按钮。

步骤 8：在【对象资源管理器】中，展开【数据库】节点，可以看到【Student】数据库已存在，如图 13.15 所示，说明数据库恢复成功。

图 13.15　完整备份恢复数据成功，【对象资源管理器】中有 Student 数据库

知识总结：

完整备份是 SQL Server 2012 的主要备份方式之一，这种备份策略适用于数据更新缓慢的数据库，完整备份将创建备份完成时数据库内数据信息的副本。

完整数据库备份完成备份操作需要很长时间，所以完整数据库备份的使用频率通常比较低。

任务 13.3.2　在 Student 数据库完整备份的基础上创建差异备份，并使用备份进行数据库还原

注意：

实施本任务前，请先对 Student 数据库进行完整备份。

步骤 1：删除 Student 数据库下的 Scores 表。

步骤 2：在【对象资源管理器】中，右键单击【数据库】|【Student】，在打开的快捷菜单中选择【任务】|【备份】功能。

任务13.3.2视频

步骤 3：在【备份数据库】窗口中，选择【源】|【备份类型】为【差异】，其余设置为默认，如图 13.16 所示。

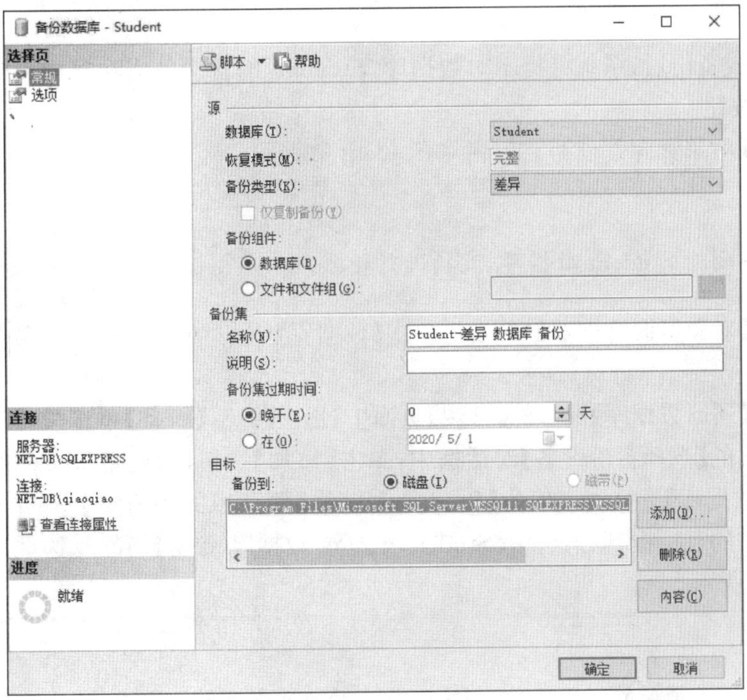

图 13.16　设置差异备份

步骤 4：在左侧的【选择页】中单击【选项】，在右侧打开的【选项】页中确保选中【追加到现有备份集】单选按钮，以免覆盖现有的完整备份，选中【可靠性】中的【完成后验证备份】复选框，确保它们在备份完成之后是一致的。单击【确定】按钮完成设置，如图 13.17 所示。

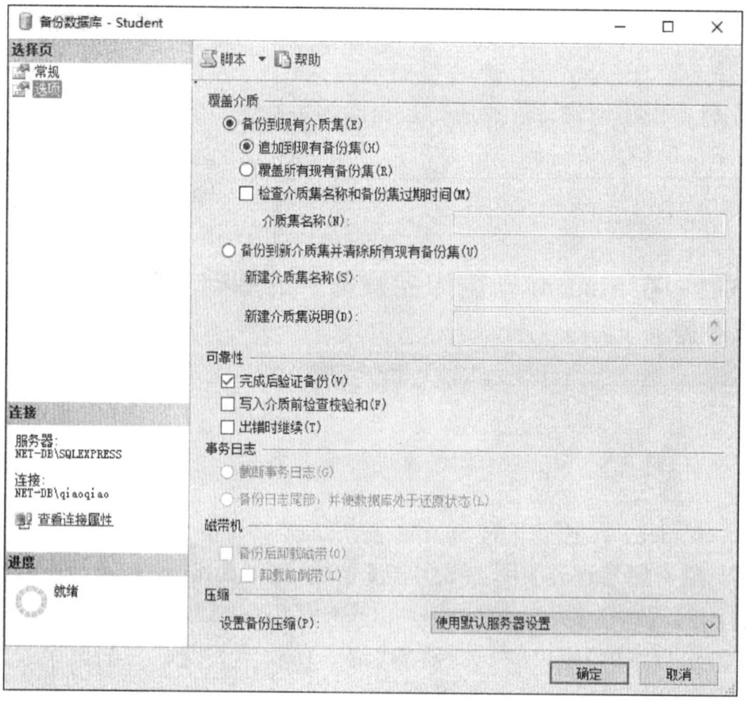

图 13.17　【选项】页的设置

步骤 5：完成备份后，系统将提示对数据库“Student”的备份已成功完成，在该信息提示框中单击【确定】按钮。

步骤 6：在【对象资源管理器】中，删除 Student 数据库。

> **注意：**
> 也可以不删除 Student 数据库，直接进行还原。

步骤 7：在【对象资源管理器】中，右键单击【数据库】节点，在弹出的快捷菜单中选择【还原数据库】选项。

步骤 8：在【还原数据库】窗口的【常规】页面中，选中【源】|【设备】单选按钮，再单击右侧的按钮，在弹出的【选择备份设备】对话框中，单击【添加】按钮，指定备份文件的路径及名称；设置【目标】|【数据库】下拉列表值为【Student】；选中【要还原的备份集】中的【Student—完整数据库 备份】前的复选框，取消选中【Student—差异 数据库 备份】前的复选框；单击【确定】按钮，如图 13.18 所示。

> **注意：**
> 在 Student 数据库的完整备份中，Scores 表还没有被删除。

步骤 9：在还原成功的提示框中，单击【确定】按钮。

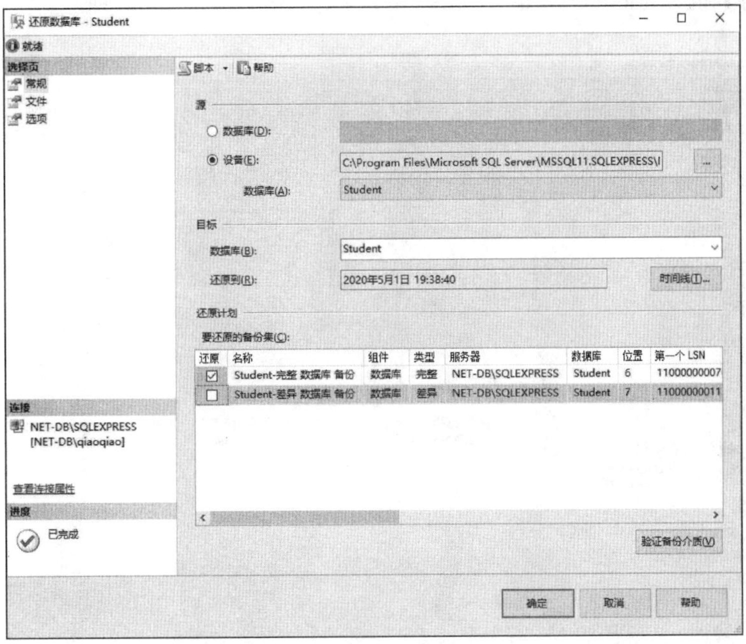

图 13.18 使用完整备份还原数据库

步骤 10:在【对象资源管理器】中,查看 Student 数据库中的表,如图 13.19 所示,发现有 Scores 表,说明完整备份恢复数据成功。

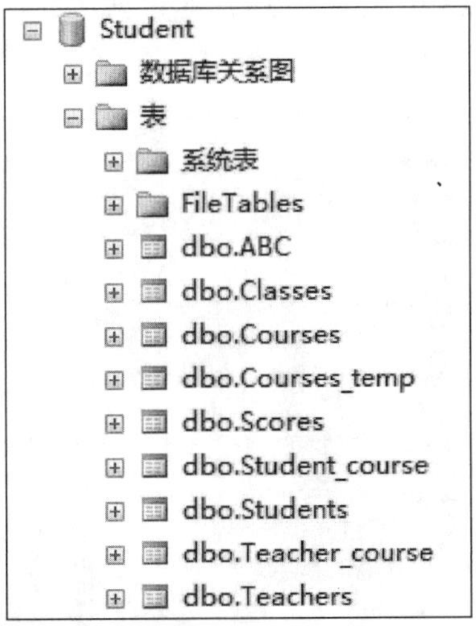

图 13.19 完整备份恢复数据成功,Student 数据库中有 Scores 表

步骤 11:下面使用差异备份还原数据库。在【对象资源管理器】中,右键单击【数据库】节点,在弹出的快捷菜单中选择【还原数据库】选项。

步骤 12:在【还原数据库】窗口的【常规】页面中,选中【源】|【设备】单选按钮,再单击右侧的▢按钮,在弹出的【选择备份设备】对话框中,单击【添加】按钮,指定备份文件的路径及名称;设置【目标】|【数据库】下拉列表值为【Student】;在【要还原的备份集】中选中【Student一完

整 数据库 备份】和【Student－差异 数据库 备份】复选框，如图 13.20 所示。

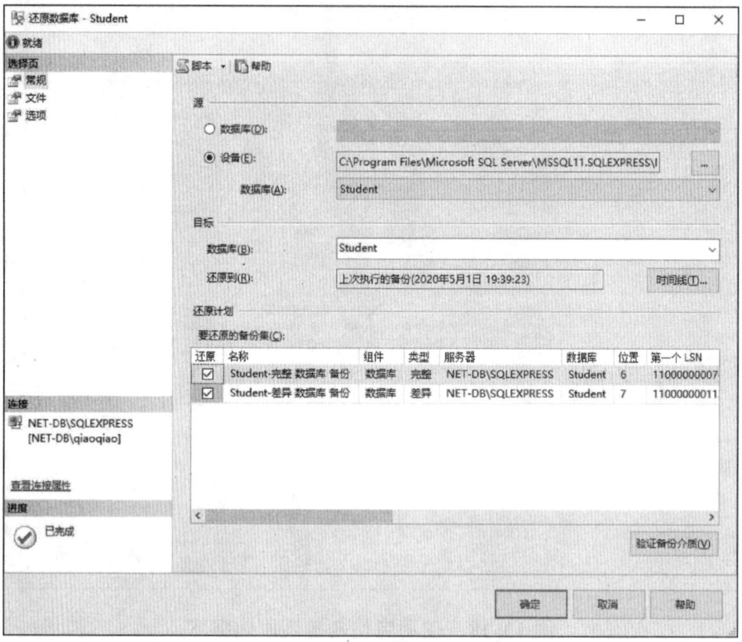

图 13.20　使用差异备份还原数据库

步骤 13：在【选择页】的【选项】页面中，勾选【还原选项】下的【覆盖现有数据库(WITH REPLACE)】，勾选【服务器连接】下的【关闭到目标数据库的现有连接】，如图 13.21 所示，单击【确定】按钮。

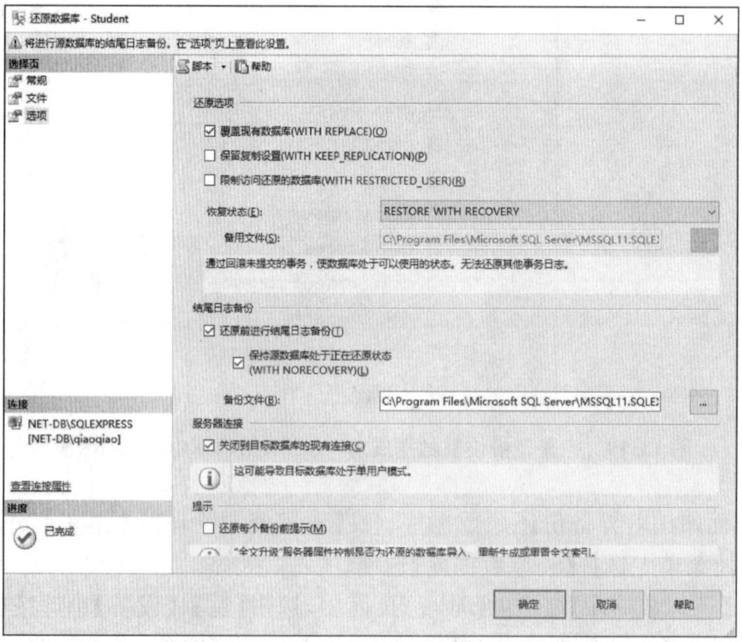

图 13.21　还原选项设置

步骤 14:在系统成功还原“Student”数据库的提示框中,单击【确定】按钮。

步骤 15:在【对象资源管理器】中,查看 Student 数据库下的表,发现没有 Scores 表,说明差异备份恢复数据成功,如图 13.22 所示。

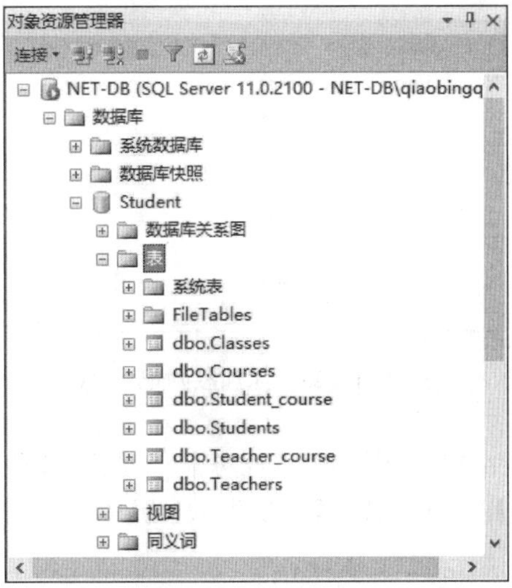

图 13.22　差异备份恢复数据成功,【对象资源管理器】中没有 Scores 表

注意:

查看表之前,可先右击【表】节点,在打开的快捷菜单中选择【刷新】功能,对还原后的结果进行刷新。

知识总结:

差异数据库备份是 SQL Server 2012 的主要备份方式之一,差异数据库备份只记录自上次完整数据库备份后发生改变的数据。差异数据库备份比完整数据库备份速度快,故数据库管理员经常使用此种备份方法。使用差异数据库备份复制的是从完整数据库备份到差异数据库备份完成时那段时间的数据变化,若要恢复到精确的故障点,必须使用事务日志备份。

任务 13.3.3　在 Student 数据库完整备份的基础上创建事务日志备份,并使用事务日志备份进行数据库恢复

注意:

实施本任务前,请先对 Student 数据库进行完整备份。

步骤 1:在【对象资源管理器】中,编辑 Student 数据库中的 Teachers 表,往表中添加一条新记录,如图 13.23 所示。

任务13.3.3视频

NET-DB\SQLEXPRE...- dbo.Teachers

Teacher id	Teacher name	Teacher dep...
JS001	于明军	经济信息系
JS002	王子丹	会计系
JS003	米菲	经济信息系
JS004	冯飞雪	经济信息系
JS005	朱芸	公共课部
JS006	闫晓辉	公共课部
JS007	王文丽	经济信息系
JS008	李延熙	公共课部
JS009	金泰	会计系
JS010	蔡林峰	会计系
JS011	吴星	贸易经济系
JS012	李晓	贸易经济系

图 13.23 添加教师记录

步骤 2:右键单击【Student】数据库,选择【任务】下的【备份】功能。

步骤 3:在【备份数据库】窗口中,选择【备份类型】为【事务日志】,其余设置保持默认,如图 13.24 所示。

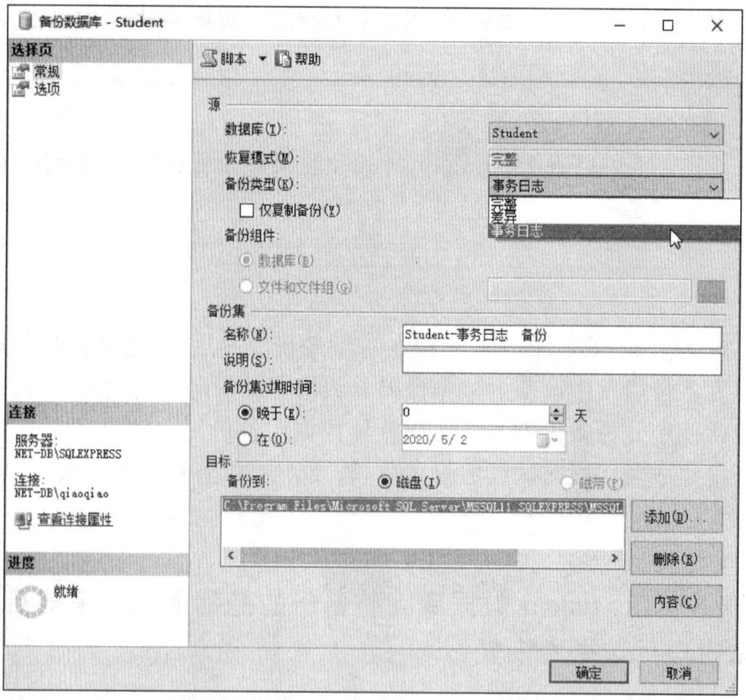

图 13.24 进行事务日志备份

步骤 4:在【选择页】中单击【选项】,勾选【可靠性】下的【完成后验证备份】和【写入介质前检查校验和】复选框,其余设置保持默认,如图 13.25 所示,单击【确认】按钮。

步骤 5:在对数据库"Student"的备份已成功完成的提示框中,单击【确定】按钮。

步骤 6:在【对象资源管理器】中,右键单击【Student】数据库,选择【任务】下的【还原】|【数据库】功能。

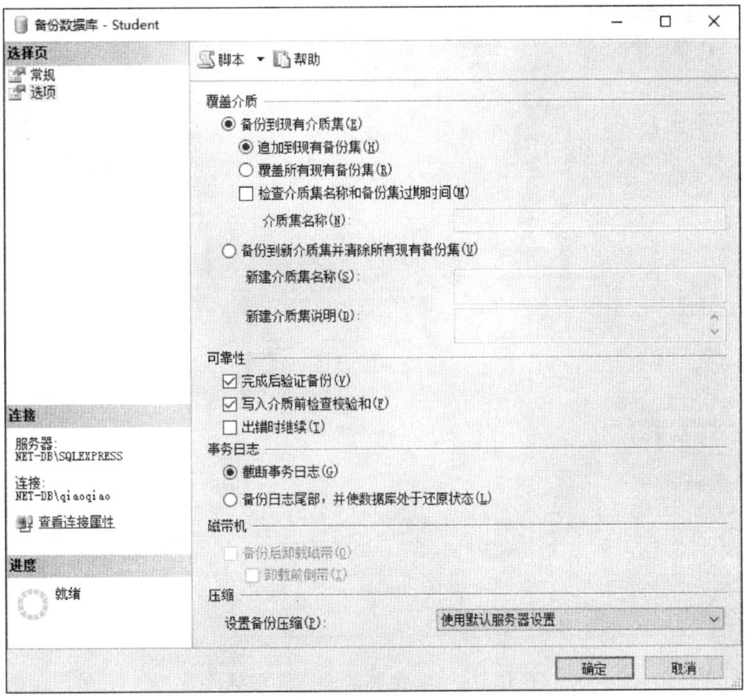

图 13.25　设置事务日志备份

步骤 7:在【还原数据库】窗口中的【常规】页面,选中【源】|【设备】单选按钮,再单击右边的 按钮,在弹出的【选择备份设备】对话框中,单击【添加】按钮,指定备份文件的路径及名称;设置【目标】|【数据库】下拉列表值为【Student】;选中【要还原的备份集】下的【Student—完整数据库 备份】复选框,取消选中【Student—事务日志 备份】复选框,如图 13.26 所示。

步骤 8:在【选择页】中单击【选项】进入选项配置页面,勾选【还原选项】下的【覆盖现有数据库(WITH REPLACE)】复选框,勾选【服务器连接】下的【关闭到目标数据库的现有连接】复选框,其他设置保持默认,单击【确定】按钮。

步骤 9:在成功还原了数据库"Student"的提示框中,单击【确定】按钮。

步骤 10:检查 Student 数据库中 Teachers 表的数据记录,发现步骤 1 新增的教师记录没有被还原。

> **注意:**
>
> 在 Teachers 表中新增的数据记录是在完整备份之后,由于还原时采用的是完整备份,没有采用针对新增进行的事务日志备份,因此,还原后 Teachers 表中新增的记录并没有被还原。

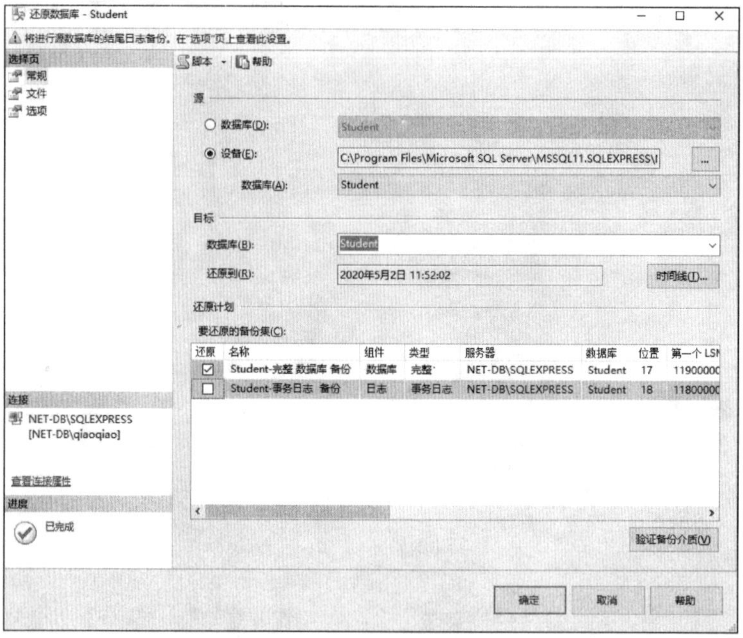

图 13.26　按完整备份还原数据库

步骤 11:下面使用事务日志备份还原数据库。重复步骤 6 到步骤 9,但是将步骤 7 的还原设置修改为如图 13.27 所示的情况。其他步骤的设置不变。

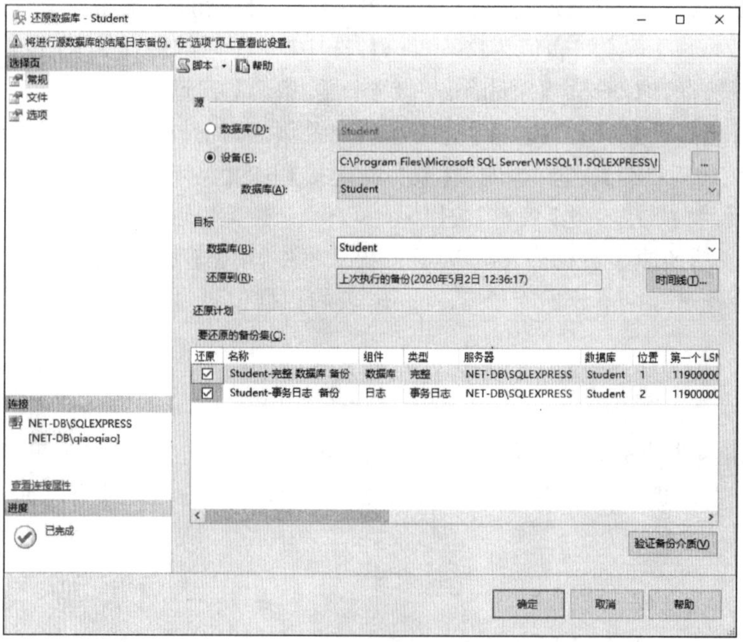

图 13.27　按事务日志备份还原数据库

步骤 12:再次检查 Student 数据库中 Teachers 表的数据记录,发现步骤 1 新增的教师记录也被还原了。

注意：

步骤 11 的还原操作同时采用了完整备份和针对新增进行的事务日志备份，因此，还原后 Teachers 表中新增的记录也被恢复。

知识总结：

事务日志备份是 SQL Server 2012 主要的备份方式之一，是指自上一次备份事务日志后对数据库执行所有事务的一系列记录信息，可以使用事务日志备份将数据库恢复到特定的即时点或故障点。只有具有自上次数据库备份或差异数据库备份后的连续事务日志备份时，使用数据库备份和事务日志备份还原数据库才有效。

任务 13.3.4 假设本月初 Student 数据库已经做过完整备份，本月 10 日做过差异备份。运行一段时间后，由于 SQL Server 2012 数据库服务器出现故障，导致 Student 数据库中的数据文件被破坏，但是可以确定的是事务日志文件尚完好。此时灾难已经发生了，而离灾难发生日最近的备份是本月 10 日所做的差异备份。尝试用结尾日志备份还原灾难发生时点的所有数据

注意：

本任务是对实际灾难的一个模拟，下面对本任务进行描述：

首先对 Student 数据库进行完整备份（模拟月初的完整备份），然后在 Teachers 表中添加一行新记录，再做一次差异备份（模拟本月 10 日的差异备份），接着在 Teachers 表中再添加一行新记录。

假设此时数据库的数据文件损坏，但是事务日志文件完好。现要求利用结尾日志备份将数据库还原到灾难发生时的时间点，即尝试将数据库还原到在 Teachers 表中添加第二行新记录之后的时间点。

步骤 1：先对 Student 数据库进行完整备份，注意备份文件的存储位置和文件名。

步骤 2：在 Teachers 表中添加一行新教师记录，数据为：JS011，吴星，贸易经济系。

任务13.3.4视频

步骤 3：再对 Student 数据库进行差异备份，从而将步骤 2 的修改结果备份到差异备份中。

步骤 4：在 Teachers 表中再添加一行新教师记录，数据为：JS012，李晓，贸易经济系。假设此时 Student 数据库的数据文件出现异常，但日志文件仍然完好。下面开始还原数据库。

步骤 5：在【对象资源管理器】中，右键单击【Student】数据库，选择【任务】下的【还原】|【数据库】功能。

步骤 6：在【还原数据库】窗口中的【常规】页面，选中【源】|【设备】单选按钮，再单击右边的按钮，在弹出的【选择备份设备】对话框中，单击【添加】按钮，指定备份文件的路径及名称；设置【目标】|【数据库】下拉列表值为【Student】；选中【要还原的备份集】下的【Student－完整 数据库 备份】复选框和【Student－差异 数据库 备份】复选框，如图 13.28 所示。

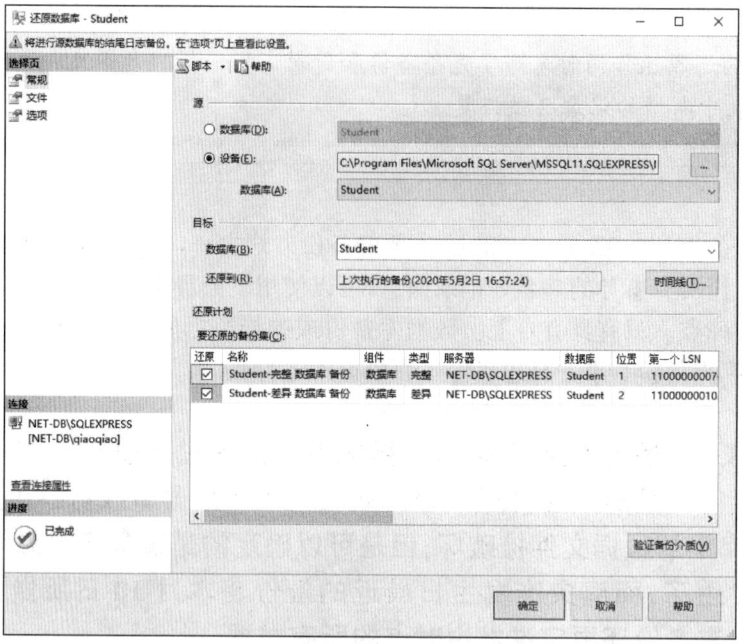

图 13.28　还原数据库界面设置

步骤 7:在【选择页】中单击【选项】,在【选项】页面的【还原选项】下选中【覆盖现有数据库(WITH REPLACE)】复选框;系统默认选中了【结尾日志备份】下的两个复选框,这里要注意结尾日志备份文件的存储位置和文件名;接着选中【服务器连接】下的【关闭到目标数据库的现有连接】复选框,然后单击【确定】按钮,如图 13.29 所示。

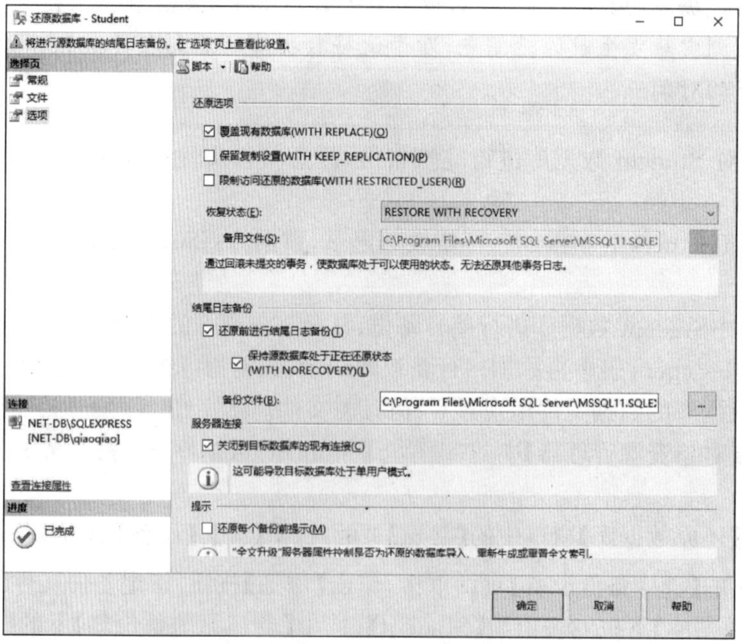

图 13.29　【还原数据库】的【选项】界面设置

步骤 8：在成功还原了数据库“Student”的信息提示框中，单击【确定】按钮。

步骤 9：检查 Teachers 表中的数据记录，可以看到只有吴星的数据，没有李晓的数据。

> **注意：**
> 差异备份中只包括吴星的数据，不包括李晓的数据。

下面使用结尾日志备份还原数据。

步骤 10：在【对象资源管理器】中，右键单击【Student】数据库，选择【任务】下的【还原】|【数据库】功能。

步骤 11：在【还原数据库】窗口中的【常规】页面，选中【源】|【设备】单选按钮，再单击右边的 ... 按钮，在弹出的【选择备份设备】对话框中，单击【添加】按钮，指定备份文件，注意要将完整备份文件和结尾日志备份文件都添加进来，添加后的界面如图 13.30 所示，单击【确定】按钮。

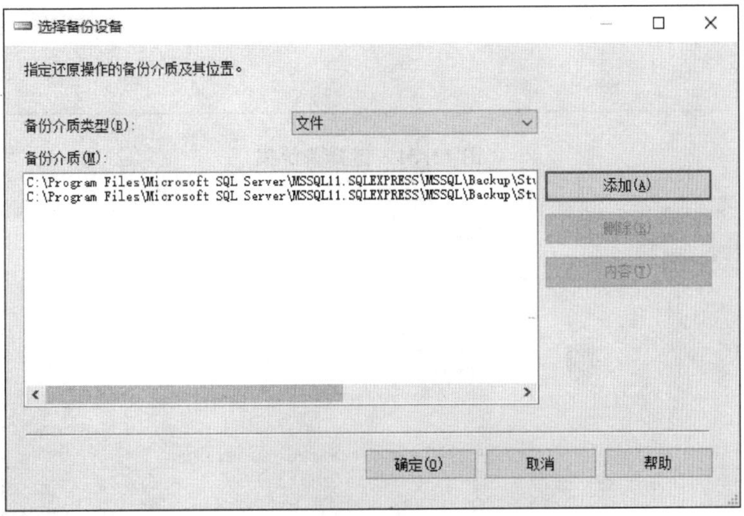

图 13.30　添加备份文件

步骤 12：返回到【还原数据库】的【常规】页面，注意【要还原的备份集】中显示了所有要用到的备份集，如图 13.31 所示。

步骤 13：切换到【选项】页面，选中【服务器连接】下的【关闭到目标数据库的现有连接】，其他选项保持默认，如图 13.32 所示，单击【确定】按钮。

步骤 14：在成功还原了数据库“Student”的信息提示框中，单击【确定】按钮。

步骤 15：检查 Teachers 表中的数据记录，可以看到吴星和李晓的数据。

> **注意：**
> 李晓的数据是由结尾日志备份还原的。

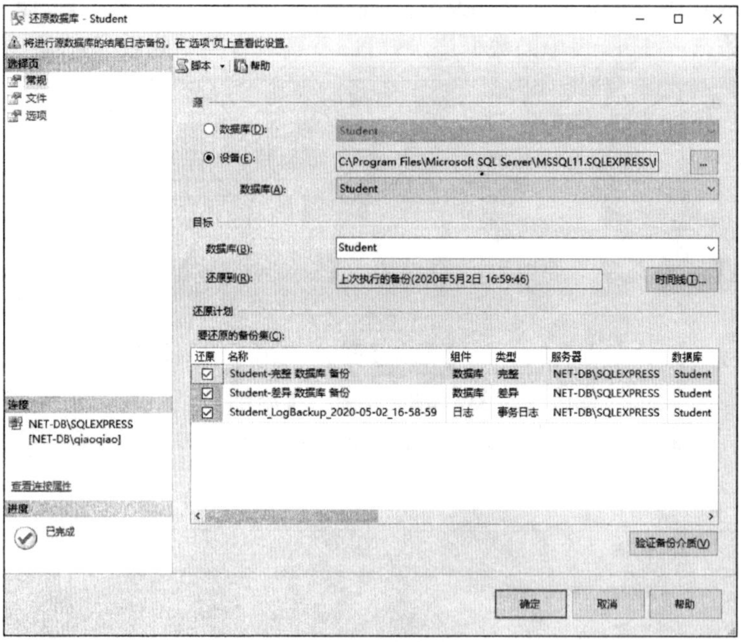

图 13.31　选择备份集

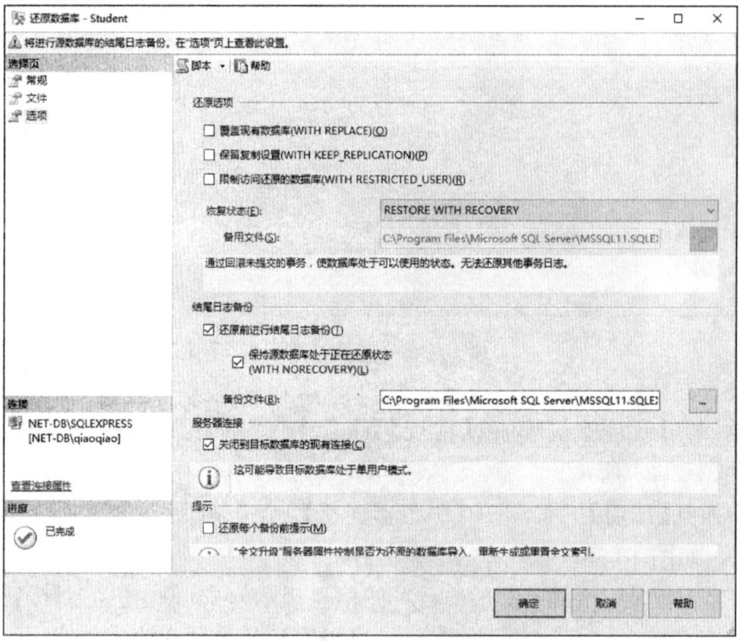

图 13.32　【选项】页的配置

学习子情境 13.4　导入或导出学生数据

【情境描述】

学校教务处希望能够调出学生管理信息系统中的一些数据，以方便在 Excel 下编辑使用；另外，他们还希望将招生系统中的新生数据放入学生管理信息系统中使用。要完成这些操作，需要使用到数据库的导入和导出功能。

【技能目标】

- 能够进行数据库的导入与导出

【工作任务】

将学生管理信息系统中的学生基本信息和教师基本信息导出到 Excel，再将新生的数据导入该系统。

【任务实施】

任务 13.4.1　将 Student 数据库中的 Students 表和 Teachers 表导出到 Excel 文件

步骤 1：在【对象资源管理器】中，展开【数据库】节点，右键单击【Student】，选择【任务】下的【导出数据】选项，如图 13.33 所示。

任务13.4.1视频

步骤 2：显示【SQL Server 导入和导出向导】窗口，如图 13.34 所示，单击【下一步】按钮。

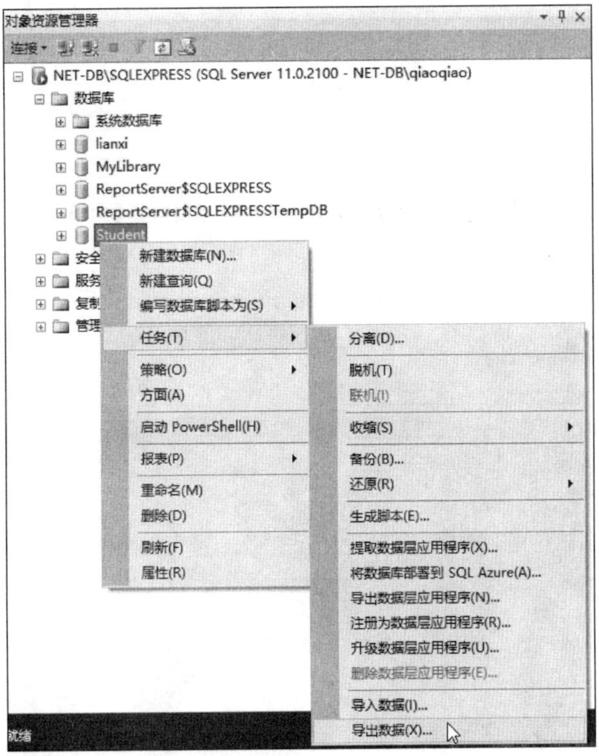

图 13.33　选择【导出数据】

步骤 3：在【选择数据源】页面，保持系统默认设置，如图 13.35 所示，单击【下一步】按钮。

步骤 4：在【选择目标】页面，在【目标】下拉列表中选择 Microsoft Excel，【Excel 文件路径】设置为 D:\student. xlsx，【Excel 版本】设置为 Microsoft Excel 2007，如图 13.36 所示，单击【下一步】按钮。

步骤 5：在如图 13.37 所示的对话框中选中【复制一个或多个表或视图的数据】单选按钮，单击【下一步】按钮。

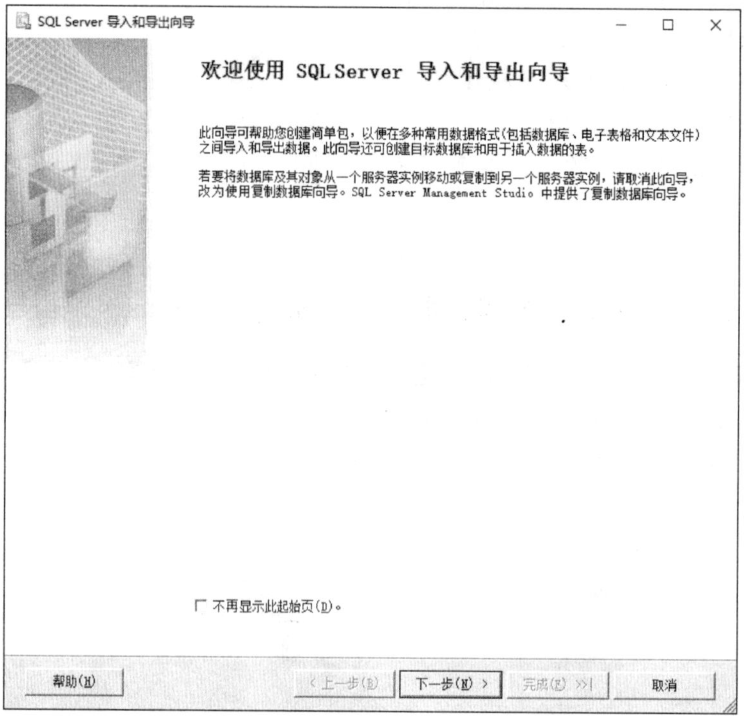

图 13.34 【SQL Server 导入和导出向导】窗口

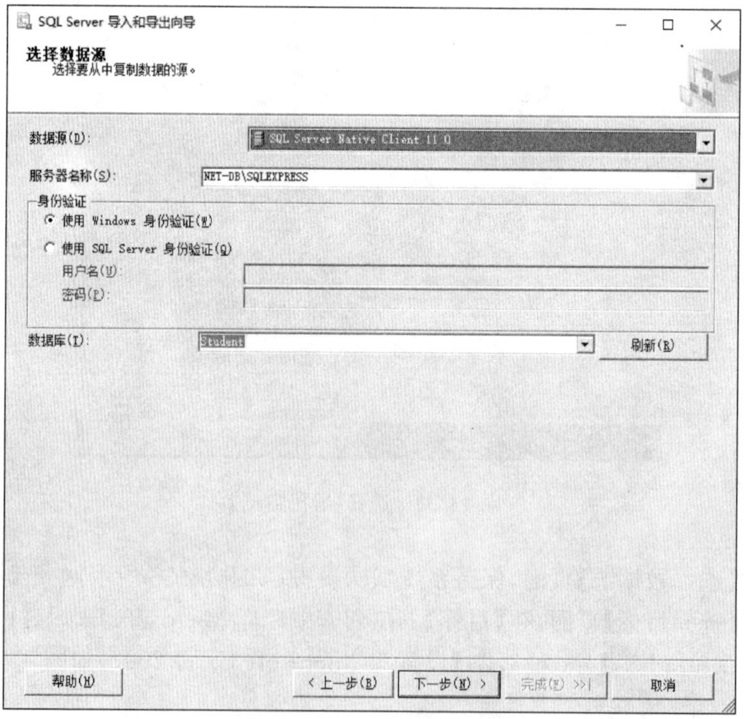

图 13.35 设置导出数据源

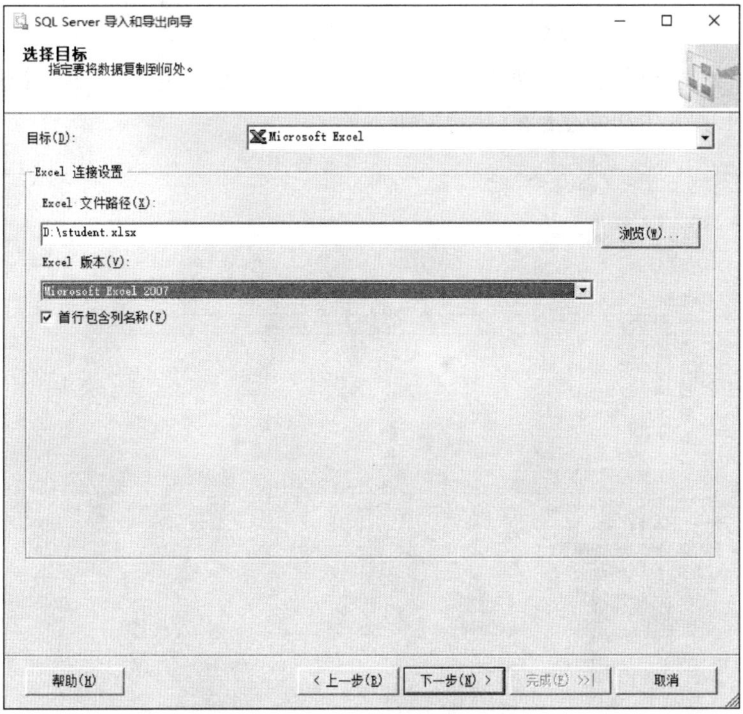

图 13. 36　设置导出数据目标

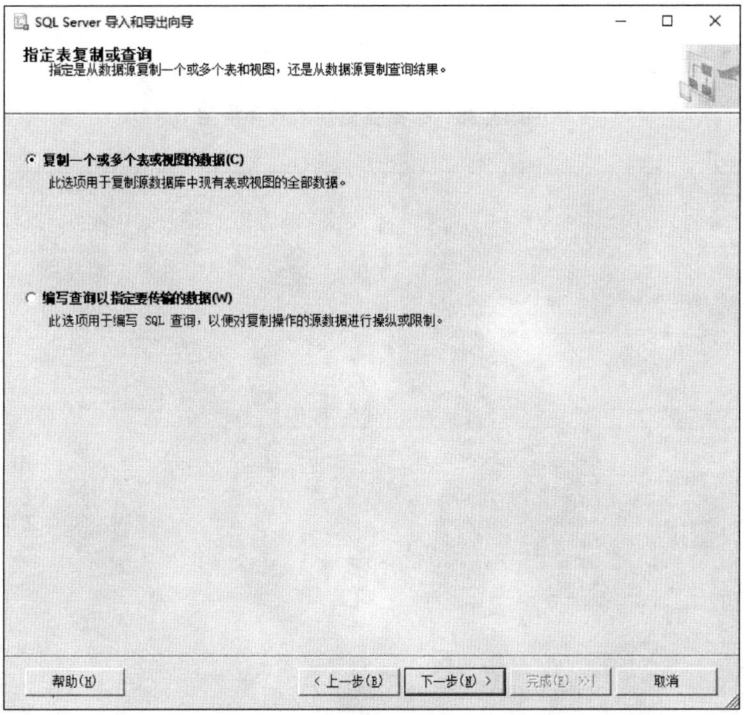

图 13. 37　指定表复制或查询

步骤 6：在如图 13.38 所示的对话框中勾选 Students 表和 Teachers 表前的复选框。再选中 Students 表，单击【编辑映射】按钮打开【列映射】对话框。

步骤 7：修改映射后的目标列名，如图 13.39 所示，修改完毕后单击【确定】按钮返回图 13.38，在图 13.38 中再单击【下一步】按钮。

图 13.38　选择要复制的表和视图

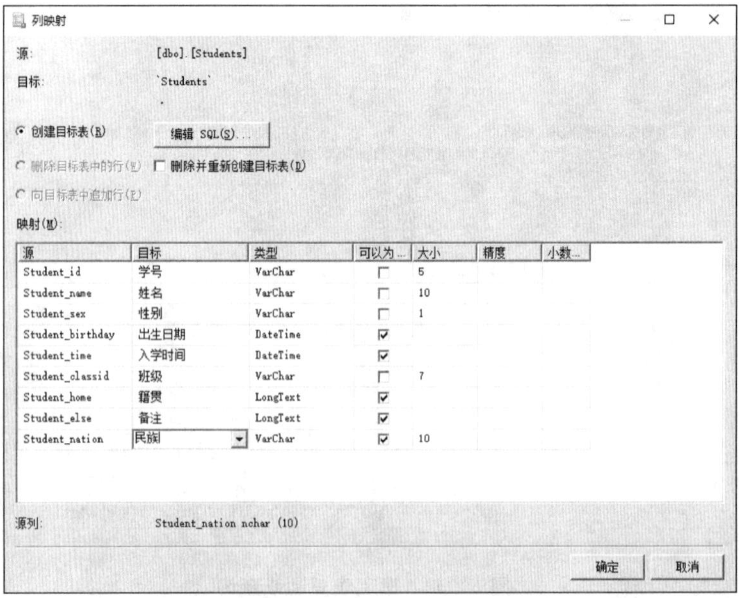

图 13.39　【列映射】对话框

步骤 8:在【运行包】界面中,单击【下一步】按钮,如图 13.40 所示。

步骤 9:在【完成该向导】界面中单击【完成】按钮,如图 13.41 所示。

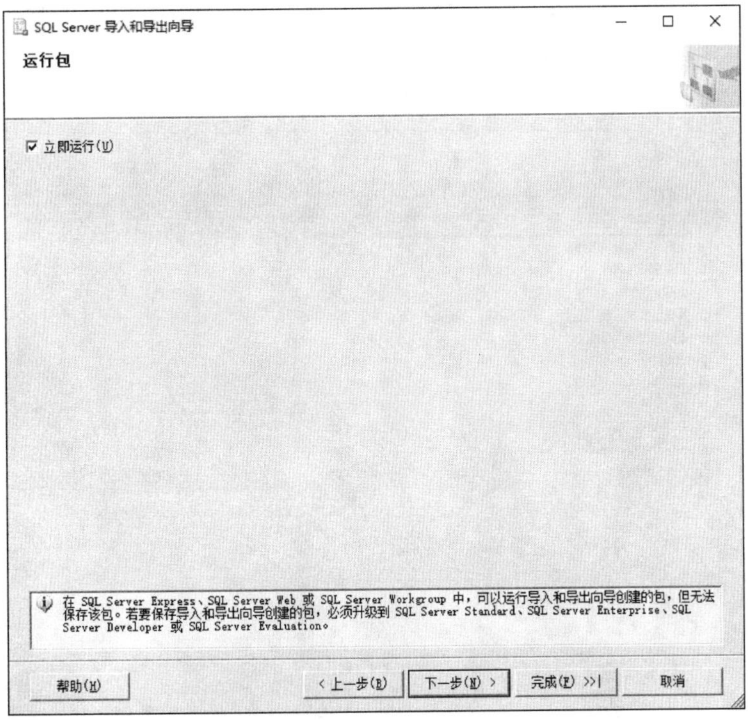

图 13.40　【运行包】界面

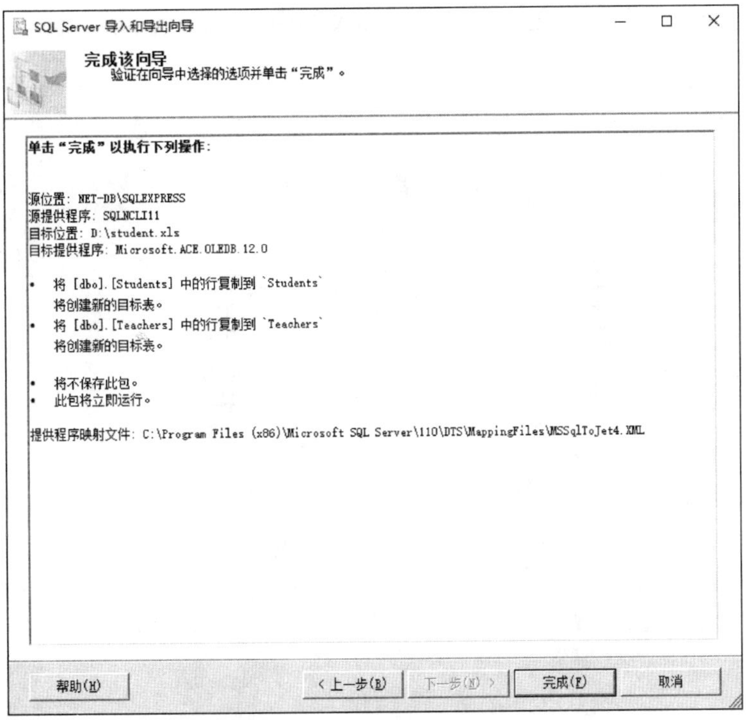

图 13.41　【完成该向导】界面

步骤 10:SQL Server 开始导出数据,导出成功后,出现如图 13.42 所示的界面,单击【关闭】按钮。

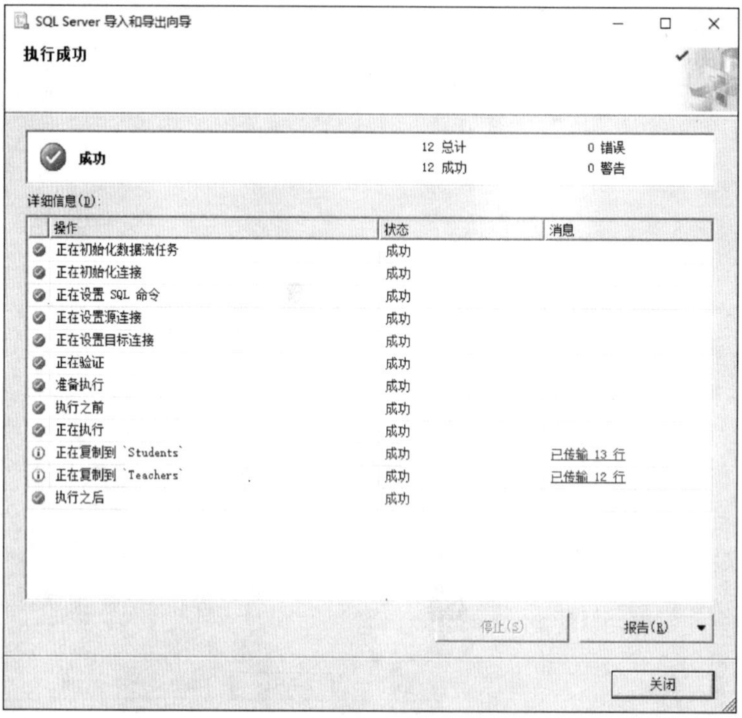

图 13.42　导出成功界面

步骤 11:在 D:盘根目录下浏览 student. xls 文档中的 Students 表内容,如图 13.43 所示。

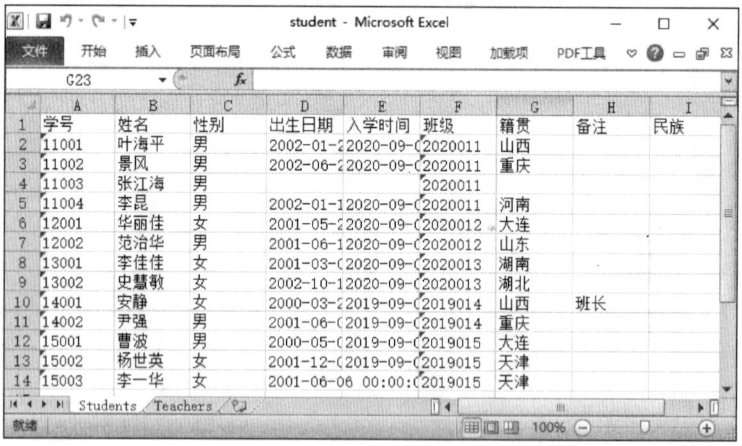

图 13.43　导出数据效果

知识总结:

导出数据源包括 OLE DB 访问接口、SQL 本机客户端、ADO. NET、Excel 和平面文件源等。根据源的不同,需要设置身份验证模式、服务器名称、数据库名称和文件格式之类的选项。

任务 13. 4. 2　将 Excel 文件中存放的新生数据导入数据库中

注意:

本任务的实现需要事先准备 xinsheng. xlsx 文件,并在 sheet1 工作表中录有数据。

步骤 1:在【对象资源管理器】中,展开【数据库】节点,右键单击【Student】数据库,选择【任务】下的【导入数据】选项,如图 13. 44 所示。

任务13.4.2视频

步骤 2:显示【SQL Server 导入和导出向导】界面,单击【下一步】按钮。

步骤 3:出现如图 13. 45 所示的【选择数据源】对话框,在【数据源】中选择 Microsoft Excel,在【Excel 文件路径】中输入 D:\xinsheng. xlsx,在【Excel 版本】中选择 Microsoft Excel 2007,单击【下一步】按钮。

步骤 4:出现如图 13. 46 所示的对话框,在【目标】下拉列表中选择 SQL Server Native Client 11. 0,【数据库】选择 Student,单击【下一步】按钮。

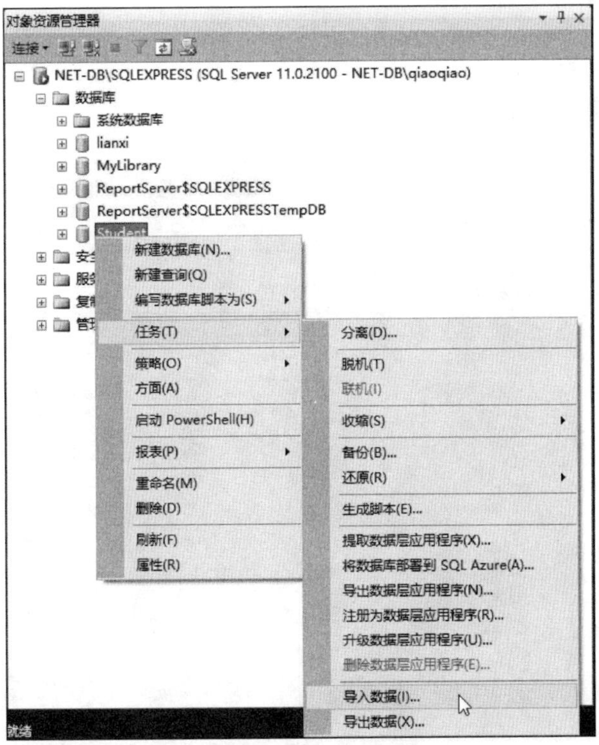

图 13. 44　选择【导入数据】

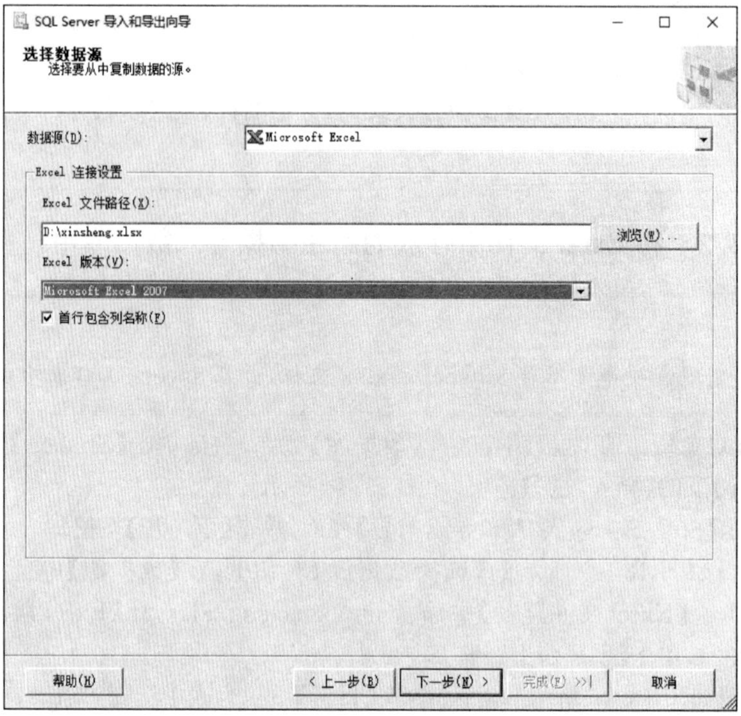

图 13.45　设置导入数据来源

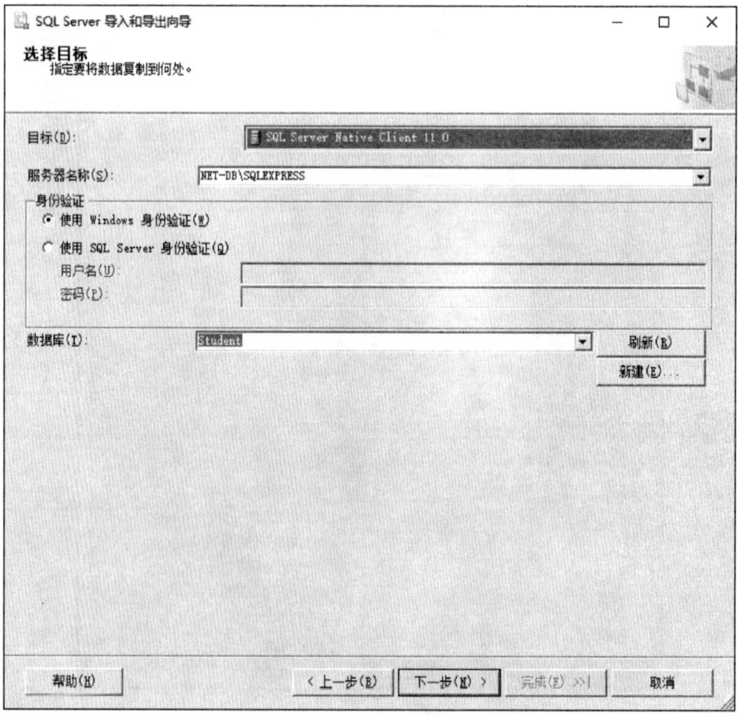

图 13.46　设置导入数据目标

步骤 5：在【指定表复制或查询】界面中，选中【复制一个或多个表或视图的数据】单选按钮，单击【下一步】按钮。

步骤 6：在【选择源表和源视图】界面，选中 sheet1 $，如图 13.47 所示，单击【下一步】按钮。

图 13.47　选择 Sheet1 $

步骤 7：在【运行包】界面，选中【立即执行】复选框，单击【下一步】按钮。

步骤 8：在【完成该向导】界面，单击【完成】按钮。

步骤 9：在【执行成功】界面，系统给出执行的详细信息，单击【关闭】按钮完成操作。

步骤 10：打开 Student 数据库，查看导入的 Sheet1 $ 表中的内容。

知识总结：

SQL Server 导入和导出向导为创建从源向目标复制数据提供了简便操作的方法。可以从 SQL Server、文本文件、Access、Excel、OLE DB 等数据源中导入数据，或将 SQL Server 数据导出为这些类型的数据。

归纳总结

数据库中的数据一般都十分重要，不能丢失，因为各种原因，数据库都有损坏的可能性（虽然很小），所以学会备份和还原至关重要。

建议用户在规划备份和还原方案时考虑以下因素：

（1）对备份的设备和资源进行安全存放和管理，建议不要和数据文件一起存放。

（2）分析数据库现有数据量、数据增量、备份设备容量等因素，制定可行的备份日程表，并规划合理的覆盖备份设备的时间间隔。

(3)在多服务器的情况下,选择进行集中式或分布式的备份。

还原操作是相关数据库管理系统发生故障时恢复事务的能力。数据库的事务完成后并不立即把对数据库的修改写入数据库,即写数据存在一定的磁盘延迟。SQL Server 通过将所有的事务都保存在日志文件中来维护数据库的完整性,如果发生系统故障,数据库可能会崩溃,在发生故障后,服务器可以通过还原操作,使事务日志回滚已经提交但还没有写入磁盘的事务以及还没有提交的事务。使用这种方式可以保证数据的一致性和有效性。

采用脱机/联机操作可以方便地复制数据库文件后在其他地点继续工作,相对分离/附加操作而言,脱机/联机操作更简单。

若想将分散在各处的不同类型的数据汇总到用户数据库,可以利用 SQL Server 提供的数据导入和导出功能,并且在导入和导出的同时可以对数据进行灵活的处理。

习　题

理论题

1. 将数据库从 SQL Server 实例中删除,即在逻辑上将数据文件和日志文件与服务器相脱离,但文件并不从磁盘上删除,此操作称为________,可通过________将其重新加载到 SQL Server 实例中。

2. 为什么要进行数据库备份?常用的备份策略有哪些?

3. 如果你是一个网络数据库管理员,如何规划一周的备份方案?其中要求使用完整数据库备份、差异数据库备份和事务日志备份。

操作题

1. 将 Student 数据库中的学生表和成绩表导出到 Excel 文件中。

2. 将 MyLibrary 数据库文件复制到其他计算机的 D:\盘根目录下。